中 华 人 民 共 和 国 行 业 推 荐 性 标 准

装配化工字组合梁钢桥通用图

General Drawing of Prefabricated I-Type Composite Beam Bridge

双向六车道上部结构

编　　　　号：JTG/T 3911-05—2021

跨　　　　径：3×30m

斜　交　角：0°

汽车荷载等级：公路—Ⅰ级

桥 梁 宽 度：2×16.5m

人民交通出版社股份有限公司

北 京

图书在版编目(CIP)数据

装配化工字组合梁钢桥通用图：JTG/T 3911—2021 /
中交公路规划设计院有限公司，装配化钢结构桥梁产业技
术创新战略联盟主编. — 北京：人民交通出版社股份有
限公司，2021.12
　　ISBN 978-7-114-17771-2

　　Ⅰ.①装… Ⅱ.①中…②装… Ⅲ.①钢桥—工形梁
—技术规范—图集 Ⅳ.①U448.36-65

　　中国版本图书馆 CIP 数据核字(2021)第 262920 号

标准类型：**中华人民共和国行业推荐性标准**

标准名称：**装配化工字组合梁钢桥通用图**

标准编号：JTG/T 3911-05—2021

主编单位：中交公路规划设计院有限公司
　　　　　装配化钢结构桥梁产业技术创新战略联盟

责任编辑：黎小东　丁　遥

责任校对：孙国靖　席少楠

责任印制：张　凯

出版发行：人民交通出版社股份有限公司

地　　址：(100011)北京市朝阳区安定门外外馆斜街 3 号

网　　址：http://www.ccpcl.com.cn

销售电话：(010)59757973

总 经 销：人民交通出版社股份有限公司发行部

经　　销：各地新华书店

印　　刷：北京市密东印刷有限公司

开　　本：880×1230　1/8

印　　张：12

版　　次：2021 年 12 月　第 1 版

印　　次：2021 年 12 月　第 1 次印刷

书　　号：ISBN 978-7-114-17771-2

定　　价：3000.00 元

(有印刷、装订质量问题的图书，由本公司负责调换)

中华人民共和国交通运输部

公　告

第 78 号

交通运输部关于发布

《装配化工字组合梁钢桥通用图》的公告

现发布《装配化工字组合梁钢桥通用图》(JTG/T 3911—2021),作为公路工程行业推荐性标准,自 2022 年 4 月 1 日起施行。请使用者依据法律法规,根据通用图的使用条件和具体情况复核论证后采用。

《装配化工字组合梁钢桥通用图》(JTG/T 3911—2021)管理权和解释权归交通运输部,日常管理和解释工作由主编单位中交公路规划设计院有限公司负责。

请各有关单位注意在实践中总结经验,及时将发现的问题和修改建议函告中交公路规划设计院有限公司(地址:北京市东城区前炒面胡同 33 号,邮政编码:100010),以便修订时研用。

特此公告。

中华人民共和国交通运输部

2021 年 12 月 8 日

交通运输部办公厅　　　　　　　　　　2021 年 12 月 13 日印发

前　言

推广应用钢结构桥梁通用图,可显著提升我国公路钢桥建设品质、安全性和耐久性,是实现我国公路桥梁高质量发展的重要举措。根据《交通运输部关于下达2020年度公路工程行业标准制修订项目计划的通知》(交公路函〔2020〕471号)的要求,由中交公路规划设计院有限公司承担《装配化工字组合梁钢桥通用图》的制定工作。

2022年4月1日起,《装配化工字组合梁钢桥通用图》(JTG/T 3911—2021)作为公路工程行业推荐性标准图集颁布实施,40~60m跨径钢桥宜优先选用工字组合梁标准结构。

本标准编制缘由:钢结构桥梁具有自重轻、抗震性好、跨越能力强、使用寿命长、便于工厂化生产、综合能耗低、对环境影响小等优势,但在钢结构桥梁建设方面,我国与美国、日本、法国等发达国家相比,工业化、产业化水平低,差距明显。

本标准编制指导思想:通过"标准化设计、工厂化生产、装配化施工、信息化管理、智能化应用",推动我国钢结构桥梁产业转型升级,实现"绿色发展、循环发展、低碳发展、高质量发展"。

本标准主要内容包括:双向四车道3×30m、3×40m、3×50m、3×60m工字组合梁钢桥上部结构,双向六车道3×30m、3×40m、3×50m、3×60m工字组合梁钢桥上部结构。本册图纸按三跨连续梁控制设计,一般情况下尽可能采用六跨一联或五跨一联,但不得少于三跨一联。

本标准编制主要依据:《公路工程技术标准》(JTG B01—2014)、《公路桥涵设计通用规范》(JTG D60—2015)、《公路钢混组合桥梁设计与施工规范》(JTG/T D64-01—2015)、《公路钢结构桥梁设计规范》(JTG D64—2015)、《公路钢筋混凝土及预应力混凝土桥涵设计规范》(JTG 3362—2018)、《公路交通安全设施设计细则》(JTG/T D81—2017)、《公路桥梁钢结构防腐涂装技术条件》(JT/T 722—

2008)、《公路桥涵施工技术规范》(JTG/T 3650—2020)和《钢结构工程施工质量验收标准》(GB 50205—2020)等标准规范。

通用图使用者应依据法律法规,在充分理解通用图的基础上,根据工程项目的建设条件、荷载条件、施工方案与装备条件等进行计算复核、论证,确保工程项目的质量、安全和耐久,并对通用图在工程项目中的应用负责。请各有关单位在执行过程中,将发现的问题和意见,函告本标准日常管理组,联系人:常志军(地址:北京市东城区前炒面胡同33号,邮编:100010,电话:010-82017738,邮箱:changzhijun@hpdi.com.cn),以便修订时参考。

主　编　单　位:中交公路规划设计院有限公司
　　　　　　　　装配化钢结构桥梁产业技术创新战略联盟

主　　　　　编:孟凡超
主要参编人员:彭运动　许春荣　常志军　王梓夫　俞　欣　张　凯
　　　　　　　李贞新　金秀男　芮文建　胡云天　李　铭　张　凡

主　　　　　审:周海涛
参与审查人员:张建军　张冬青　邵长宇　许湘华　李宗平　郑凯锋
　　　　　　　吴玉刚　樊健生　刘玉擎　马立芬　秦大航　于　光

参　加　人　员:郝海龙　林　昱　谭中法　颜智法　黄　飞　刘菁霖
　　　　　　　黄震伟

《装配化工字组合梁钢桥通用图》图册目录

序　号	图册名称	编　号	车　道　数	跨径(m)	备　注
1	双向四车道上部结构	JTG/T 3911-01—2021	4	3×30	
2		JTG/T 3911-02—2021	4	3×40	
3		JTG/T 3911-03—2021	4	3×50	
4		JTG/T 3911-04—2021	4	3×60	
5	双向六车道上部结构	JTG/T 3911-05—2021	6	3×30	
6		JTG/T 3911-06—2021	6	3×40	
7		JTG/T 3911-07—2021	6	3×50	
8		JTG/T 3911-08—2021	6	3×60	

目　录

设　计　说　明

1　设计范围

本册图纸内容为 3×30m 双向六车道工字组合连续梁钢桥上部结构施工图设计,主要包括钢主梁构造,混凝土桥面板构造,护栏、支座、伸缩装置、排水等附属设施构造设计。本册图纸适用于高速公路、一级公路的主线桥,平曲线半径不小于 1000m。

2　设计规范

(1)《公路工程技术标准》(JTG B01—2014);

(2)《公路桥涵设计通用规范》(JTG D60—2015);

(3)《公路钢混组合桥梁设计与施工规范》(JTG/T D64-01—2015);

(4)《公路钢结构桥梁设计规范》(JTG D64—2015);

(5)《公路钢筋混凝土及预应力混凝土桥涵设计规范》(JTG 3362—2018);

(6)《公路交通安全设施设计细则》(JTG/T D81—2017);

(7)《公路桥梁钢结构防腐涂装技术条件》(JT/T 722—2008);

(8)《公路桥涵施工技术规范》(JTG/T 3650—2020);

(9)《钢结构工程施工质量验收标准》(GB 50205—2020);

(10)《自密实混凝土应用技术规程》(JGJ/T 283—2012)。

3　主要技术指标

(1)公路等级:高速公路、一级公路;

(2)设计速度:100km/h;

(3)汽车荷载等级:公路—Ⅰ级;

(4)桥梁宽度:2×16.5m;

(5)跨径布置:3×30m;

(6)设计基准期:100 年;

(7)设计使用年限:100 年;

(8)设计安全等级:一级;

(9)桥面横坡:2.0%。

4　主要材料

所有原材料应具有供应商提供的出厂检验合格证书,并应按照《公路桥涵施工技术规范》(JTG/T 3650—2020)规定的检验项目和批次严格实施进场检验。

4.1　混凝土

预制桥面板采用 C55 混凝土,桥面板湿接缝采用 C55 自密实微膨胀混凝土,混凝土护栏采用 C50 混凝土。本册图纸中混凝土均不得掺加粉煤灰。

1)普通混凝土

(1)水泥采用不低于 42.5 级硅酸盐水泥,所用砂、石料、水的技术要求应符合《公路桥涵施工技术规范》(JTG/T 3650—2020)的规定。

(2)粗集料采用连续级配,碎石宜采用锤击式破碎生产。

(3)细集料采用中粗砂,不得采用细砂。

(4)外加剂采用品质稳定且与胶凝材料具有良好相容性的产品。减水剂宜采用高效聚羧酸高性能减水剂,其性能指标应符合《混凝土外加剂》(GB 8076—2008)的规定,减水剂掺量以及与水泥的适用性应通过试验确定。

2)自密实混凝土

(1)自密实混凝土的技术要求应符合《自密实混凝土应用技术规程》(JGJ/T 283—2012)的规定。

(2)粗集料采用连续级配,其最大公称粒径不宜大于 16mm。

(3)细集料宜采用级配Ⅱ区的中砂。

（4）自密实混凝土的流动距离不宜超过 5m。

（5）自密实混凝土的自密实性能应符合表 4-1 的规定。

表 4-1　自密实混凝土性能

自密实性能	性能指标	技术要求
填充性	坍落扩展度(mm)	700±50
	扩展时间 T_{500}(s)	<2
间隙通过性	坍落扩展度与 J 环扩展度差值(mm)	0~25
抗离析性	离析率(%)	≤15
	粗集料振动离析率(%)	≤10

3）桥面铺装用混凝土

桥面铺装用混凝土采用沥青混凝土。

4.2　钢筋

普通钢筋采用 HRB500 钢筋，其技术要求应符合《钢筋混凝土用钢　第 2 部分：热轧带肋钢筋》(GB/T 1499.2—2018) 的规定。

4.3　钢材

钢梁各部构件均采用 Q370qD 钢材，其技术要求应符合《桥梁用结构钢》(GB/T 714—2015) 的规定；护栏遮板及泄水管采用 S31603 不锈钢，其技术要求应符合《不锈钢热轧钢板和钢带》(GB/T 4237—2015) 的规定。

4.4　焊接材料

焊接材料应采用与母材相匹配的焊条、焊剂、焊丝，其技术要求应符合各自相应规范的规定。CO_2 气体保护焊的气体纯度应不小于 99.5%。

4.5　高强度螺栓、螺母及垫圈

钢梁连接用高强度螺栓应符合《钢结构用高强度大六角头螺栓》(GB/T 1228—2006) 的规定，性能等级为 10.9S；螺母应符合《钢结构用高强度大六角螺母》(GB/T 1229—2006) 的规定；垫圈应符合《钢结构用高强度垫圈》(GB/T 1230—2006) 的规定。高强度螺栓、螺母及垫圈的技术要求应符合《钢结构用高强

度大六角头螺栓、大六角螺母、垫圈技术条件》(GB/T 1231—2006) 的规定。

4.6　高强度螺纹钢棒

预制护栏连接用预应力高强度螺纹钢棒采用连续滚压粗螺纹，其屈服强度应不小于 930MPa，抗拉强度应不小于 1080MPa。

4.7　圆柱头焊钉

圆柱头焊钉材质为 ML15，其技术要求应符合《电弧螺柱焊用圆柱头焊钉》(GB/T 10433—2002) 的规定。

4.8　伸缩装置

伸缩装置采用多向变位梳形板伸缩装置，其技术要求应符合《公路桥梁伸缩装置》(JT/T 327—2016) 及《单元式多向变位梳形板桥梁伸缩装置》(JT/T 723—2008) 的规定。

（1）大齿板、小齿板、基座采用 Q345qD 或 Q355NHD 钢材，其技术要求应符合《桥梁用结构钢》(GB/T 714—2015) 或《耐候结构钢》(GB/T 4171—2008) 的规定。

（2）防水胶带厚度为 6mm，采用螺栓固定，且在达到最大伸缩量时防水胶带不应出现裂纹或断裂。防水胶带橡胶密封层可选用天然橡胶或合成橡胶，其物理机械性能应符合表 4-2 的规定。

表 4-2　防水胶带物理机械性能

项目		天然橡胶或合成橡胶
硬度(IRHD)		60±5
拉伸强度(MPa)		≥10
扯断伸长率(%)		≥300
脆性温度(℃)		≤-40
恒定压缩永久变形(室温×24h,%)		≤30
耐臭氧老化(25~50pphm)20%伸长(40℃×96h)		无龟裂
热空气老化试验(与未老化前数值相比发生的最大变化)	试验条件(℃×h)	70×96
	拉伸强度(%)	±25
	扯断伸长率(%)	±30
	硬度变化(IRHD)	-5~+10

项 目		天然橡胶或合成橡胶
耐盐水性 (23℃×14d,浓度4%)	体积变化(%)	0~+10
	硬度变化(IRHD)	0~+10
耐油污性 (1号标准油,23℃×168h)	体积变化(%)	-5~+10
	硬度变化(IRHD)	-10~+5

(3)伸缩装置中使用的拉压支座、锁紧弹簧橡胶的物理机械性能应符合表 4-3 的规定。拉压支座轴向抗拉破坏荷载应不低于 30kN。

表 4-3 拉压支座、锁紧弹簧橡胶物理机械性能

项 目	拉压支座、锁紧弹簧橡胶
硬度(IRHD)	70±2
氯丁橡胶拉伸强度(MPa)	≥17.5
氯丁橡胶扯断伸长率(%)	≥450

4.9 支座

支座选用非抗震型双水平摩擦面球型钢支座,适用于不超过 6 度地震烈度或非抗震区域的装配化钢桥。

(1)支座主体用钢板采用 Q345qD 或 Q355NHD 钢材,其技术要求应符合《桥梁用结构钢》(GB/T 714—2015)或《耐候结构钢》(GB/T 4171—2008)的规定。支座不锈钢板采用 S31603 镜面抛光不锈钢板,其技术要求应符合《不锈钢冷轧钢板和钢带》(GB/T 3280—2015)的规定。

(2)支座平面滑板采用分子量不低于 500 万的超高分子量聚乙烯滑板,滑板厚度为 7.5~8mm。

(3)支座转动板采用高力黄铜,其抗压强度应大于 600MPa,延伸率应大于 10%。基体镶嵌固体润滑剂。

(4)支座用其他材料应符合《桥梁球型支座》(GB/T 17955—2009)的规定。

4.10 垫条及湿接缝密封条

钢梁上翼缘两侧与桥面板之间设置垫条。垫条材料采用聚丙乙烯,其吸水率

应不大于 4%,抗压强度应不小于 0.5MPa,弹性模量为 3500~5000kPa,恒定永久压缩变形应不大于 20%。垫条应采取可靠措施固定在翼缘板和小纵梁边缘,确保在预制桥面板吊装和混凝土浇筑过程中不发生移动。

湿接缝采用自成底模的形式,在自成底模的托板与另一块桥面板之间应预留 1.0cm 宽的缝隙,现场浇筑时填塞密封条。密封条材料采用氯丁橡胶。

4.11 桥面防水材料

桥面防水材料采用“环氧树脂下封层 + 撒布碎石 + 溶剂型黏结剂”防水黏结层。

4.12 环氧树脂下封层

桥面防水层施工前,应在混凝土桥面板顶面涂抹一层环氧树脂下封层,环氧树脂技术指标应符合表 4-4 的规定。

表 4-4 下封层环氧树脂技术指标

技术指标		单位	要求	试验方法
黏度(25℃)		mPa·s	≤180	标准黏度计法
与水泥混凝土的黏结强度(25℃)		MPa	≥3.0	JC/T 975—2005
拉伸强度(25℃)		MPa	≥3.0	GB/T 528—2009
断裂延伸率(25℃)		%	≥15	GB/T 528—2009
易挥发性成分		%	≤3	GB/T 16777—2008
邵氏硬度		HD	≥55	GB/T 531.1—2008
溶剂型黏结剂与环氧树脂下封层的黏结强度(25℃)		MPa	≥1.0	JC/T 975—2005
可容留施工时间		min	≥20	目测
干燥性(25℃)	表干时间	h	≤4	GB/T 16777—2008
	实干时间	h	≤24	GB/T 16777—2008

续表 4-4

技 术 指 标		单位	要求	试 验 方 法
热负荷试验	外观特征	—	无斑点、无气泡、无裂缝粉化现象	目测
	质量损失	%	≤4	GB/T 16777—2008
	拉伸强度(25℃)	MPa	≥3.0	GB/T 528—2009
	断裂延伸率(25℃)	%	≥10	GB/T 528—2009
组合结构黏结强度(25℃)		MPa	≥1.0	JC/T 975—2005

4.13 环氧树脂黏结剂

预制护栏间、预制护栏与桥面板间匹配面上应涂抹 0.5mm 厚的环氧树脂黏结剂(浅灰色),其技术要求应满足:

(1)触变性(抗流挂性能):厚度最薄为 3mm 时无流挂;

(2)抗压强度:12h 抗压强度≥40MPa,1d 抗压强度≥70MPa,7d 抗压强度≥80MPa;

(3)抗剪强度(倾斜柱面测试):≥15MPa;

(4)拉伸强度:≥12MPa;

(5)压缩弹性模量:≥8000MPa;

(6)湿热老化测试:应符合《混凝土结构加固设计规范》(GB 50367—2013)中 A 级胶的相关规定。

5 设计要点

5.1 桥型布置

本册图纸为 3×30m 双向六车道工字组合连续梁钢桥,斜交角度为 0°,平曲线为直线,上部结构全宽 33.5m。钢主梁采用工厂分节段预制,节段间采用高强度螺栓工地现场连接;桥面板为预制钢筋混凝土结构,后浇混凝土湿接缝。

5.2 计算参数

1)结构重力

(1)钢筋混凝土:重度为 28kN/m³,弹性模量根据混凝土强度等级参考《公路钢筋混凝土及预应力混凝土桥涵设计规范》(JTG 3362—2018)取值。

(2)沥青混凝土:重度为 24kN/m³。

2)年平均相对湿度

年平均相对湿度取 75%。

3)设计荷载

设计荷载取公路—Ⅰ级。

4)疲劳荷载

主梁采用计算模型Ⅰ和计算模型Ⅱ,桥面系构件采用疲劳模型Ⅲ。

5)温度作用

(1)线膨胀系数:钢结构为 $1.2×10^{-5}$/℃,混凝土结构为 $1.0×10^{-5}$/℃。

(2)系统温度:整体升温 39℃,整体降温 −32℃。

(3)竖向温度梯度见表 5-1。

表 5-1　竖向温度梯度(℃)

正 温 差		反 温 差	
T_1	T_2	T_1	T_2
14	5.5	−7	−2.75

6)风荷载

(1)与汽车荷载组合时,桥面处风速取 25m/s。

(2)只与恒载组合时,风荷载不控制设计,但应根据实际工程的具体情况对支座进行抗拉验算。

7)支座不均匀沉降

支座不均匀沉降取 10mm。

8)支座摩阻系数

支座摩阻系数取 0.03。

9) 抗震烈度

设计基本地震动峰值加速度值为 0.05g，抗震设防烈度为 6 度。

5.3 钢主梁构造

主梁采用"工字形钢梁 + 混凝土桥面板"的组合结构，单幅桥采用多片梁结构，梁高 1.7m，高跨比约为 1/17.6。混凝土桥面板宽 16.5m，悬臂长 1.20m，厚 0.25m。桥面板和钢主梁之间设置 5cm 厚的垫条。钢主梁主要由上翼缘板、腹板、腹板加劲肋、底板及横肋组成。单片钢主梁高 1.4m，钢主梁中心间距 4.7m，上翼缘宽 0.6m，下翼缘宽 0.65m。在墩顶及跨间位置，各片钢梁间设置横向联结系。

各节段主梁构造尺寸见表 5-2。

表 5-2   主梁构造尺寸(mm)

节段编号	节段长度	上翼缘宽度	上翼缘厚度	腹板高度	腹板厚度	下翼缘宽度	下翼缘厚度
1	6190		28	1342			30
2	9990		28	1342/1336			30/36
3	9990		28/36	1336/1342/1334			36/30
4	9990		36/28	1334/1309/1342			30/55/30
5	4990		28	1342			30
6	7490	600	28	1342	20	650	30
7	4990		28	1342			30
8	9990		28/36	1342/1309/1334			30/55/30
9	9990		36/28	1334/1342/1336			30/36
10	9990		28	1336/1342			36/30
11	6190		28	1342			30

本册图纸桥梁设置 2% 的双向横坡，横坡通过支座垫石高度及垫条高度调整得到，各片主梁梁高一致。

1) 节段划分

主梁节段划分应综合考虑钢梁的受力、加工单位的制作能力、施工单位的吊装能力以及运输通行能力等多方面因素，主梁节段长度不宜超过 12m，最大节段重量约 6.8t。

本册图纸各片主梁沿全桥长度方向共设置 11 个节段，节段长度沿路线前进方向依次为 6.19m + 3×9.99m + 4.99m + 7.49m + 4.99m + 3×9.99m + 6.19m，节段间预留 10mm 宽的缝隙。

各片小纵梁沿全桥长度方向节段划分长度及位置与主梁一致。

2) 钢主梁

(1) 主梁竖向加劲肋

主梁竖向加劲肋分别设置在有横向联结系位置、相邻两道横向联结系中间、支座顶面以及支座两侧用于更换支座处。其中，桥台位置处的加劲肋厚 16mm，桥墩位置处的加劲肋厚 18mm，并与主梁上、下翼缘焊接；其他位置加劲肋厚 12mm，无横向联结系处对应的加劲肋底端不得与主梁下翼缘焊接。

(2) 横向联结系

横向联结系以全桥中心线为对称中心，向主梁两侧每 5m 设置一道。在墩、台顶支撑处以及跨中处采用实腹式构造，在其他位置采用 H 形断面小横梁。相邻两片主梁中间设置一道小纵梁，小纵梁固定在横向联结系顶端。

实腹式横向联结系采用工字形断面横梁，横梁与主梁间采用高强度螺栓连接。桥台或过渡墩支座顶端横梁高 1000mm，上、下翼缘尺寸分别为 1060mm×28mm 和 300mm×20mm，腹板厚 12mm，上翼缘板上设置圆柱头焊钉，用以连接梁端桥面板现浇段；跨中及中间墩支座顶端横梁高 700mm，上、下翼缘尺寸均为 450mm×25mm，腹板厚 12mm。

其他位置采用 H 形断面小横梁，梁高 588mm，上、下翼缘尺寸均为 300mm×20mm，腹板厚 12mm。

(3) 小纵梁

小纵梁采用 HW300×300×10×15 型热轧 H 型钢(也可采用钢板全熔透焊接成型)。小纵梁采用螺栓固定于横向联结系顶面，沿顺桥向各节段采用高强度螺栓连接。

(4) 圆柱头焊钉

在钢主梁上翼缘板、小纵梁上翼缘板及端支点横隔板上翼缘板均布有圆柱头焊钉，其直径为 22mm，高度为 200mm。圆柱头焊钉在钢主梁上翼缘板和小纵梁上翼缘板采用集束式布置,纵向间距为125mm,横向间距为125mm;在端支点横隔板上翼缘板采用均布式布置,纵向间距为150mm,横向间距为250mm。

（5）主梁纵坡

主梁未考虑纵坡,实际工程中主梁纵坡由墩台高程差形成,为保证支座水平受压,应在主梁下翼缘支座位置设置调平钢板。

3）工厂及现场连接

钢主梁节段经工厂制造完成后,将单片钢主梁节段、钢横梁、小纵梁散件运输至施工现场。

钢主梁节段经现场精确对位后,进行现场栓接。横梁与钢主梁、纵梁与横梁之间均采用高强度螺栓连接。

4）耐久性

若项目处于远离海洋或无大气污染环境中,也可使用无涂装耐候钢材;或为了外观颜色与当地环境协调,仅喷涂面漆。为保证结构的耐久性,应注意伸缩装置位置及桥面板的防水处理。与耐候钢材质主梁相匹配的其他构件,如伸缩装置、支座、高强度螺栓、圆柱头焊钉及拼接板等金属构件,均应使用耐候钢材,焊接材料应与母材相匹配。

若上部结构采用非耐候钢材,则所有外露部分的涂装防腐应严格遵守《公路桥梁钢结构防腐涂装技术条件》(JT/T 722—2008)的规定,防腐涂装体系的寿命不少于25年。推荐防腐涂装方案见表5-3。

表5-3 防腐涂装方案

部 位	涂装体系及用料	技术要求(最低干膜厚度)	场地
钢主梁表面(除高强度螺栓摩擦面、钢梁翼缘板上表面外)及泄水管	表面净化处理	无油、干燥	工厂
	二次表面喷砂除锈(μm)	Sa2.5级,$Rz=40\sim70$	工厂
	环氧富锌底漆(μm)	1×80	工厂
	环氧云铁中间漆(μm)	2×75	工厂
	氟碳面漆(μm)	40	工厂
	自清洁氟碳面漆(μm)	40	工厂

续表5-3

部 位	涂装体系及用料	技术要求(最低干膜厚度)	场地
螺栓	热浸锌(g/m²)	600	工厂
高强度螺栓	高强度螺栓的涂装与其连接处构造外表面相同,在施工完成后统一涂装		
高强度螺栓栓接面及钢梁翼缘板上表面	表面净化处理	无油、干燥	工厂
	二次表面喷砂除锈(μm)	Sa3级,$Rz=60\sim100$	工厂
	无机富锌防滑涂料(μm)	100	工厂
	环氧云铁封闭漆(μm)	50	工厂
护栏钢遮板外露部分	环氧富锌底漆(μm)	40	工地
	环氧云铁中间漆(μm)	75	工地
	自清洁氟碳面漆(μm)	40	工地
圆柱头焊钉	车间底漆(μm)	20	工厂

注：1. 钢材表面预处理和车间底漆涂装由加工单位完成,钢板进场经辊平后按Sa2.5级进行表面预处理,涂装醇溶性无机硅酸锌车间底漆一道,厚度为20μm。
2. 所有钢结构涂装颜色为浅灰色,桥面铺装为深灰色。

5.4 桥面板构造

混凝土桥面板分为预制部分和现浇部分。预制部分采用C55混凝土,现浇部分采用C55自密实微膨胀混凝土。预制桥面板在圆柱头焊钉所在位置设置预留槽。

1）桥面板分块

预制桥面板沿横桥向分为三块,横桥向两边板长度均为5.66m,中板长度为4.22m,相邻两块板之间设0.48m宽的湿接缝;顺桥向标准板每块长2.49m,相邻两块板之间设0.30m宽的湿接缝;与桥台相邻的桥面板顺桥向长2.69m,伸缩装置槽口位于桥台或过渡墩处时,桥面板现浇段长1.00m。单块预制板最大吊装重量约10.2t。

2）桥面板尺寸

本册图纸中,预制桥面板横桥向尺寸为考虑了2%横坡后的尺寸,尺寸标注为水平投影尺寸。

预制桥面板与主梁及小纵梁连接处设置剪力槽口,每块边预制桥面板沿顺桥向设置两组共 4 个剪力槽口,与主梁连接的槽口尺寸为 0.62m(顺桥向)×0.44m(横桥向),与小纵梁连接的槽口尺寸为 0.62m(顺桥向)×0.18m(横桥向);每块中预制桥面板沿顺桥向设置两个剪力槽口,与小纵梁连接的槽口尺寸为 0.62m(顺桥向)×0.18m(横桥向)。

混凝土护栏底座剪力键与桥面板一起预制。

3)钢筋布置

为避免在安装预制桥面板时钢筋相互干扰,相邻桥面板钢筋在预制绑扎时应相互错开。预制桥面板横向受力钢筋直径为 20mm;负弯矩区纵向受力钢筋直径为 20mm,其他区域纵向受力钢筋直径为 16mm;湿接缝中顺桥向通长钢筋直径为 16mm。剪力槽口附近已设置有剪力槽加强钢筋,槽口内钢筋不得打断。

4)圆柱头焊钉

预制桥面板与钢梁之间通过布置于钢梁上翼缘板及小纵梁上的圆柱头焊钉进行连接,采用集束式钉群布置。主梁对应单个槽口内圆柱头焊钉个数为 5(顺桥向)×4(横桥向),小纵梁对应单个槽口内圆柱头焊钉个数为 5(顺桥向)×2(横桥向)。

5)桥面板与主梁上翼缘钢板贴合

在主梁上翼缘板两侧边缘,顺桥向通长固定两道 50mm 宽的可压缩垫条,然后吊装和安放预制桥面板。在桥面板自重作用下,垫条被压紧,并通过自身压缩适应桥面板横坡。

5.5 曲线桥

本册图纸主梁构造可用于半径不小于 1000m 的平曲线上,设计要点如下:

(1)主梁及小纵梁均按曲线设计,图纸中的顺桥向直线长度对应于曲线桥路线设计线的弧长,曲线上各片主梁的半径及长度按相应路线设计线平行取值。

(2)若主梁位于缓和曲线上,则固定 ZH 点和 HY 点,然后拟合一条无限接近缓和曲线的圆曲线,利用该圆曲线半径设计主梁。

(3)横向联结系沿径向布置。

(4)桥面板宽度调整为 2.45m。调整方法为将原桥面板湿接缝底模部分缩短

4cm,其余构造尺寸及钢筋布置均不变,示意如图 5-1a)所示。

(5)桥面板平面布置示意如图 5-1b)所示。

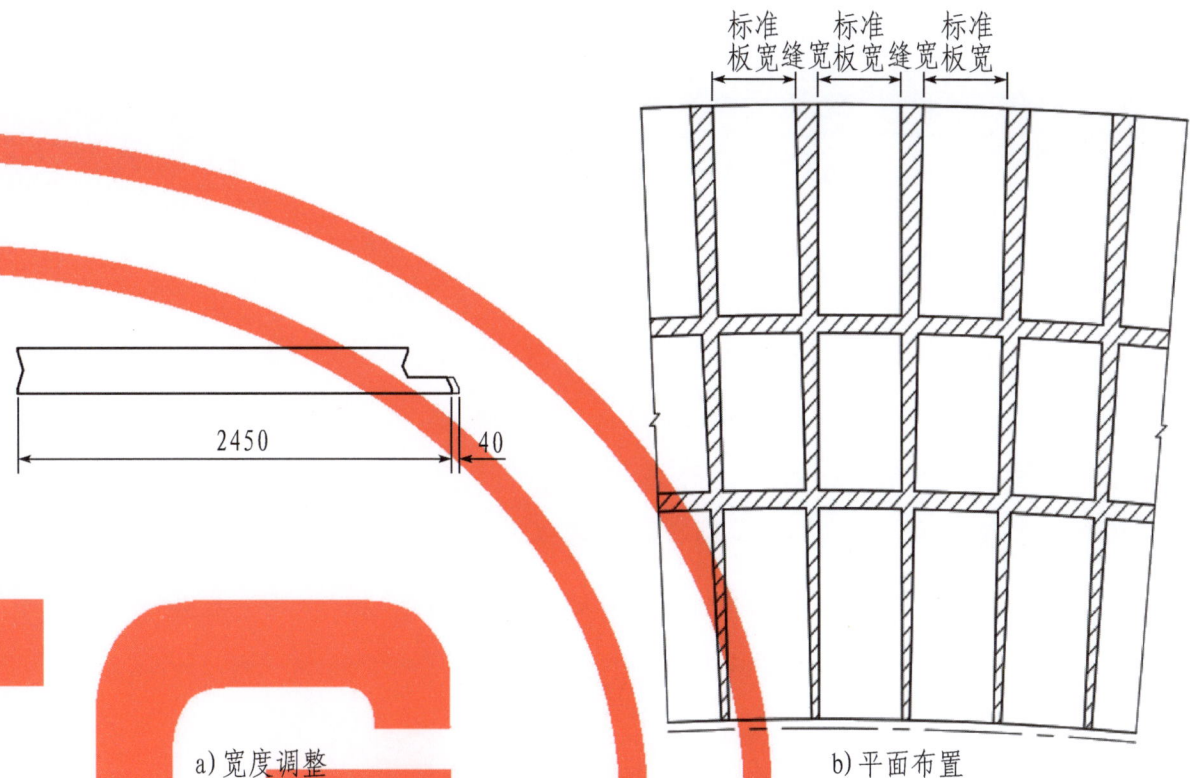

a)宽度调整　　　　b)平面布置
图 5-1　桥面板宽度调整及平面布置示意图(尺寸单位:mm)

(6)顺桥向相邻两块桥面板间的缝隙呈梯形,密封条形状应与之相适应。

(7)若曲线有超高,则在墩台盖梁处按照实际横坡值设置盖梁横坡;若桥跨中间有超高渐变,则采用垫条进行渐变段高度的调整。

(8)本册图纸不适用于有加宽的曲线桥,若曲线有加宽或加宽渐变,应根据实际情况单独设计。

5.6　桥面系及附属设施构造

1)沥青混凝土铺装

本册图纸采用 100mm 厚沥青混凝土桥面铺装,共分为两层,自上至下依次为:

上面层:40mm 厚改性沥青 SMA-13;

黏层:改性乳化沥青,用量为 0.3~0.5kg/m²;

下面层:60mm 厚沥青混凝土 AC-20C(SBS)。

当采用其他桥面铺装结构时,应保证其不超过本册图纸 100mm 厚沥青混凝土桥面铺装的自重。

2）桥面防水材料

桥面防水材料采用"环氧树脂下封层＋撒布碎石＋溶剂型黏结剂"防水黏结层。环氧树脂下封层厚度宜取 0.6～0.8mm，也可根据试验情况调整；环氧树脂下封层顶面撒布碎石，碎石粒径采用 0.6～2.36mm，其中粒径 1.18mm 的通过率不小于 70%，用量为 0.3～0.8kg/m²；碎石上铺一层溶剂型黏结剂，用量为 200～400g/m²。

3）预制护栏

护栏采用预制装配式混凝土护栏，外侧采用 SS 级，内侧采用 SA 级。预制护栏与预制桥面板之间采用 φ40mm 的高强度螺纹钢棒连接，钢棒标准间距为 62.5cm，设计张拉力为 500kN。为提高护栏抗冲击能力，预制护栏之间、预制护栏和预制桥面板间设置混凝土剪力键，匹配面涂抹环氧树脂。

桥梁外侧预制护栏设置防护网，具体根据桥梁所处的位置综合考虑选用，且保持足够的安全长度范围。其设置位置原则如下：

（1）有可能发生严重事故的地方；

（2）桥梁上跨被交道；

（3）地方道路上纵坡比较大的路段。

4）泄水管

每幅桥外侧设置泄水管，泄水管采用 φ168mm×8mm 不锈钢钢管，纵向布置间距为 5m；管与管之间采用预制式树脂混凝土排水沟连接。

5）伸缩装置

本册图纸采用梳齿板式伸缩装置，桥台处伸缩量为 100mm，过渡墩处伸缩量为 160mm，长度为 16.5m。

（1）伸缩装置类型

伸缩装置采用多向变位梳齿板式伸缩装置，其结构如图 5-2 所示。

（2）伸缩装置防腐涂装

①大、小齿板防水型钢均采用热浸锌（不小于 120μm）＋专用底漆（不小于 60μm）＋聚氨酯面漆（不小于 80μm）方式处理。

②安装基座外露表面采用金属喷涂＋重防腐体系，安装基座与混凝土接触表

面及基座上锚筋、锚钉等附属构造物采用喷丸除锈＋环氧富锌底漆（60μm）＋聚氨酯面漆（40μm）方式处理。

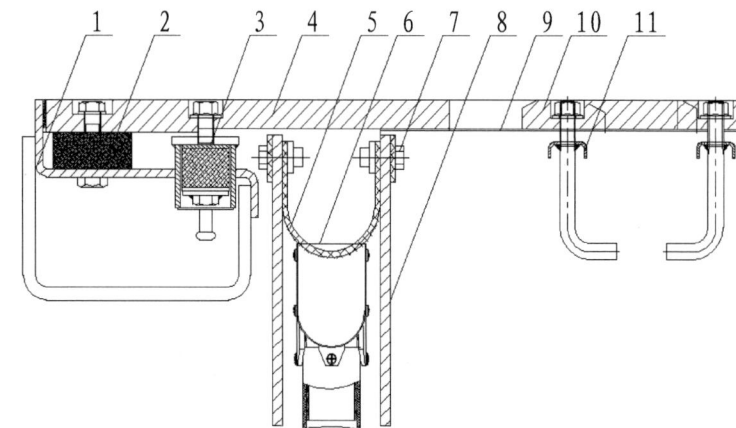

图 5-2　多向变位梳齿板式伸缩装置结构图

1-基座；2-拉压支座；3-锁紧弹簧；4-大齿板；5-防水胶带；6-导水管；7-连接螺栓；8-端头堵板；9-不锈钢板；10-小齿板；11-锚固螺栓

③伸缩装置所用螺栓、螺母采用多元合金共渗方式处理。

6）支座

本册图纸支座选用非抗震型双水平摩擦面球型钢支座，其技术参数如下：

（1）竖向承载力：可永久超载 10% 额定承载力。

（2）限位方向水平承载力：竖向承载力的 10%。

（3）设计竖向转角：≥0.02rad；顶板水平向转角：360°。

（4）主位移面摩擦系数：<0.03；转动面摩擦系数：<0.08。

6　施工要点

6.1　钢梁制造

1）总体要求

（1）加工单位应根据钢梁的接头形式，依据相关规范进行焊接工艺评定试验，并编制详细的焊接工艺评定报告。通过试验确定合适的焊接坡口尺寸、焊接参数和焊接工艺，制订控制焊接变形和降低焊接残余应力的有效措施，确保焊接质量和结构安全。在保证焊接质量的前提下，应尽可能选用焊接变形小和焊缝收缩小的焊接工艺。

(2)所有要求在工厂制造的部件均应统筹考虑,编入施工组织设计文件中,制订详细的工艺规程。

(3)为确保钢梁的安装精度,加工单位应在工厂对所有的钢梁节段进行整体试拼装;加工单位应对试拼装的误差实行有效管理,避免误差累积。

(4)本册图纸中焊缝均采用自动焊,焊接时应尽量平焊,避免仰焊。

(5)本册图纸中,钢结构各构件在加工过程中不得采用火工矫正变形,应采用机械矫正或预变形矫正变形。

2)板件下料

(1)为保证钢结构加工质量,厚度大于6mm的钢板(填板除外)均不得采用热轧卷材(开平板),必须采用热轧钢板(压平板)。

(2)钢板的轧制方向应与构件的受力方向相同。

(3)材料进厂后,应按照规范要求的抽检比例及时进行材料的复验,未复验的材料不得下料。钢板厚度出厂检验误差:板厚≤30mm时,+0.0~+0.5mm;板厚>30mm时,+0.0~+1.0mm。

(4)钢板经过预处理后方可下料,以确保下料钢板的平整度和降低钢板的轧制残余应力,为加工和焊接变形的控制提供良好条件。

(5)钢梁制造及验收和工地现场用计量器具必须经计量单位检定合格后方可使用,并应按有关规定进行操作;工地用尺在使用前,必须与工厂用尺相互校对。

(6)本册图纸中给出的各构件长度为对应成桥线形的名义长度,其制造长度的确定还应考虑工厂制造时焊缝的收缩余量和加工余量等。

(7)所有高强度螺栓连接孔的粗糙度为$^{12.5}$,孔距公差为±0.4mm。

(8)板件应按设置预拱度后的线形进行精确放样,制作台座,预弯钢梁各钢板组件。

3)板件组拼、焊接

(1)设计图纸中,除特殊标明的焊缝外,其余焊缝均采用双面坡口熔透焊缝"╱长",且必须按熔透焊接进行检验。

(2)焊缝端部应围焊。

(3)对于25mm以上厚度的板件,施焊前应进行预热,其预热温度应通过焊接性能试验和焊接工艺评定确定,预热范围一般为焊缝每侧100mm以上,距焊缝30~50mm范围内测温。为防止T形接头出现层状撕裂,在焊前预热时必须特别注意厚板一侧的预热效果。

(4)钢主梁翼缘板的纵横向对接焊缝为一级熔透焊缝。

(5)各构件焊接完毕,应按照相应规范规定的探伤数量、探伤比例和检验标准分别进行超声波探伤和射线探伤,宜将焊缝的一次探伤合格率控制在95%以上,以减少焊缝的返修量和返修次数,从而保证焊缝质量和结构的可靠性。

4)加工精度

主梁在20℃时的加工精度要求如下:

(1)节段加工精度:长度,±3mm;横断面,±2mm。

(2)总体加工精度:单跨长度,±3mm;半幅桥横断面,±3mm。

5)其他

(1)对于施工过程中的工艺孔洞,必须在设计指定的位置切割,施工结束后按原状恢复,其焊缝按一级熔透焊缝进行检查,并将其表面磨平。

(2)板件对接时,引弧板施焊的边缘焊缝均应打磨平整。

(3)组拼过程中应采取措施,克服温差带来的影响。

(4)钢梁各构件之间应采用摩擦型高强度螺栓连接,出厂时摩擦面的抗滑移系数应不小于0.55,工地安装时摩擦面的抗滑移系数应不小于0.45。

6.2 钢构件存放与运输

(1)为确保构件运输无误,加工单位应按本册图纸划分的构件类型标识构件编号,标识应明显、耐久。

(2)为保证钢梁节段间高强度螺栓连接的顺利进行,加工单位在钢梁构件存放和运输过程中,应采取切实可行的措施防止构件变形。

(3)在构件存放和运输过程中,应注意对钢结构涂装面的保护,如有损伤应及时修补。加工单位应制订涂装面修补工艺,并报设计单位和监理工程师批准。

6.3 桥面板预制和运输

1)桥面板预制

(1)桥面板侧模应严格按照设计图准确开孔,确保钢筋的位置精确。

（2）钢筋直径偏差：直径＜20mm 时，＋0.0～＋0.4mm；直径≥20mm 时，＋0.0～＋0.6mm。

（3）钢筋接长时应避开应力较大处，并按施工技术规范要求将接头错开布置。

（4）混凝土浇筑前，应设置足够多的混凝土垫块，垫块的抗腐蚀能力和强度不得低于桥面板混凝土。

（5）桥面板预留预埋件应仔细核对，不得漏埋、错埋。

（6）混凝土的浇筑、养护应严格按照相关规范执行。

（7）桥面板平整度应小于±3mm，采用 2m 靠尺检验；板厚公差为 0～3mm；桥面板对角相对高差应小于 3mm。

（8）桥面板可采用缓凝剂，在混凝土强度形成之前应采用高压水枪冲刷处理。

2）桥面板存放与运输

（1）预制桥面板的存放时间不得少于 180d。

（2）预制桥面板的存放临时支点应设置在主梁上翼缘板对应位置，临时支点的具体设置及预制板的存放方案应报设计单位，并会同监理工程师共同商定。

（3）桥面板存放期间，应对外露的钢筋采取保护措施，确保钢筋不出现腐蚀、损伤。

（4）桥面板运输过程中应保证桥面板水平放置，并设置防护措施，避免桥面板发生磕碰。

3）湿接缝混凝土施工

（1）浇筑湿接缝混凝土前，应清除残渣灰尘，并用水湿润混凝土界面后，再浇筑混凝土。

（2）应先浇筑剪力预留槽口内混凝土，再浇筑接缝混凝土，每道混凝土接缝应一次性完成浇筑。

（3）浇筑湿接缝混凝土时，应确保接缝混凝土浇筑密实，新老混凝土接触面附近应特别注意。

6.4 上部结构架设安装

1）总体要求

（1）施工单位应对设计文件进行认真研究，对图纸提供的坐标、高程以及结构的相关几何尺寸进行详细复核，发现疑问应及时按有关程序向设计单位反馈。

（2）上部结构安装单位应编制详细的施工组织设计，报监理工程师批准后实施，施工中严格按有关规范执行，确保施工质量和施工安全。

（3）钢主梁按设计预拱度要求安装完成后（无支架状态），应按设计给出的点位要求测量钢梁上翼缘板顶面高程，进而根据桥面设计高程计算出相应点位桥面板垫条的厚度并切割下料，之后再安装垫条和预制桥面板。垫条应确保桥面板现场浇筑时的密闭性。

（4）预制桥面板吊装前应仔细核对桥面板的位置及方向，清除桥面板外露的钢筋、水泥浆等杂物，并对锈蚀钢筋进行除锈处理。

（5）吊装预制桥面板时，必须采取有效措施分散吊点处的集中应力，吊具不得挤压损坏桥面板混凝土，确保桥面板受力安全；吊装就位后，应采用环氧砂浆对吊点预留孔进行封堵。

（6）预制桥面板吊装就位过程应准确、轻缓，不得损坏圆柱头焊钉及预留预埋件，更不得因对位不准确而切割钢筋或圆柱头焊钉。

（7）桥面板湿接缝混凝土达到设计强度后，方可进行泄水管、防撞护栏、桥面防水层、沥青铺装等桥面系设施的安装施工。

（8）本册图纸未尽事宜，应参照《公路桥涵施工技术规范》（JTG/T 3650—2020）和《钢结构工程施工质量验收标准》（GB 50205—2020）执行。

2）钢主梁架设

上部结构的架设安装主要考虑三种方案：对于桥跨数较多的主线桥梁，推荐采用架桥机施工方案；对于跨河、跨谷以及桥墩较高的主线桥梁，可采用在一岸进行主梁组拼，然后顶推就位的施工方案，若跨径较大，可根据需要设置临时墩支撑；其余地形条件可采用支架法施工方案。

（1）架桥机架设方案

①在一侧桥台拼装主梁及横向联结系，并采用架桥机完成第 1 跨主梁架设。

②架桥机过孔，注意临时支撑点位置需提前进行钢主梁受力验算；架设第 2 跨钢主梁，并在临时支架上完成与第 1 跨主梁的拼接。

③重复上一步，完成钢主梁的架设。

（2）顶推架设方案

①在一侧桥台拼装主梁及横向联结系，主梁前端应设置导梁。

②采用边拼装边推出的方法将主梁从一岸向另一岸推出，直至推至另一侧桥台。推出过程中，如果主梁出现过度下挠，应提前采取一定措施将主梁拉起，确保导梁底面始终高于墩台座。

（3）支架架设方案

①拼接第1跨主梁，如现场起吊能力较强，可考虑半幅桥整孔吊装架设；若现场起吊能力有限，可分片架设，并及时安装横向联结系。为防止第一片钢梁架设完成后出现侧翻，应对钢梁进行横向临时支撑。

②在1号墩顶节段的接头处设置临时支架，将拼接好的第2跨主梁吊装就位，并在临时支架上完成与第1跨主梁的拼接。

③在2号墩顶节段的接头处设置临时支架，将拼接好的第3跨主梁吊装就位，并在临时支架上完成与第2跨主梁的拼接，至此完成钢主梁的架设。

3）桥面板安装

（1）钢梁架设完成后，应从一侧或两侧同时吊装铺设桥面板。

（2）完成各跨正弯矩区桥面板预留剪力槽口及湿接缝混凝土的浇筑。

（3）待正弯矩区桥面板湿接缝混凝土达到设计强度和满足弹性模量要求后，完成中墩负弯矩区桥面板预留剪力槽口及湿接缝混凝土的浇筑。

6.5 桥面系施工

在进行桥面铺装之前，应先对桥梁现阶段板顶高程进行一次全面测量。

1）护栏预制

（1）护栏节段在预制场地采用短线法预制。护栏竖曲线和平曲线采用以直代曲拟合形成，通过护栏上下缘长度不同形成竖曲线，通过护栏内外侧长度不同形成平曲线。预制时宜保持一个端面为正交面，一个端面为斜交面，如图6-1所示。预制时，应精确计算护栏节段间的相对转角，保证护栏间的匹配。

本册图纸中，预制护栏的长度适用于直线桥。对于曲线桥，应根据曲线半径精确计算护栏节段长度，原则上保证每类预制护栏连接钢棒的间距不变，通过调整节段内边钢棒距端面的距离来适应节段长度的变化。预制时，应注意护栏内孔道与桥面板内孔道的精确匹配定位。

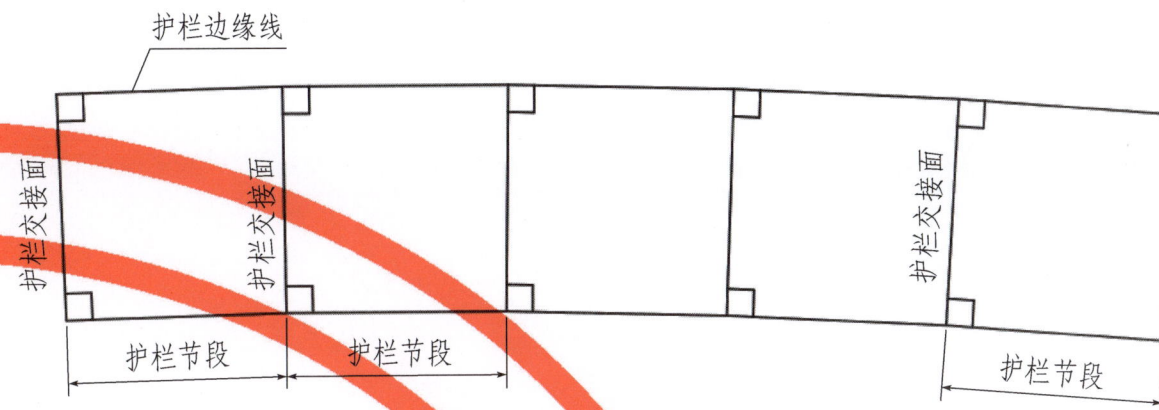

图6-1 预制护栏平面布置示意图

（2）护栏预制时，应确保护栏底座的混凝土剪力键与桥面板横坡匹配，避免出现护栏底座按平面预制后无法安装的情况。

（3）预制护栏施工精度应符合表6-1的规定。

表6-1 预制护栏施工精度要求

项 次	项 目	规定值或允许偏差
1	护栏及桥面板内的孔径中心位置(mm)	±2
2	护栏及桥面板内的孔径大小(mm)	±2
3	护栏及桥面板内的孔道粗糙度 Ra(μm)	<25
4	护栏间剪力键、护栏与桥面板间剪力键的平整度(mm)	±1

（4）预制护栏节段时，接缝间必须满涂隔离剂，以利于节段脱离。

（5）护栏节段预制应注意预埋钢棒固定端螺母、钢棒预埋管、灌浆孔和临时吊点预埋件，钢棒预埋管应垂直于桥面板顶面和护栏底面。

（6）预制节段应注意模板表面处理。混凝土浇筑完毕，应采取可靠措施及时予以保温养护。预制节段保温养护应不少于15d，冬季施工时可采取蒸汽养护等措施，确保混凝土浇筑质量。

（7）护栏混凝土颜色应全桥保持一致，表面光洁平整；应采用同一厂家、同一品种的水泥。

2）护栏安装

（1）预制护栏由 N 墩向 $N+1$ 墩顺序安装。

①护栏底面与桥面板顶面间、护栏节段间断面涂抹环氧树脂，吊装预制护栏就位。

②待环氧树脂固化后，从梁下端往上穿插高强度螺纹钢棒，并旋进固定端预埋螺母内。

③一次性缓慢张拉高强度螺纹钢棒至设计张拉力的 1.5 倍，完成张拉后，应在螺纹处涂抹密封胶，然后安装钢棒聚乙烯（PE）保护套。

④对于伸缩装置处护栏，采用自密实微膨胀混凝土填充护栏与桥面板之间的剪力键及灌浆孔道，并安装钢遮板。

（2）接缝处理。

①匹配面涂环氧树脂作为黏结剂，环氧树脂黏结剂的配合比、配制方法、物理力学性能以及固化时间等，应由施工单位根据不同的温度等作业条件做相关试验后确定。

②预制节段之间的施工接缝应严格按《公路桥涵施工技术规范》（JTG/T 3650—2011）的要求进行处理。所有的接缝面必须洁净，除去油污等杂质，表面应平整、无疏松，表层附着的水泥浆应清除干净，涂胶前表面应干燥或烘干。

③应根据不同温度，制备几组不同配合比的环氧树脂黏结剂。

④施工时，节段交接面上的环氧树脂应涂抹均匀，厚度控制在 2～3mm，梁段挤压后胶体厚度宜控制在 0.5～1.0mm，以保证有多余环氧树脂从接缝中被挤出，不出现缺胶现象。

⑤挤出的多余环氧树脂应及时刮除，刮除过程中尽量减少对混凝土的污染，并清理螺栓孔道，排除可能进入螺栓孔道的胶体，确保孔道畅通。

⑥环氧树脂颜色应与护栏颜色保持一致，避免影响全桥景观效果。

（3）自密实微膨胀混凝土技术要求同桥面板湿接缝混凝土。

3）支座

（1）顺桥向支座端部应设置限位装置。

（2）支座滑移和转动面应设置防尘和密封装置。防尘和密封装置应拆装快捷、方便，一次性使用寿命不少于 10 年。

（3）支座涂装体系颜色应与主梁相同。

（4）支座制造应严格按照规范要求进行，支座安装由支座制造厂家实施。

（5）架设钢梁前，应将支座牢固安装于钢梁上，并在支座垫石上开设预留孔和灌浆槽，预留孔的平面位置、孔径、孔深及开槽尺寸应符合支座安装图的规定。支座正确就位于垫石后，采用环氧树脂砂浆进行灌注，灌浆应饱满，不得有空洞、气泡。

（6）支座安装完毕，应及时清理墩台遗留的建筑垃圾。

4）伸缩装置

（1）所有固定螺栓、螺母应采用楔形垫圈防松动。

（2）伸缩装置安装完成后，大、小齿板螺栓沉孔内应浇筑环氧树脂密封。

（3）大齿板与大齿板、大齿板与基座之间应采用 O 形橡胶密封带进行密封，并具备相应的密封结构。

（4）大齿板顶面应采用防滑槽构造，且防滑槽宽度应不小于 20mm，间距应不大于 130mm。

（5）伸缩装置制造应严格按照规范要求进行，伸缩装置安装由制造厂家实施。

（6）伸缩装置安装完毕，应及时清理墩台遗留的建筑垃圾。

（7）伸缩装置安装定位完成后，应精确测量其顶面高程、纵坡及横坡，确保其保证与桥面铺装顶面高程完全齐平。伸缩装置不得发生工后变形与沉降。

5）桥面排水

（1）若桥面现有基层的平整度不一致，存在高差，进行排水沟铺装时应做相应的基底处理。

（2）桥面铺装施工结束后，应取出隔离用的槽钢或木板，清理排水沟安装预留槽，预留槽底部涂抹 5～10mm 厚的柔性砂浆，静待 5～10min，待柔性砂浆一定程度凝固后，在紧贴沥青层侧面处放置成品排水沟。

（3）排水沟安装时，可直接在现场放置拼接，排水沟盖板上表面应低于沥青铺装 5mm。

（4）排水沟与护栏间的空隙应采用弹性混凝土或柔性砂浆回填，并进行压实处理。

（5）如采用集中排水方案，应进行专项设计。

主要工程材料数量表（双幅一联）

材料	项目	单位	钢混组合梁				附属设施						合计
			钢主梁	小纵梁	横梁	桥面板	支座	混凝土护栏	桥面铺装	桥梁护栏	伸缩装置	排水	
混凝土	C55	m³				597.8							597.8
	C55自密实微膨胀	m³				153.2							153.2
	C55钢纤维	m³									22.1		22.1
	C50	m³							136.8				136.8
	改性沥青SMA-13	m³							111.6				111.6
	沥青混凝土AC-20C(SBS)	m³							167.4				167.4
	防水层	m²							2970.0				2970.0
普通钢筋 HRB500	Φ22	kg						20268					20268
	Φ20	kg				141284							141284
	Φ16	kg				116222		5855					124516
	Φ12	kg				4941		17319					22260
	Φ10	kg				945		247					1192
	小计	kg				262447		43688					308574
钢板 Q355C	t=12mm	kg	31										31
	t=16mm	kg				3045		488					3533
	t=22mm	kg	115										115
	t=28mm	kg	292										292
45号钢	t=26mm	kg				3458							3458
钢板 Q370qD	t=8mm	kg	51		63								114
	t=10mm	kg		3806	5541								9347
	t=12mm	kg	9400	623	26052					4583			40658
	t=16mm	kg	3757		24439								28196
	t=18mm	kg	24315										24315
	t=20mm	kg	151346		7615								158961
	t=22mm	kg	3162										3162
	t=25mm	kg	22874		24265								47139
	t=28mm	kg	73433		11430								84863
	t=30mm	kg	66398										66398
	t=36mm	kg	61802										61802
	t=40mm	kg	6960										6960
	t=55mm	kg	28693										28693
型钢 Q370qD	HPW300×300×10×15	kg		48397									48397
	小计	kg	452189	52826	99405					4583			609003
型钢 Q345qD	HM588×300×12×20	kg			40632								40632
高强螺栓	M24×70	套		576									576
	M24×75	套			3072								3072
	M24×80	套		1728	1608								3336
	M24×85	套	64										64
	M24×95	套			3456								3456
	M24×100	套			3840								3840
	M24×110	套	4744										4744
	M24×130	套	7296										7296
	M27×90	套	5760										5760
	M27×140	套	1536										1536
高强预应力螺纹钢棒	Φ40×1000	套						560					560
	Φ40×1078	套						16					16
圆柱头焊钉	Φ22×200	个	10752	4200	384								15336
支座	GQZ1.5SX	套					8						8
	GQQZ2.0SX	套					4						4
	GQQZ3.0SX	套					4						4
	GQQZ4.0SX	套					2						2
	GQQZ4.0ZX	套					4						4
	GQQZ4.0ZX	套					2						2
	GQQZ4.0HX	套					4						4
	GQQZ3.0HX	套					2						2
	GQQZ4.0HX	套					2						2
伸缩装置	SCF-DX100型	m									31/2		31/2
	SCF-DX160型	m									31/2		31/2
密封条	Φ10mm	m				1122							1122
垫条	50mm×50mm	m				2527							2527
M42	吊环	套				88							88
	螺栓	套				840							840
M24	吊环	套						30					30
	螺栓	套						296					296
M10×40	螺栓	套									660		660
锚栓 S31603不锈钢	钢板 t=3mm	kg						80					80
	Φ160×8mm							171					171
钢管	Φ160×8mm											197	197
	Φ60×1.5mm											1091	1091
		kg										880	880

注：
1. 本表未计焊缝重量.
2. 一套高强螺栓包含一个螺栓、一个螺母和两个垫圈.

3×30m 双向六车道工字组合梁	汽车荷载等级：公路—I级
	桥梁宽度：2×16.5m
主要工程材料数量表	图号：SG-01

主梁标准横断面

1/2主梁标准横断面

1/2主梁中墩支座处横断面

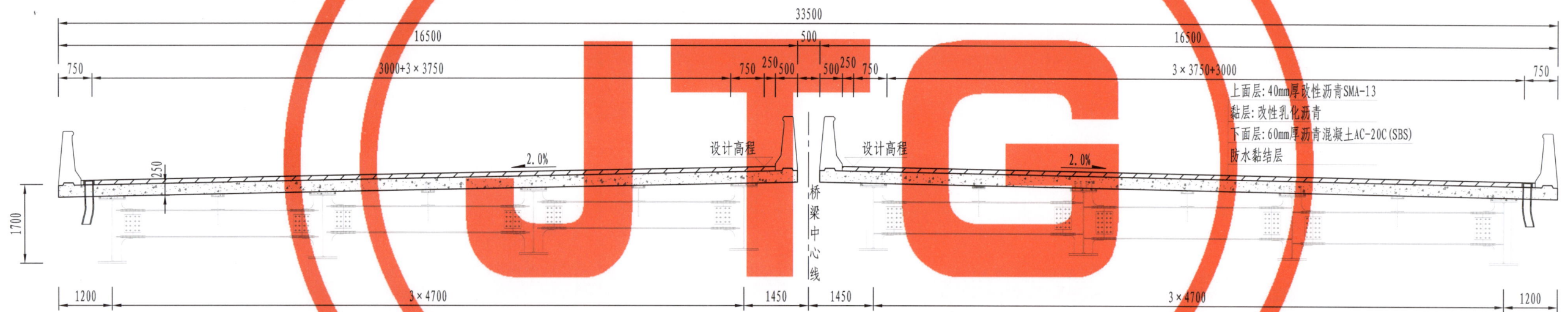

33500

16500 | 500 | 16500

750 | 3000+3×3750 | 750 250 500 | 500 250 750 | 3×3750+3000 | 750

上面层:40mm厚改性沥青SMA-13
黏层:改性乳化沥青
下面层:60mm厚沥青混凝土AC-20C(SBS)
防水黏结层

2.0% 设计高程 | 设计高程 2.0%

250

1700

桥梁中心线

1200 | 3×4700 | 1450 | 1450 | 3×4700 | 1200

注
1. 本图中尺寸均以毫米为单位。

3×30m 双向六车道工字组合梁	汽车荷载等级: 公路—I级
	桥梁宽度: 2×16.5m
主梁标准横断面	图号: SG-02

立面

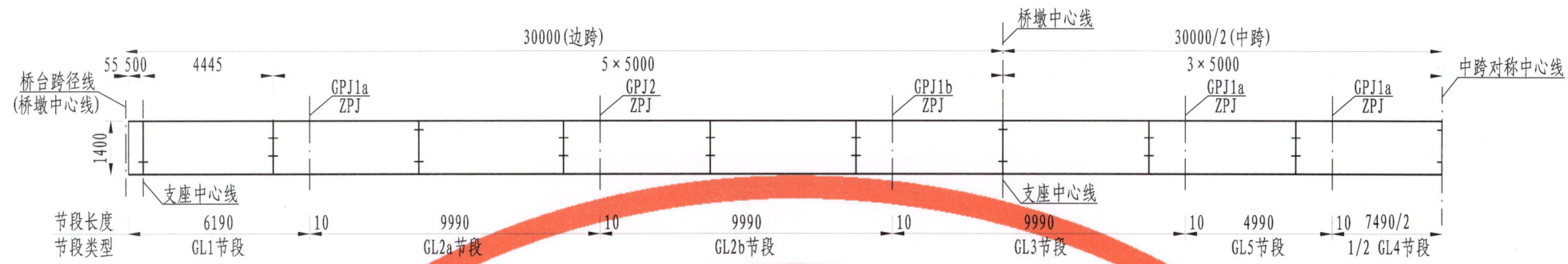

平面

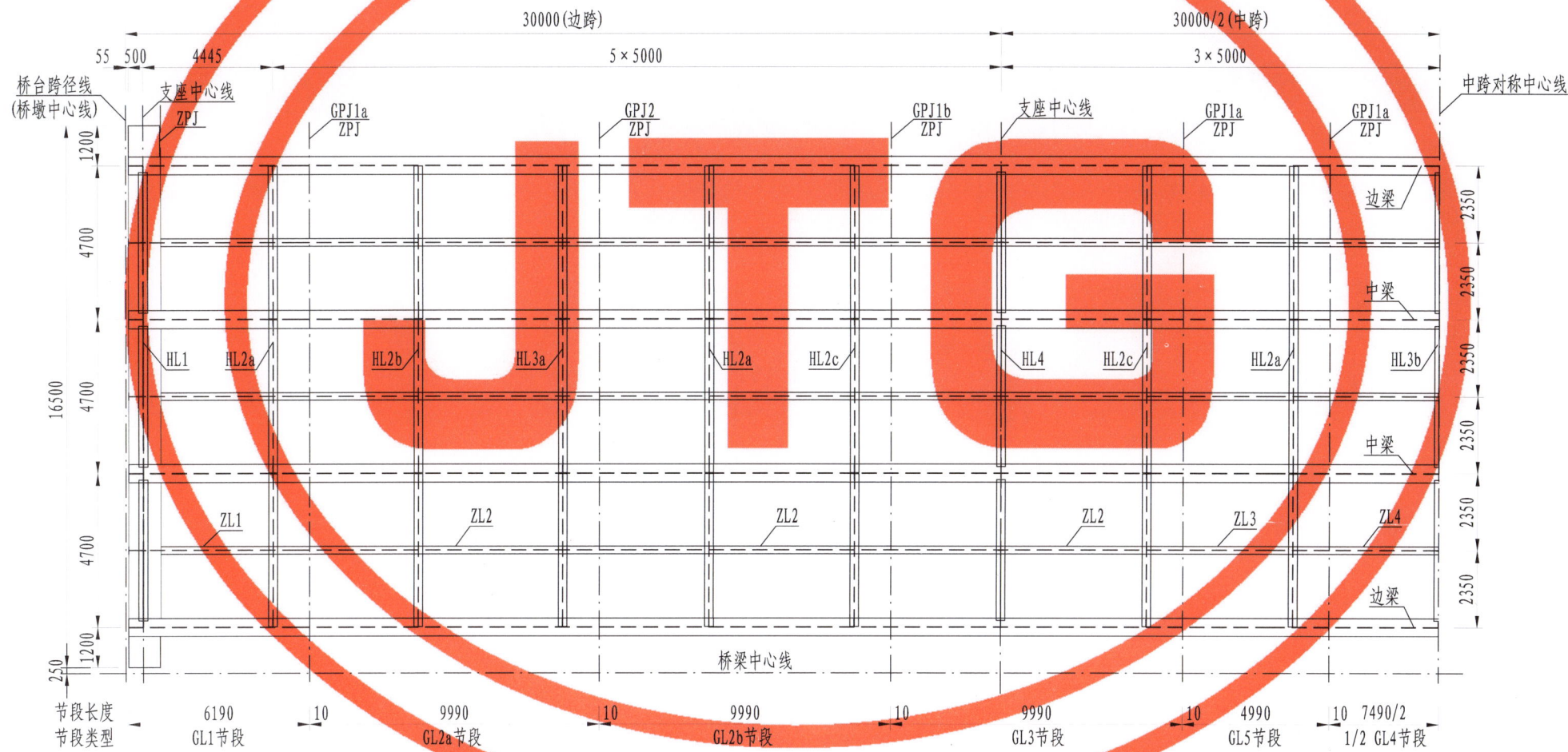

主梁杆件数量汇总表(双幅一联)

主梁杆件	主梁						小纵梁			
杆件编号	GL1	GL2a	GL2b	GL3	GL4	GL5	ZL1	ZL2	ZL3	ZL4
杆件数量	16	16	16	16	8	16	12	36	12	6

主梁杆件	横梁							挑梁	拼接缝			
杆件编号	HL1	HL2a	HL2b	HL2c	HL3a	HL3b	HL4	TL	GPJ1a	GPJ1b	GPJ2	ZPJ
杆件数量	12	36	12	24	12	6	12	8	48	16	16	72

图例:
GL - 主梁
HL - 横梁
ZL - 小纵梁
TL - 挑梁
GPJ - 主梁拼接
ZPJ - 小纵梁拼接

注
1. 本图尺寸均以毫米为单位。
2. 本图未示出加劲肋、拼接板等构造。

3×30m 双向六车道工字组合梁

汽车荷载等级: 公路—I级

桥梁宽度: 2×16.5m

主梁节段划分

图号: SG-03

立面

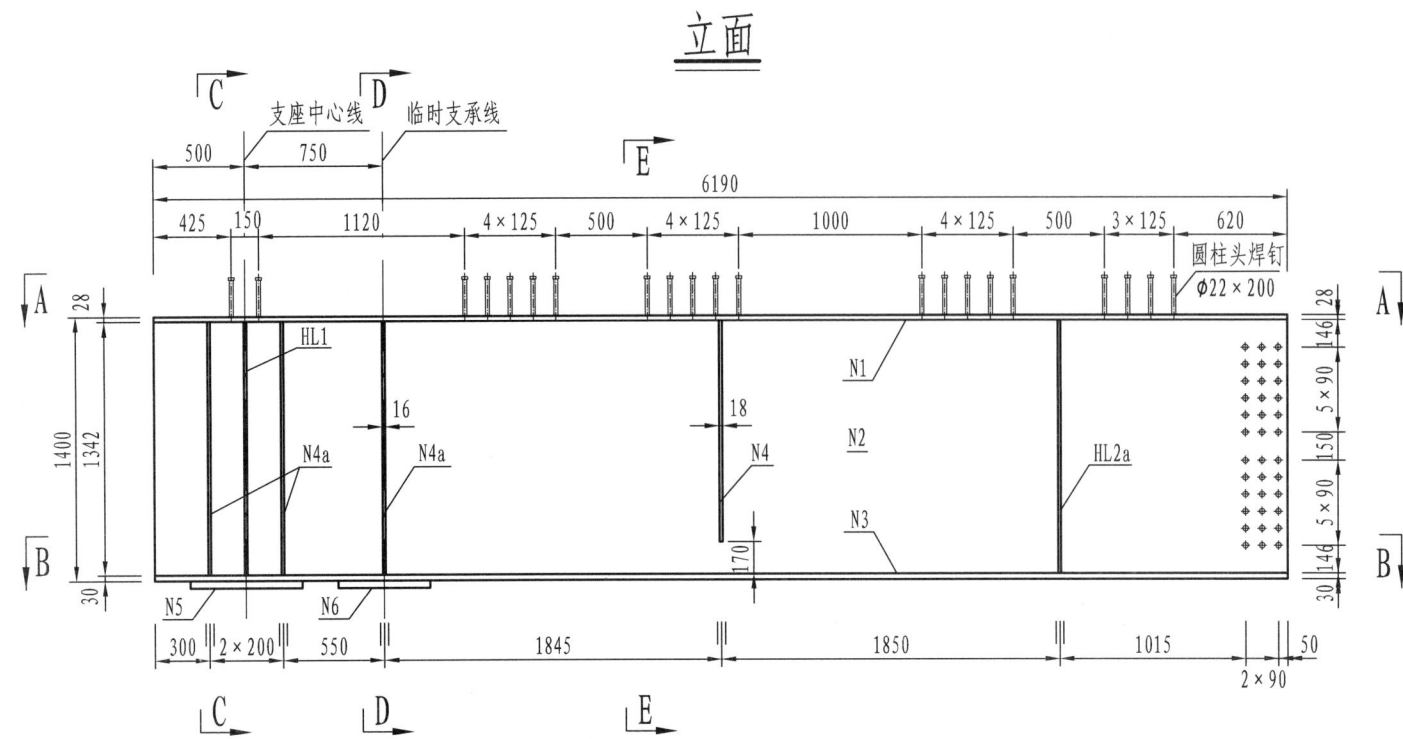

A-A

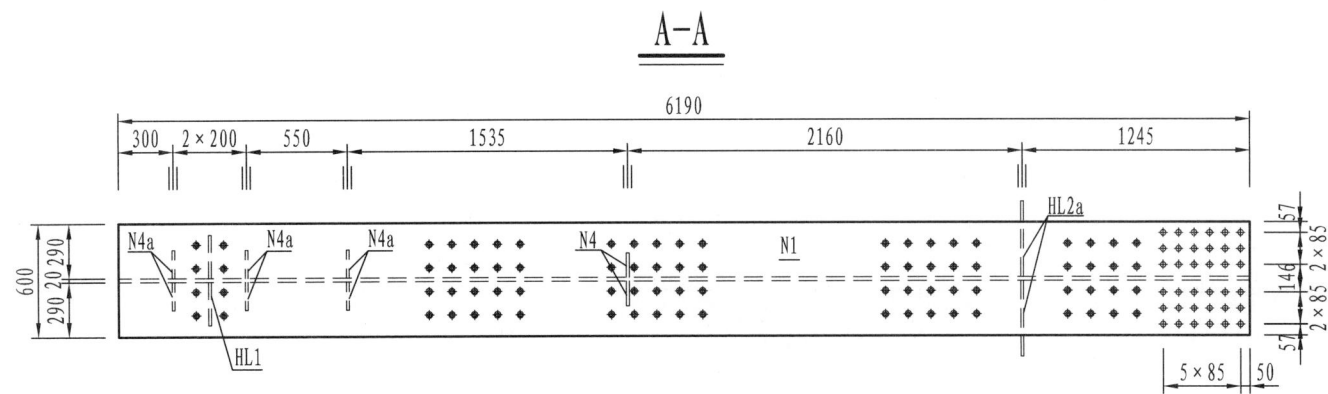

B-B

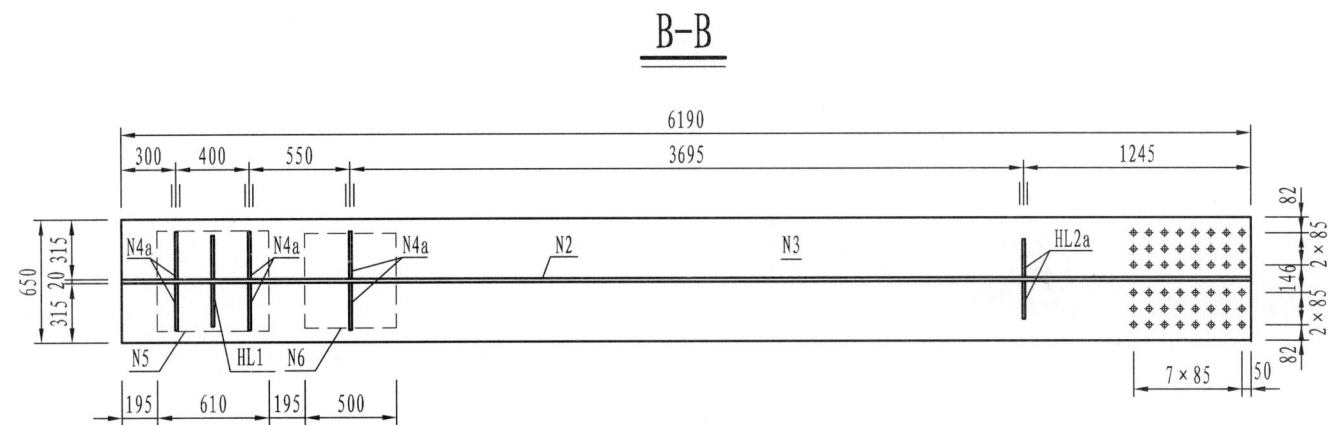

C-C

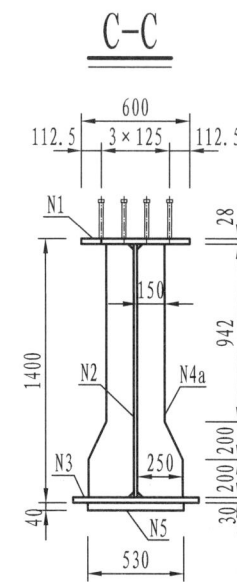

D-D

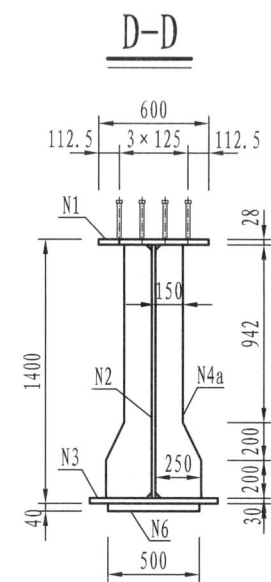

E-E

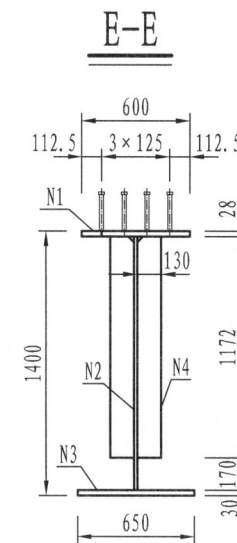

圆柱头焊钉
φ22×200

支座中心线
临时支承线

注
1. 本图尺寸均以毫米为单位。
2. 本图为中梁节段构造,边梁构造取消外侧N4加劲板。
3. N4板在中梁节段宽度为130mm,边梁节段宽度为180mm。
4. 本图主梁节段与横梁相连采用M24高强螺栓(φ27孔)。
  除N2板与其他节段相连采用M27高强螺栓(φ30孔),
  其余板与其他节段相连采用M24高强螺栓(φ27孔)。
5. 本图所有加劲板倒角均为30mm×30mm。
6. N3、N5板设有支座螺栓孔,其开孔位置见支座布置构造图。
7. 支座中心线位置处,边主梁内侧为HL1连接板,外侧为N4a板,本图未示出。
8. 本图适用于GL1节段。

3×30m 双向六车道工字组合梁	汽车荷载等级:公路—I级
	桥梁宽度:2×16.5m
主梁一般构造	图号:SG-04

立面

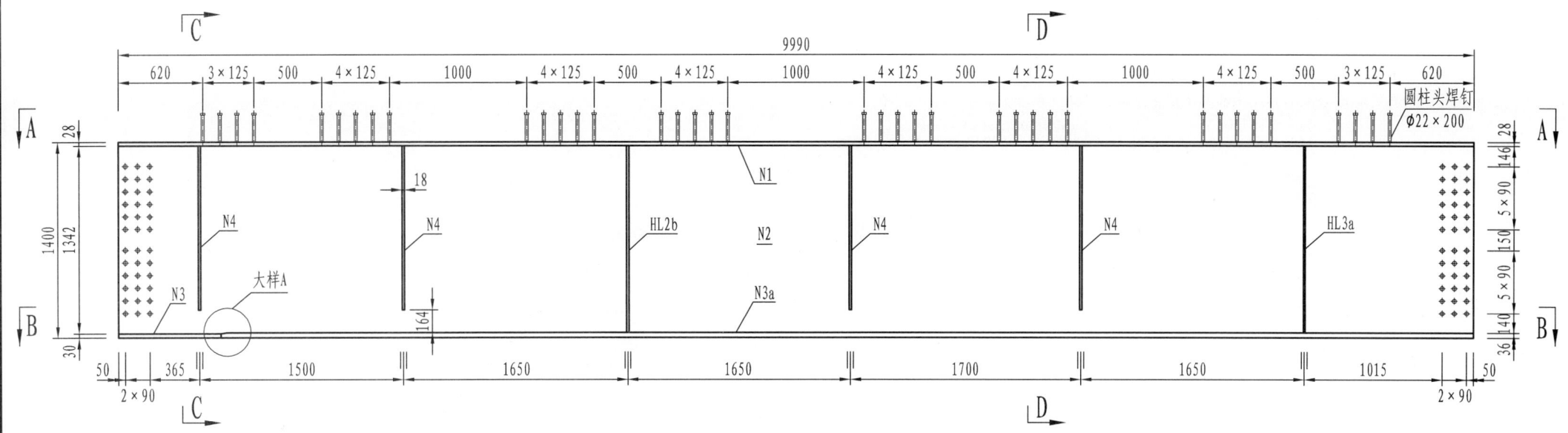

C-C   D-D

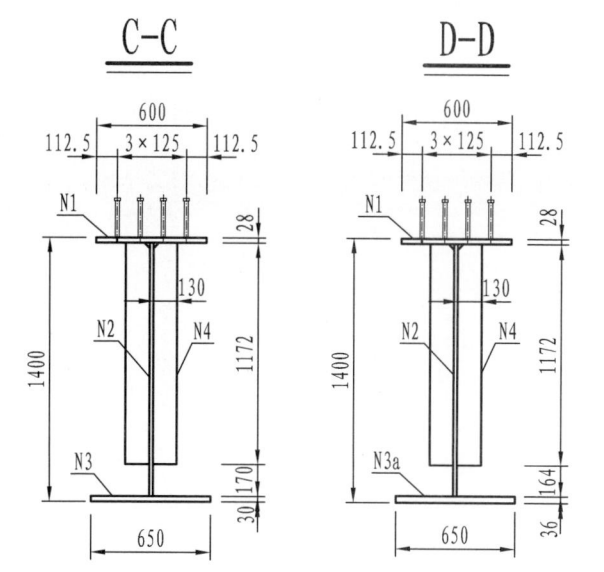

A-A

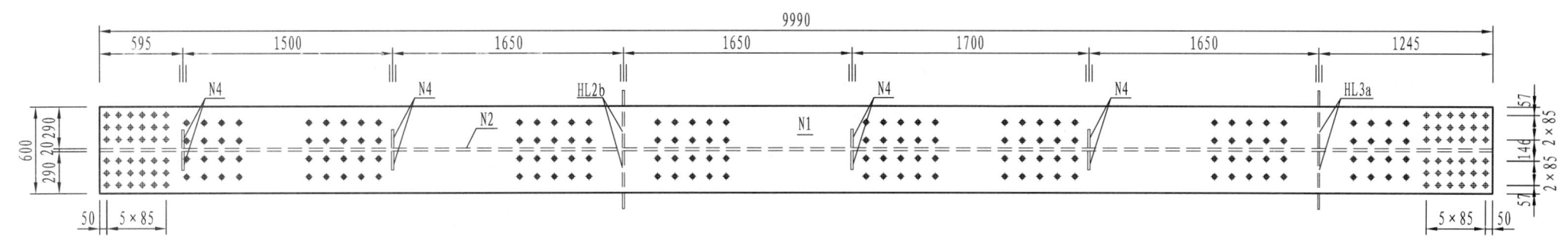

大样A

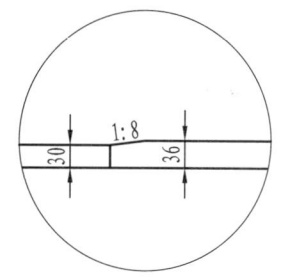

B-B

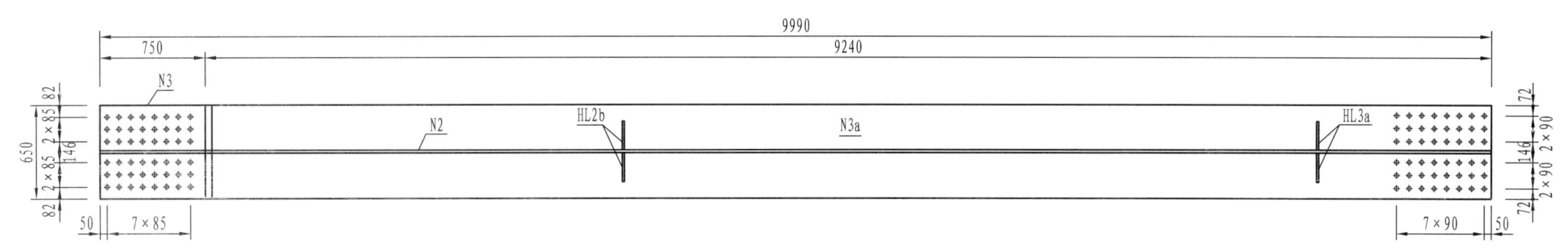

注
1. 本图尺寸均以毫米为单位。
2. 本图为中梁节段构造,边梁构造取消外侧N4加劲板。
3. N4板在中梁节段宽度为130mm,边梁节段宽度为180mm。
4. 本图主梁节段与横梁相连采用M24高强螺栓(φ27孔)。
   除N2、N3a板与其他节段相连采用M27高强螺栓(φ30孔),
   其余板与其他节段相连采用M24高强螺栓(φ27孔)。
5. 本图所有加劲板倒角均为30mm×30mm。
6. 本图适用于GL2a节段。

3×30m 双向六车道工字组合梁	汽车荷载等级: 公路—Ⅰ级
	桥梁宽度: 2×16.5m
主梁一般构造	图号: SG-04

立面

A-A

B-B

C-C

D-D

大样A

大样B

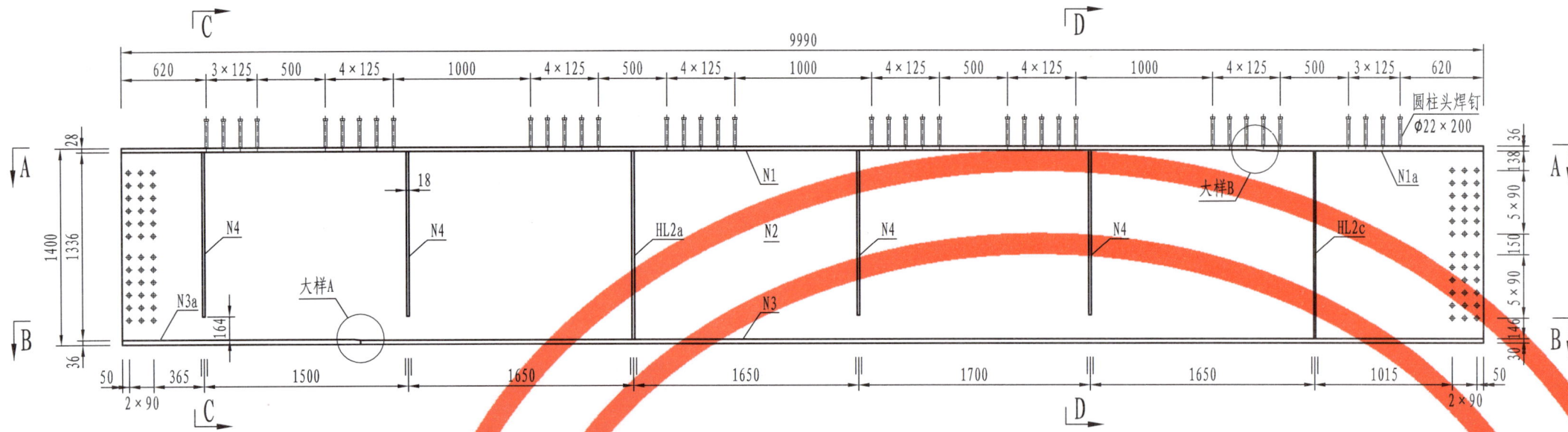

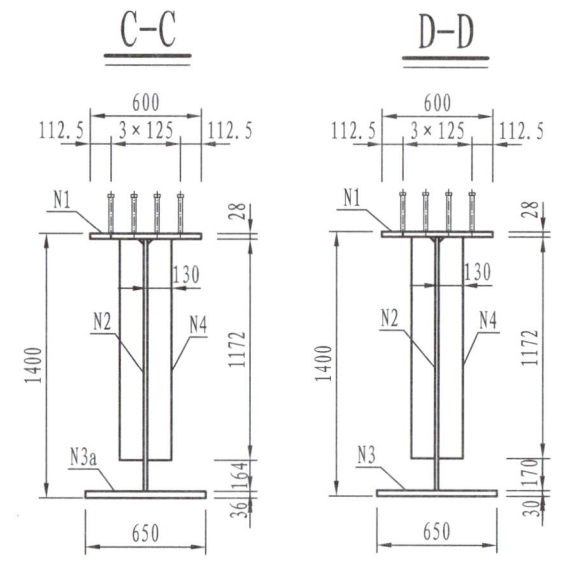

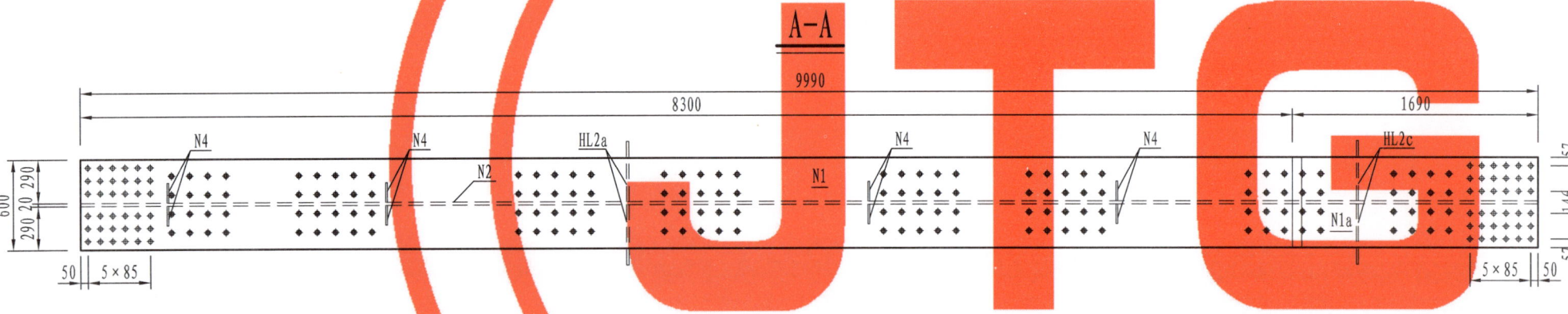

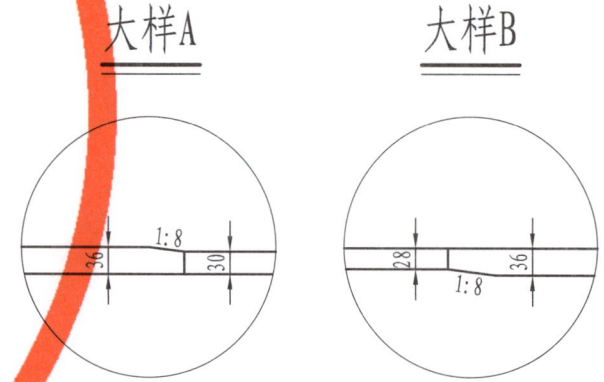

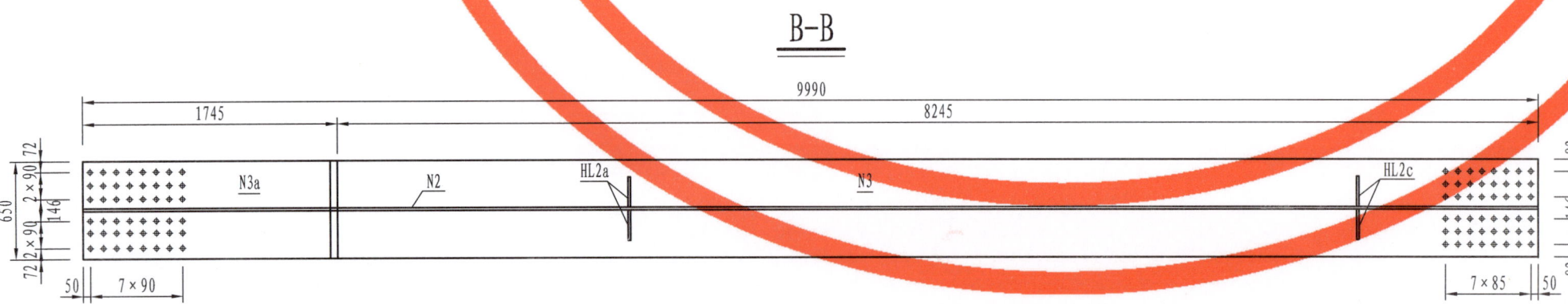

注
1. 本图尺寸均以毫米为单位。
2. 本图为中梁节段构造，边梁构造取消外侧N4加劲板。
3. N4板在中梁节段宽度为130mm，边梁节段宽度为180mm。
4. 本图主梁节段与横梁相连采用M24高强螺栓(φ27孔)。
   除N2、N3a板与其他节段相连采用M27高强螺栓(φ30孔)，
   其余板与其他节段相连采用M24高强螺栓(φ27孔)。
5. 本图所有加劲板倒角均为30mm×30mm。
6. 本图适用于GL2b节段。

3×30m 双向六车道工字组合梁	汽车荷载等级：公路—Ⅰ级
	桥梁宽度：2×16.5m
主梁一般构造	图号：SG-04

立面

临时支承线　支座中心线　临时支承线

9990

620 | 3×125 | 500 | 4×125 | 1000 | 4×125 | 500 | 4×125 | 1000 | 4×125 | 500 | 4×125 | 1000 | 4×125 | 500 | 3×125 | 620

圆柱头焊钉 φ22×200

N1

N4　N4　N4a　HL4　N4a　N4　N2　N4　18　大样B　N1a

1400 / 1334

N3a　大样A

N6　N5　N6　N3　N3b　HL2c

50 | 415 | 1300 | 1100 | 320 | 2×380 | 320 | 1100 | 1550 | 1650 | 1015 | 50

2×90　2×90

A-A

9990
9190
800

645 | 1300 | 1100 | 320 | 380 | 380 | 320 | 1100 | 1550 | 1650 | 1245

600 / 290 / 290

N4　N4　N4a　HL4　N4a　N4　N2　N4　N4　HL2c

N1

N4a　N4a

50 | 5×85 | 5×85 | 50

B-B

9990

745 | 2100 | 400 | 90 | 820 | 90 | 400 | 2900 | 2445

650 / 315 / 20 / 315

N3　N4a　HL4　N4a　N2　N3b　HL2c

N6　N5　N6

N4a　N4a

50 | 7×85 | 7×85 | 50

C-C

600 / 112.5 | 3×125 | 112.5

N1

150

909

1400

N2　N4a

N3　250　N5

40 | 25 | 600 | 25 | 40
650

D-D

600 / 112.5 | 3×125 | 112.5

N1

150

909

1400

N2　N4a

N3　250　N6

40 | 25 | 400 | 25 | 40
650

E-E

600 / 112.5 | 3×125 | 112.5

N1

130

1164

1400

N2　N4

N3

55 | 650

F-F

600 / 112.5 | 3×125 | 112.5

N1

130

1164

1400

N2　N4

N3a

30 | 650

大样A

1:8
30 | 55

大样B

36 | 1:8 | 28

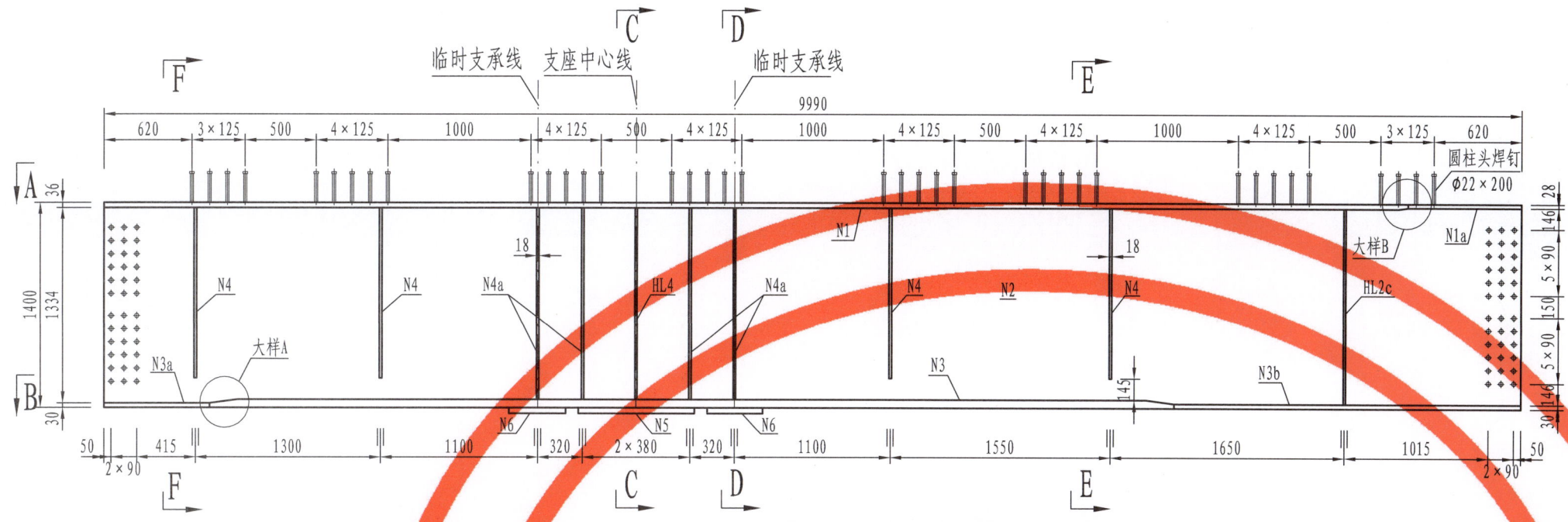

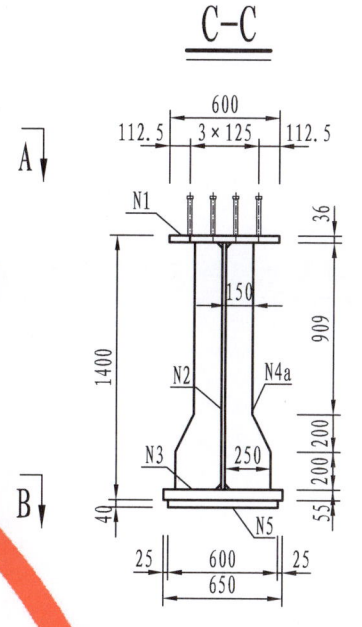

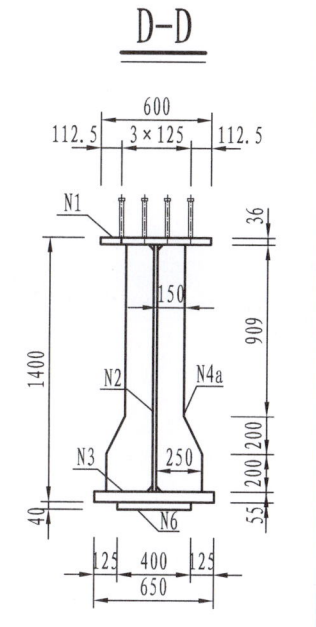

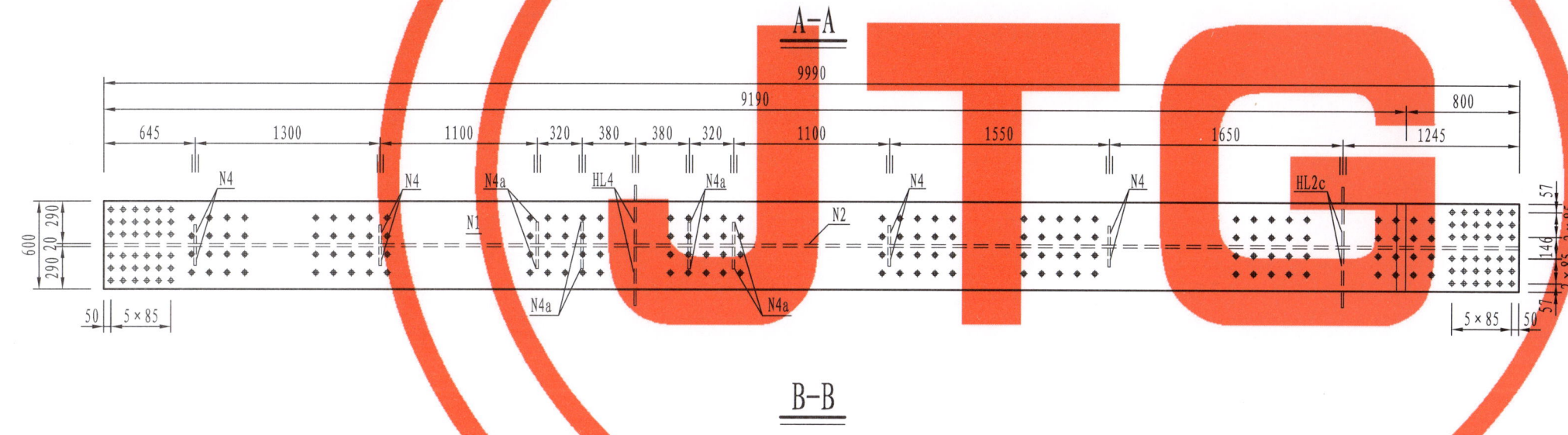

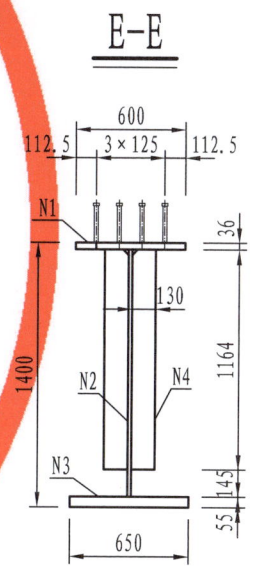

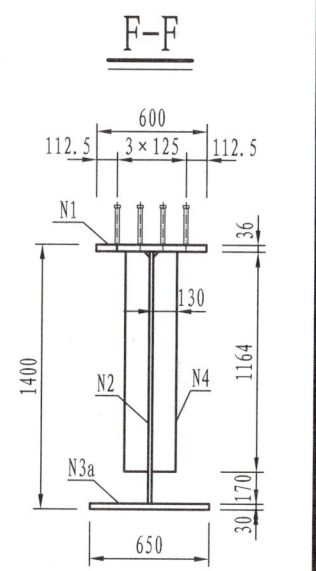

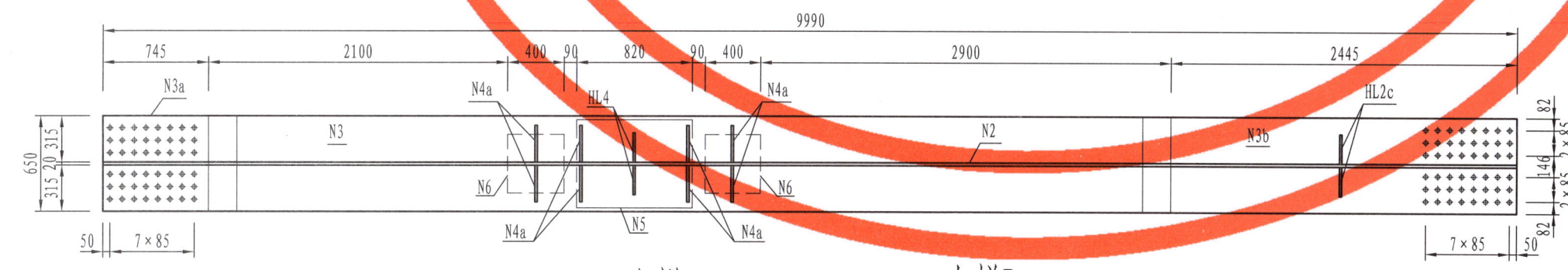

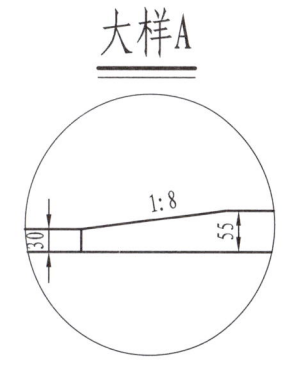

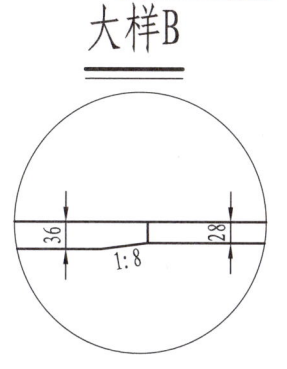

注
1. 本图尺寸均以毫米为单位。
2. 本图为中梁节段构造，边梁构造取消外侧N4加劲板。
3. N4板在中梁节段宽度为130mm，边梁节段宽度为180mm。
4. 本图主梁节段与横梁相连采用M24高强螺栓（φ27孔）。
　　除N2板与其他节段相连采用M27高强螺栓（φ30孔），
　　其余板与其他节段相连采用M24高强螺栓（φ27孔）。
5. 本图所有加劲板倒角均为30mm×30mm。
6. N3、N5板设有支座螺栓孔，其开孔位置见支座布置构造图。
7. 支座中心线位置处，边主梁内侧为HL4连接板，外侧为N4a板，
　　本图未示出。
8. 本图适用于GL3节段。

3×30m 双向六车道工字组合梁	汽车荷载等级：公路—Ⅰ级
	桥梁宽度：2×16.5m
主梁一般构造	图号：SG-04

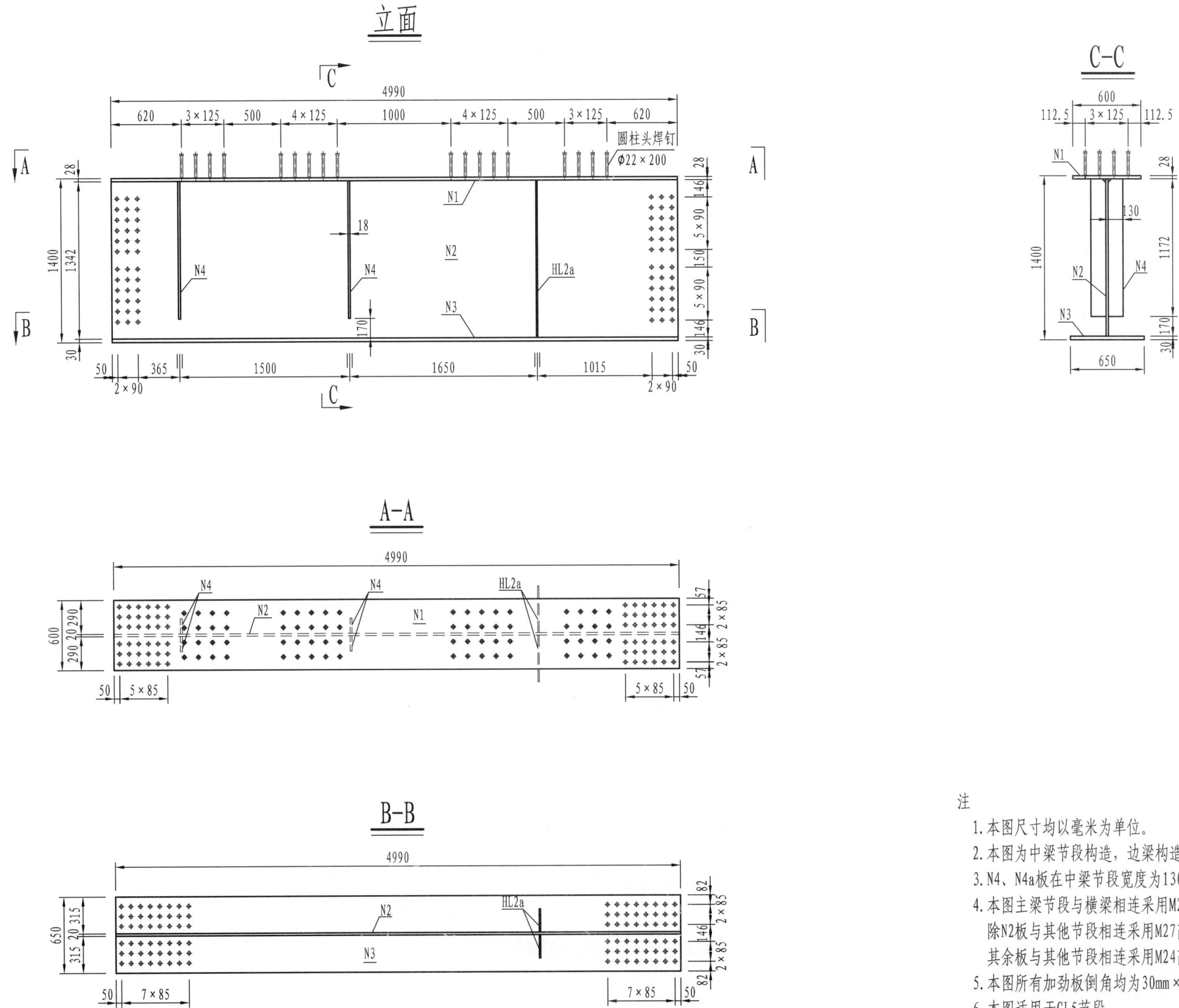

立面

4990

620　3×125　500　4×125　1000　4×125　500　3×125　620

圆柱头焊钉
φ22×200

28

N1

18

N2

N4

N4

HL2a

N3

1400
1342

5×90
150
5×90

146

146

30

30

50　365　　1500　　1650　　1015　50

2×90　　　　　　　　　　　　　　　　2×90

C-C

600

112.5　3×125　112.5

N1

130

28

1400

N2　　N4

1172

N3

30　170

650

A-A

4990

N4　　N4　　HL2a

N2　　　　　N1

57

146

2×85

600
290 20 290

290

57

2×85

50　5×85　　　　　　　　　　　　　　5×85　50

B-B

4990

N2　　HL2a

650
315 20 315

315

N3

82

2×85

146

2×85

82

50　7×85　　　　　　　　　　　　　　7×85　50

注
1. 本图尺寸均以毫米为单位。
2. 本图为中梁节段构造，边梁构造取消外侧N4加劲板。
3. N4、N4a板在中梁节段宽度为130mm，边梁节段宽度为180mm。
4. 本图主梁节段与横梁相连采用M24高强螺栓（φ27孔）。
　 除N2板与其他节段相连采用M27高强螺栓（φ30孔），
　 其余板与其他节段相连采用M24高强螺栓（φ27孔）。
5. 本图所有加劲板倒角均为30mm×30mm。
6. 本图适用于GL5节段。

3×30m 双向六车道工字组合梁	汽车荷载等级：公路－I级
	桥梁宽度：2×16.5m
主梁一般构造	图号：SG-04

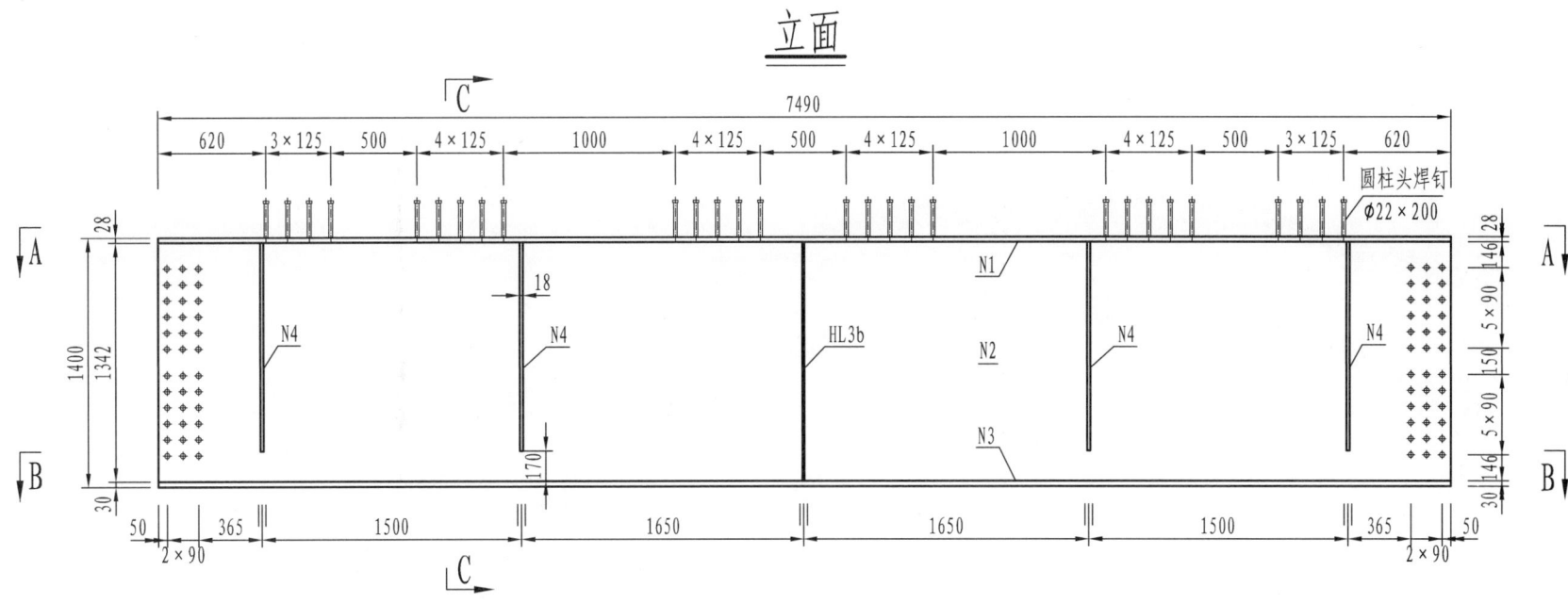

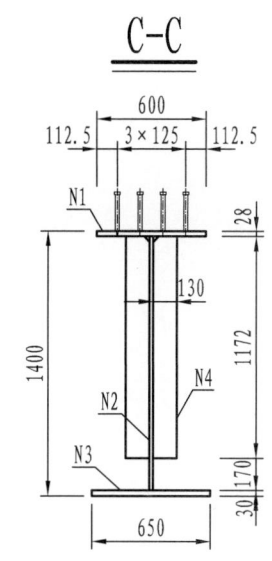

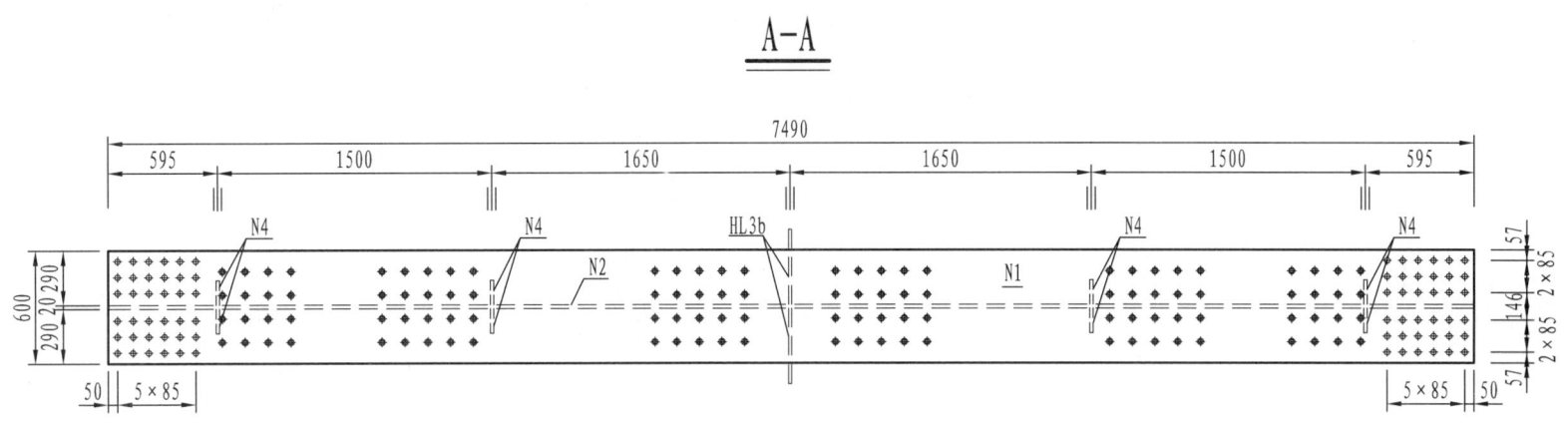

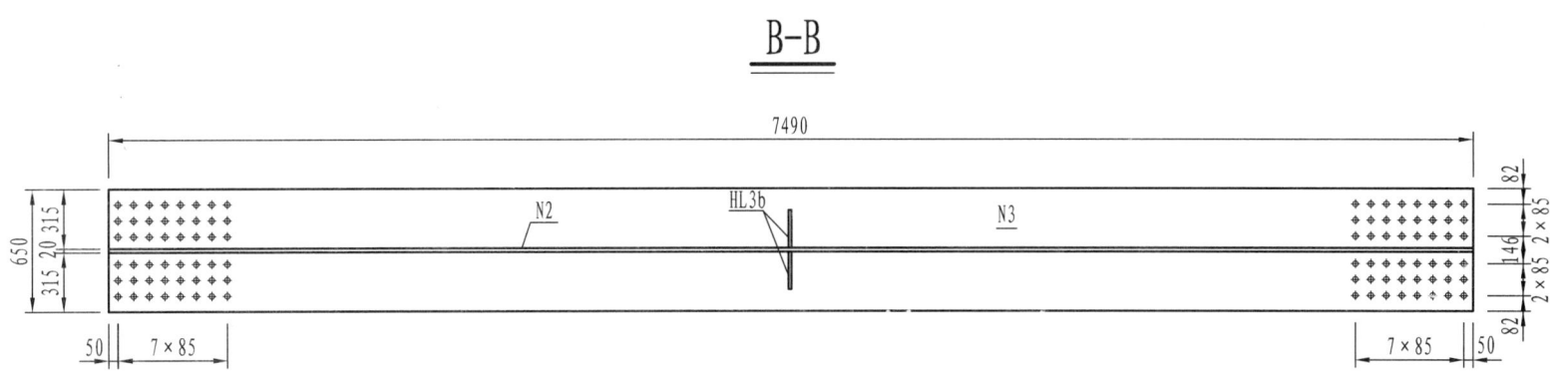

立面

圆柱头焊钉
φ22×200

N1
N4
N4
HL3b
N2
N4
N4
N3

7490
620 | 3×125 | 500 | 4×125 | 1000 | 4×125 | 500 | 4×125 | 1000 | 4×125 | 500 | 3×125 | 620

28
1400
1342
28
5×90
150
5×90
146
30
30
18
170

50 | 365 | 1500 | 1650 | 1650 | 1500 | 365 | 50
2×90
2×90

C-C

600
112.5 | 3×125 | 112.5

N1
130
N2
N4
N3

28
1400
1172
170
30
650

A-A

7490
595 | 1500 | 1650 | 1650 | 1500 | 595

N4 | N4 | HL3b | N1 | N4 | N4
N2

600
2×85 2×70 290 290
57
146
2×85
2×85
57

50 | 5×85 | 5×85 | 50

B-B

7490

N2 | HL3b | N3

650
315 20 315
315
146
2×85
82
2×85
82

50 | 7×85 | 7×85 | 50

注
1. 本图尺寸均以毫米为单位。
2. 本图为中梁节段构造，边梁构造取消外侧N4加劲板。
3. N4板在中梁节段宽度为130mm，边梁节段宽度为180mm。
4. 本图主梁节段与横梁相连采用M24高强螺栓（φ27孔）。
   除N2板与其他节段相连采用M27高强螺栓（φ30孔），
   其余板与其他节段相连采用M24高强螺栓（φ27孔）。
5. 本图所有加劲板倒角均为30mm×30mm。
6. 本图适用于GL4节段。

3×30m 双向六车道工字组合梁	汽车荷载等级：公路—I级
	桥梁宽度：2×16.5m
主梁一般构造	图号：SG-04

GL1杆件材料数量表

杆件类型	钢板编号	材质	规格(mm)	单位重(kg/块)	钢板块数	重量(kg)
GL1-边梁	N1	Q370qD	□600×28×6190	816.3	1	816.3
	N2		□1342×20×6190	1304.2	1	1304.2
	N3		□650×30×6190	947.5	1	947.5
	N4		□180×18×1172	29.8	1	29.8
	N4a		t=16	29.1	7	203.4
	N5		□530×40×610	101.5	1	101.5
	N6		□500×40×500	78.5	1	78.5
	圆柱头焊钉		φ22×200	660kg/1000个	84	55.4
	一个节段小计					3536.7 kg
GL1-中梁	N1	Q370qD	□600×28×6190	816.3	1	816.3
	N2		□1342×20×6190	1304.2	1	1304.2
	N3		□650×30×6190	947.5	1	947.5
	N4		□130×18×1172	21.5	2	43.1
	N4a		t=16	29.1	6	174.3
	N5		□530×40×610	101.5	1	101.5
	N6		□500×40×500	78.5	1	78.5
	圆柱头焊钉		φ22×200	660kg/1000个	84	55.4
	一个节段小计					3520.9 kg

GL2a杆件材料数量表

杆件类型	钢板编号	材质	规格(mm)	单位重(kg/块)	钢板块数	重量(kg)
GL2a-边梁	N1	Q370qD	□600×28×9990	1317.5	1	1317.5
	N2		□1342×20×9990	2104.8	1	2104.8
	N3		□650×30×750	114.8	1	114.8
	N3a		□650×36×9240	1697.3	1	1697.3
	N4		□180×18×1172	29.8	4	119.2
	圆柱头焊钉		φ22×200	660kg/1000个	152	100.3
	一个节段小计					5454.0 kg
GL2a-中梁	N1	Q370qD	□600×28×9990	1317.5	1	1317.5
	N2		□1342×20×9990	2104.8	1	2104.8
	N3		□650×30×750	114.8	1	114.8
	N3a		□650×36×9240	1697.3	1	1697.3
	N4		□130×18×1172	21.5	8	172.2
	圆柱头焊钉		φ22×200	660kg/1000个	152	100.3
	一个节段小计					5507.0 kg

GL2b杆件材料数量表

杆件类型	钢板编号	材质	规格(mm)	单位重(kg/块)	钢板块数	重量(kg)
GL2b-边梁	N1	Q370qD	□600×28×8300	1094.6	1	1094.6
	N1a		□600×36×1690	286.6	1	286.6
	N2		□1342×20×9990	2104.8	1	2104.8
	N3		□650×30×8245	1262.1	1	1262.1
	N3a		□650×36×1745	320.5	1	320.5
	N4		□180×18×1172	29.8	4	119.2
	圆柱头焊钉		φ22×200	660kg/1000个	152	100.3
	一个节段小计					5288.2 kg
GL2b-中梁	N1	Q370qD	□600×28×8300	1094.6	1	1094.6
	N1a		□600×36×1690	286.6	1	286.6
	N2		□1342×20×9990	2104.8	1	2104.8
	N3		□650×30×8245	1262.1	1	1262.1
	N3a		□650×36×1745	320.5	1	320.5
	N4		□130×18×1172	21.5	8	172.2
	圆柱头焊钉		φ22×200	660kg/1000个	152	100.3
	一个节段小计					5341.2 kg

GL3杆件材料数量表

杆件类型	钢板编号	材质	规格(mm)	单位重(kg/块)	钢板块数	重量(kg)
GL3-边梁	N1	Q370qD	□600×36×9190	1558.3	1	1558.3
	N1a		□600×28×800	105.5	1	105.5
	N2		□1342×20×9990	2104.8	1	2104.8
	N3		□650×55×6390	1793.3	1	1793.3
	N3a		□650×30×745	114.0	1	114.0
	N3b		□650×30×2445	374.3	1	374.3
	N4		□180×18×1164	29.6	4	118.4
	N4a		t=18	32.0	9	287.8
	N5		□600×40×820	154.5	1	154.5
	N6		□400×40×400	50.2	2	100.5
	圆柱头焊钉		φ22×200	660kg/1000个	152	100.3
	一个节段小计					6811.7 kg
GL3-中梁	N1	Q370qD	□600×36×9190	1558.3	1	1558.3
	N1a		□600×28×800	105.5	1	105.5
	N2		□1342×20×9990	2104.8	1	2104.8
	N3		□650×55×6390	1793.3	1	1793.3
	N3a		□650×30×745	114.0	1	114.0
	N3b		□650×30×2445	374.3	1	374.3
	N4		□130×18×1164	21.4	8	171.1
	N4a		t=18	27.7	8	222.0
	N5		□600×40×820	154.5	1	154.5
	N6		□400×40×400	50.2	2	100.5
	圆柱头焊钉		φ22×200	660kg/1000个	152	100.3
	一个节段小计					6798.5 kg

3×30m 双向六车道工字组合梁	汽车荷载等级：公路—I级
	桥梁宽度：2×16.5m
主梁一般构造	图号：SG-04

GL4杆件材料数量表

杆件类型	钢板编号	材质	规格（mm）	单位重（kg/块）	钢板块数	重量（kg）
GL4-边梁	N1	Q370qD	□600×28×7490	987.8	1	987.8
	N2		□1342×20×7490	1578.1	1	1578.1
	N3		□650×30×7490	1146.5	1	1146.5
	N4		□180×18×1172	29.8	4	119.2
	圆柱头焊钉		φ22×200	660kg/1000个	112	73.9
	一个节段小计					3905.6 kg
GL4-中梁	N1	Q370qD	□600×28×7490	987.8	1	987.8
	N2		□1342×20×7490	1578.1	1	1578.1
	N3		□650×30×7490	1146.5	1	1146.5
	N4		□130×18×1172	21.5	8	172.2
	圆柱头焊钉		φ22×200	660kg/1000个	112	73.9
	一个节段小计					3958.6 kg

GL5杆件材料数量表

杆件类型	钢板编号	材质	规格（mm）	单位重（kg/块）	钢板块数	重量（kg）
GL5-边梁	N1	Q370qD	□600×28×4990	658.1	1	658.1
	N2		□1342×20×4990	1051.4	1	1051.4
	N3		□650×30×4990	763.8	1	763.8
	N4		□180×18×1172	29.8	2	59.6
	圆柱头焊钉		φ22×200	660kg/1000个	72	47.5
	一个节段小计					2580.4kg
GL5-中梁	N1	Q370qD	□600×28×4990	658.1	1	658.1
	N2		□1342×20×4990	1051.4	1	1051.4
	N3		□650×30×4990	763.8	1	763.8
	N4		□130×18×1172	21.5	4	86.1
	圆柱头焊钉		φ22×200	660kg/1000个	72	47.5
	一个节段小计					2606.9 kg

主梁材料数量汇总表(双幅一联)

杆件类型	材质	规格（mm）	合计（kg）
主梁	Q370qD	t=16	3021.3
		t=18	13972.2
		t=20	151345.7
		t=28	71774.4
		t=30	66397.8
		t=36	61802.4
		t=40	6959.7
		t=55	28692.4
圆柱头焊钉		φ22×200	7054.1（10688个）
合计			411020.0

	汽车荷载等级：公路—I级
3×30m 双向六车道工字组合梁	桥梁宽度：2×16.5m
主梁一般构造	图号：SG-04

立面

B-B

C-C

A-A

N5大样

N7大样

大样A

N6大样

N8大样

N9大样

圆柱头焊钉
φ22×200

2.27%

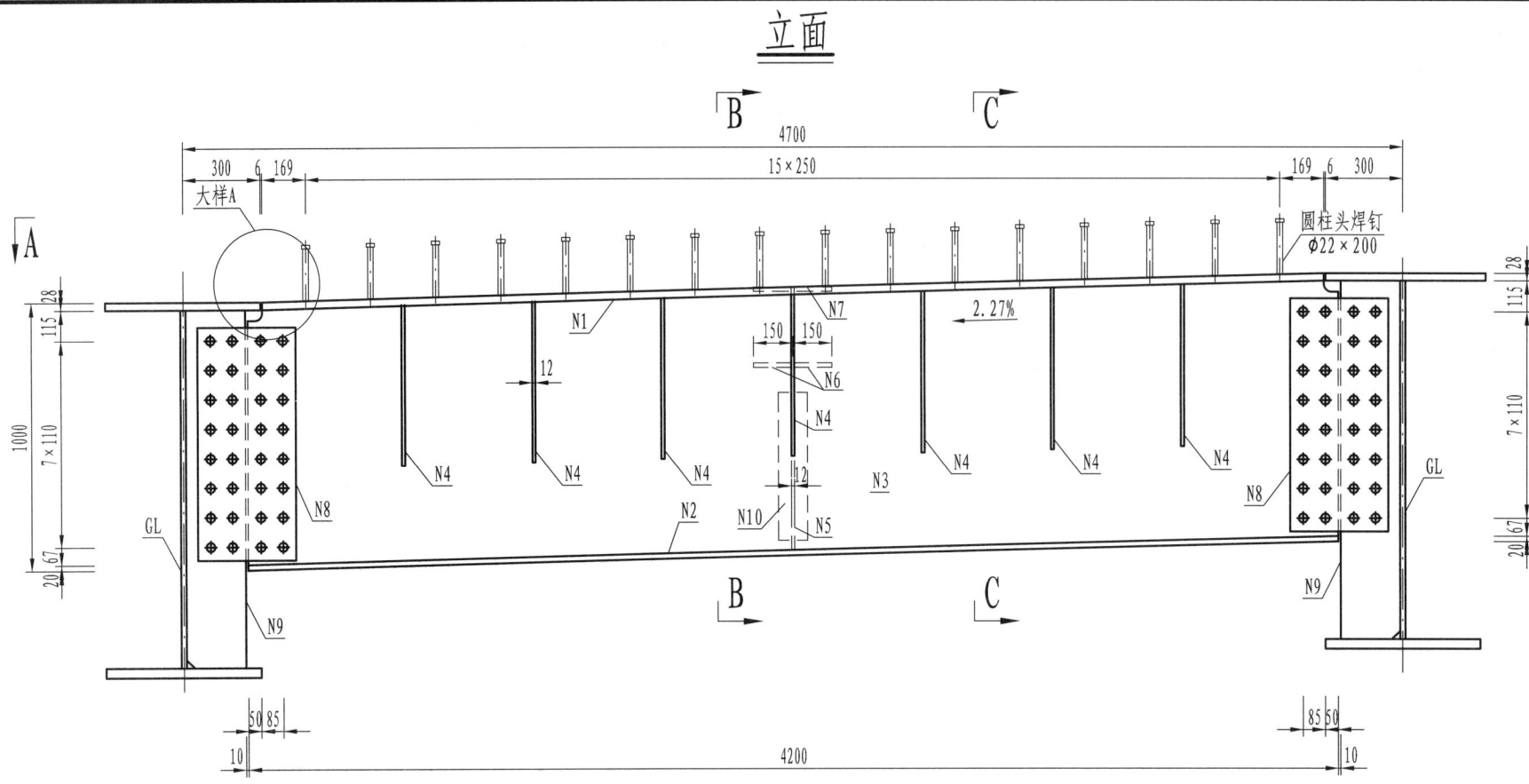

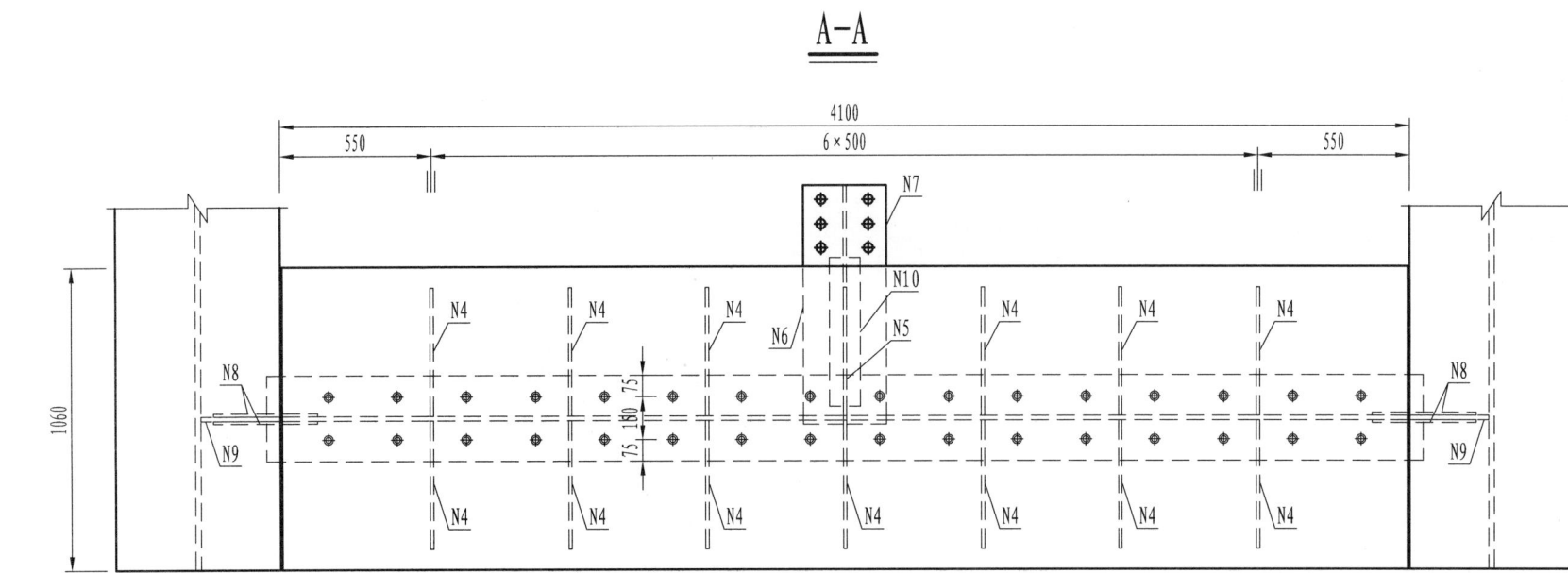

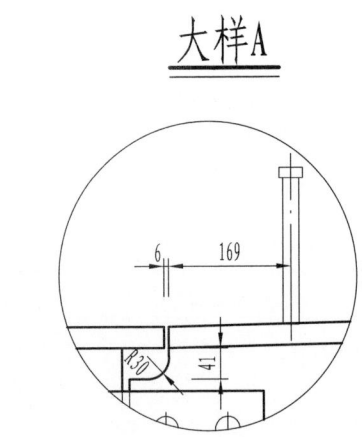

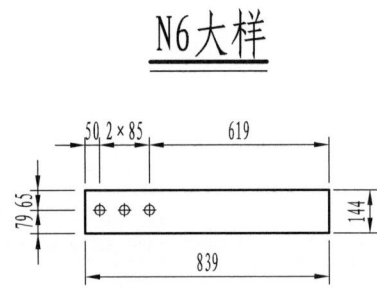

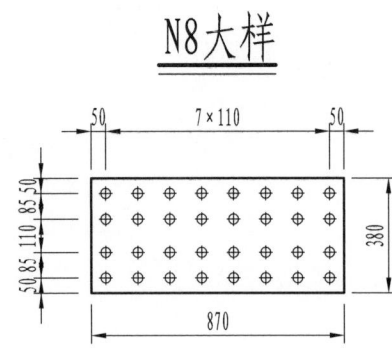

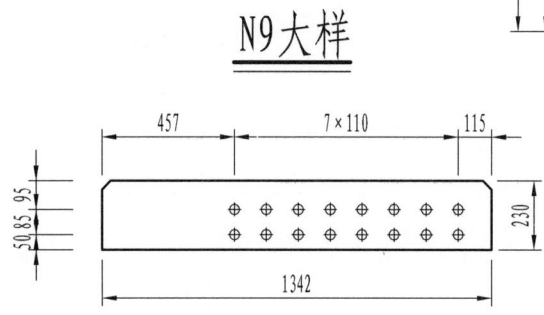

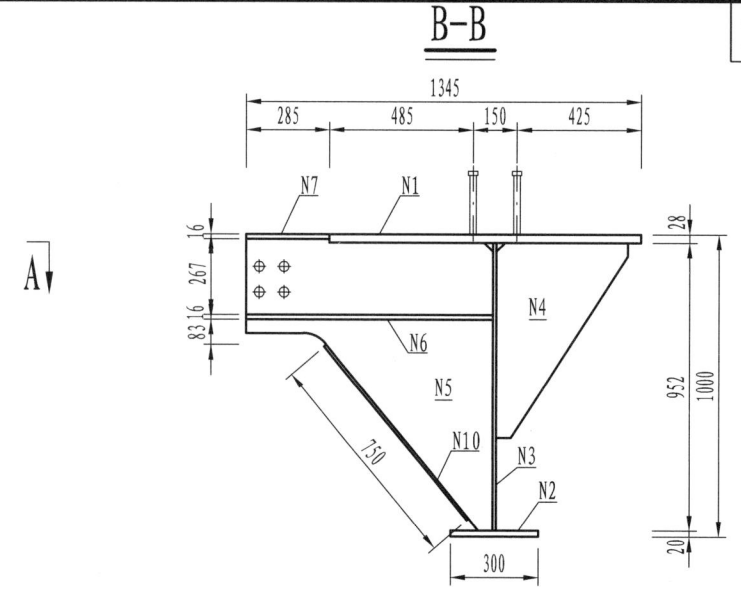

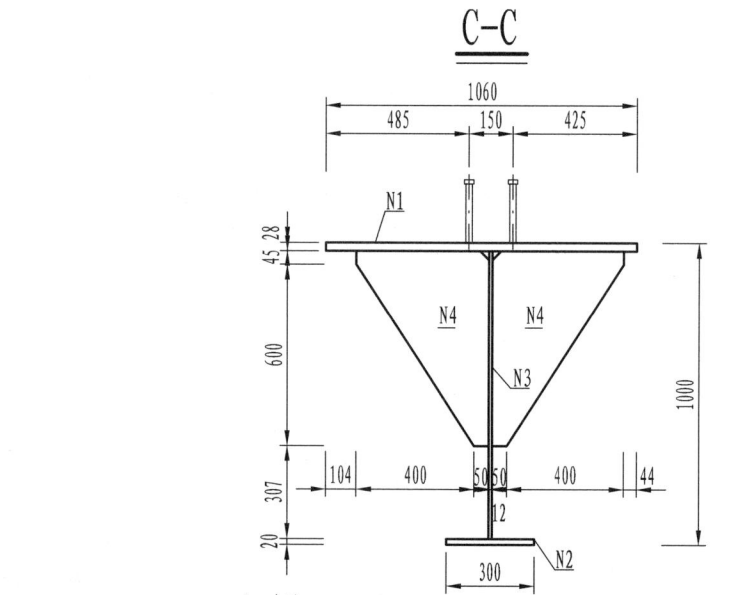

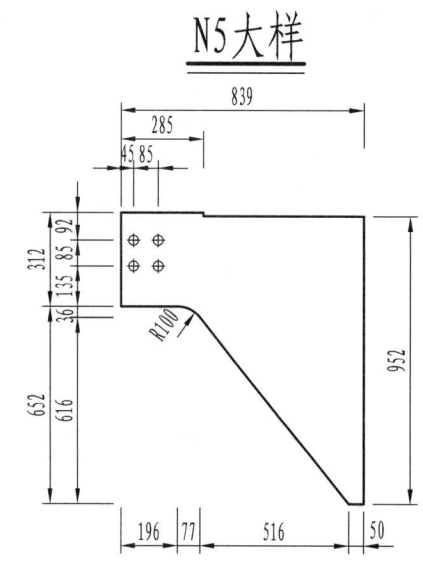

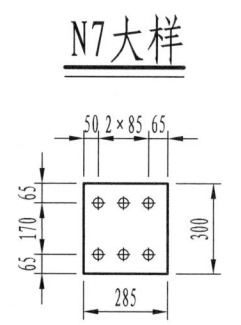

注
1. 本图尺寸均以毫米为单位。
2. 本图所有拼接螺栓孔直径均为φ27mm。
3. 本图所有加劲板倒角均为30mm×30mm。
4. 本图中圆柱头焊钉与N1垂直焊接。
5. 本图适用于HL1横梁。

3×30m 双向六车道工字组合梁	汽车荷载等级：公路—Ⅰ级
	桥梁宽度：2×16.5m
横梁一般构造	图号：SG-05

立面

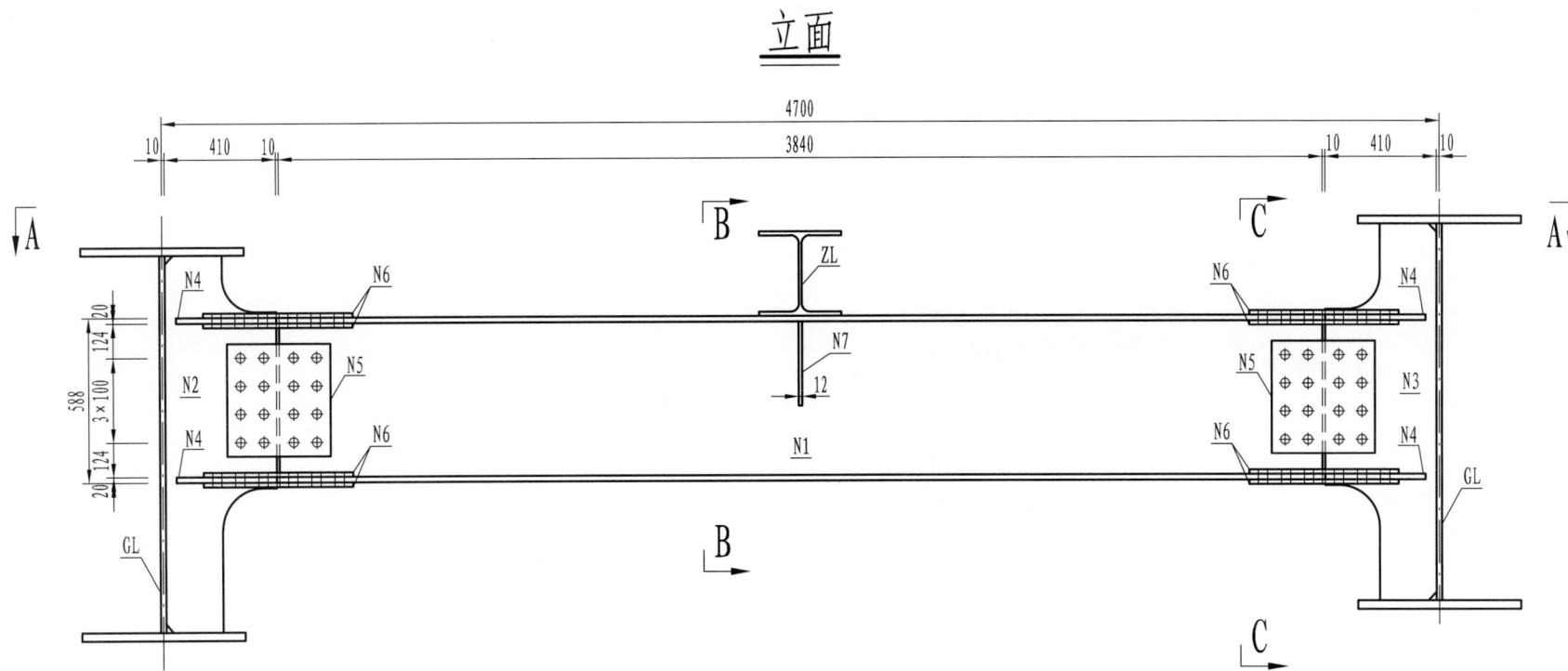

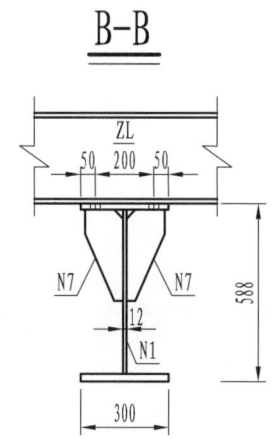

B-B

C-C

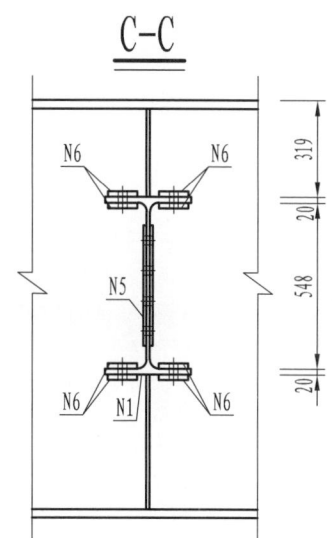

A-A

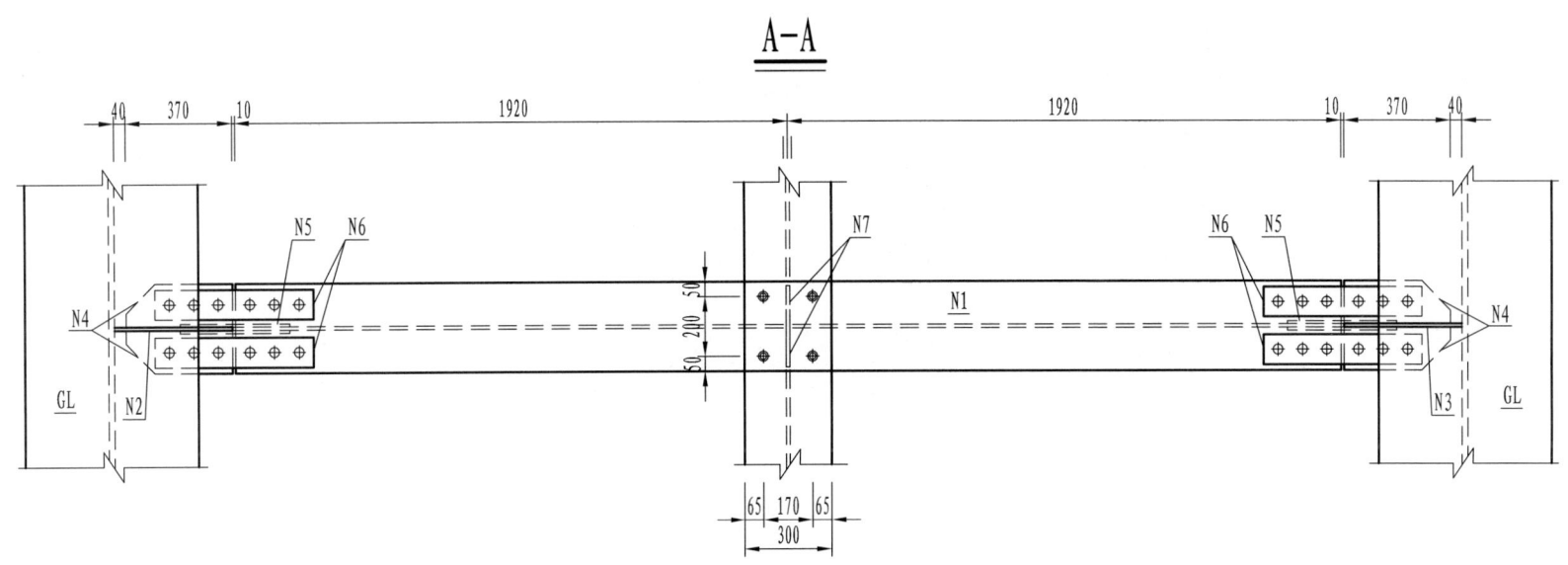

N2大样

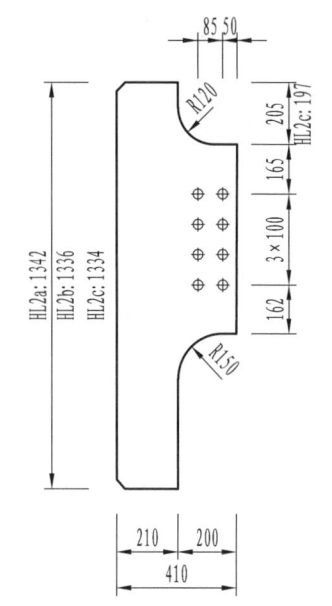

N3大样

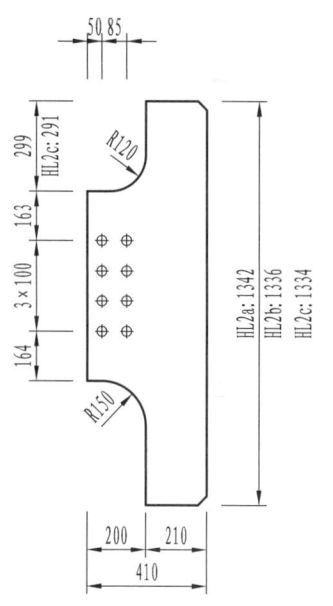

N4大样

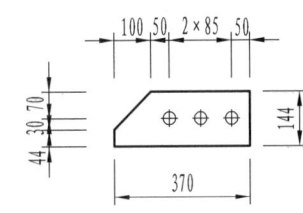

N5大样

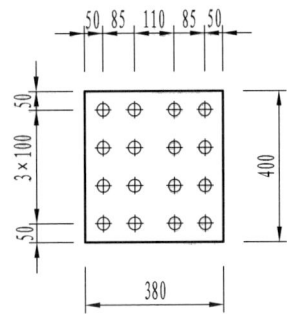

N6大样

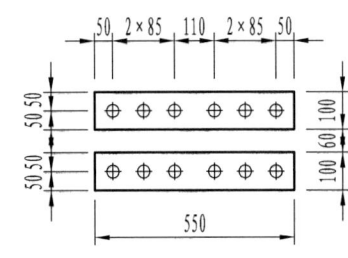

N7大样

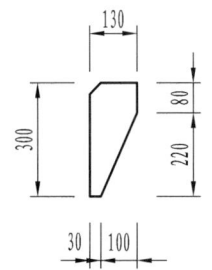

注：
1. 本图尺寸均以毫米为单位。
2. 本图所有拼接螺栓孔直径均为φ27mm。
3. 本图所有加劲板倒角均为30mm×30mm。
4. 本图适用于HL2a、HL2b、HL2c横梁。

3×30m 双向六车道工字组合梁	汽车荷载等级：公路—Ⅰ级
	桥梁宽度：2×16.5m
横梁一般构造	图号：SG-05

立面

B-B

C-C

A-A

N4大样

N5大样

N6大样

N7大样

N8大样

N9大样

注
1. 本图尺寸均以毫米为单位。
2. 本图所有拼接螺栓孔直径均为φ27mm。
3. 本图所有加劲板倒角均为30mm×30mm。
4. 本图适用于HL3a、HL3b、HL4横梁。

3×30m 双向六车道工字组合梁	汽车荷载等级：公路—I级
	桥梁宽度：2×16.5m
横梁一般构造	图号：SG-05

HL1杆件材料数量表

杆件类型	钢板编号	材质	规格(mm)	单位重(kg/块)	个数	重量(kg)
HL1	N1	Q370qD	□1060×28×4088	952.5	1	952.5
	N2		300×20×4200	197.8	1	197.8
	N3		□952×12×4200	376.6	1	376.6
	N4		t=12	16.0	13	208.0
	N5		t=12	43.6	1	43.6
	N6		□144×16×839	15.2	2	30.3
	N7		□285×16×300	10.7	1	10.7
	N8		□380×10×870	26.0	4	103.8
	N9		□230×12×1342	29.1	2	58.2
	N10		□112×8×750	5.3	1	5.3
	圆柱头焊钉		Φ22×200	660kg/1000个	32	21.1
	高强螺栓		M24×75	409.1kg/1000个	64	26.2
	螺母		M24	202.7kg/1000个	64	13.0
	垫圈		M24	55.8kg/1000个	128	7.1
一个节段小计				2054.3 kg		

HL2a杆件材料数量表

杆件类型	钢板编号	材质	规格(mm)	单位重(kg/块)	个数	重量(kg)
HL2a	N1	Q345qD	HM588×300×12×20×3840	564.3	1	564.3
	N2	Q370qD	t=12	39.1	1	39.1
	N3		t=12	39.1	1	39.1
	N4		t=20	9.1	8	72.8
	N5		□380×10×500	14.9	4	59.7
	N6		□550×16×200	13.8	16	221.1
	N7		t=12	2.6	2	5.2
	高强螺栓		M24×75	409.1kg/1000个	32	13.1
			M24×80	428.6kg/1000个	4	1.7
			M24×95	483.2kg/1000个	48	23.2
	螺母		M24	202.7kg/1000个	84	17.0
	垫圈		M24	55.8kg/1000个	168	9.4
一个节段小计				1065.6 kg		

HL2b杆件材料数量表

杆件类型	钢板编号	材质	规格(mm)	单位重(kg/块)	个数	重量(kg)
HL2b	N1	Q345qD	HM588×300×12×20×3840	564.3	1	564.3
	N2	Q370qD	t=12	39.0	1	39.0
	N3		t=12	39.0	1	39.0
	N4		t=20	9.1	8	72.8
	N5		□380×10×500	14.9	4	59.7
	N6		□550×16×200	13.8	16	221.1
	N7		t=12	2.6	2	5.2
	高强螺栓		M24×75	409.1kg/1000个	32	13.1
			M24×80	428.6kg/1000个	4	1.7
			M24×95	483.2kg/1000个	48	23.2
	螺母		M24	202.7kg/1000个	84	17.0
	垫圈		M24	55.8kg/1000个	168	9.4
一个节段小计				1065.4 kg		

HL2c杆件材料数量表

杆件类型	钢板编号	材质	规格(mm)	单位重(kg/块)	个数	重量(kg)
HL2c	N1	Q345qD	HM588×300×12×20×3840	564.3	1	564.3
	N2	Q370qD	t=12	38.9	1	38.9
	N3		t=12	38.9	1	38.9
	N4		t=20	9.1	8	72.8
	N5		□380×10×500	14.9	4	59.7
	N6		□550×16×200	13.8	16	221.1
	N7		t=12	2.6	2	5.2
	高强螺栓		M24×75	409.1kg/1000个	32	13.1
			M24×80	428.6kg/1000个	4	1.7
			M24×95	483.2kg/1000个	48	23.2
	螺母		M24	202.7kg/1000个	84	17.0
	垫圈		M24	55.8kg/1000个	168	9.4
一个节段小计				1065.3 kg		

HL3a杆件材料数量表

杆件类型	钢板编号	材质	规格(mm)	单位重(kg/块)	个数	重量(kg)
HL3a	N1	Q370qD	□450×25×3840	339.1	1	339.1
	N2		□650×12×3840	235.1	1	235.1
	N3		□450×25×3840	339.1	1	339.1
	N4		t=12	41.3	1	41.3
	N5		t=12	41.2	1	41.2
	N6		t=25	20.4	8	163.3
	N7		□380×12×500	17.9	4	71.6
	N8		□185×16×720	16.7	16	267.7
	N9		t=12	2.6	2	5.2
	高强螺栓		M24×80	428.6kg/1000个	40	17.1
			M24×80	428.6kg/1000个	4	1.7
			M24×100	501.7kg/1000个	128	64.2
	螺母		M24	202.7kg/1000个	172	34.9
	垫圈		M24	55.8kg/1000个	344	19.2
一个节段小计				1640.7 kg		

HL3b杆件材料数量表

杆件类型	钢板编号	材质	规格(mm)	单位重(kg/块)	个数	重量(kg)
HL3b	N1	Q370qD	□450×25×3840	339.1	1	339.1
	N2		□650×12×3840	235.1	1	235.1
	N3		□450×25×3840	339.1	1	339.1
	N4		t=12	41.4	1	41.4
	N5		t=12	41.3	1	41.3
	N6		t=25	20.4	8	163.3
	N7		□380×12×500	17.9	4	71.6
	N8		□185×16×720	16.7	16	267.7
	N9		t=12	2.6	2	5.2
	高强螺栓		M24×80	428.6kg/1000个	40	17.1
			M24×80	428.6kg/1000个	4	1.7
			M24×100	501.7kg/1000个	128	64.2
	螺母		M24	202.7kg/1000个	172	34.9
	垫圈		M24	55.8kg/1000个	344	19.2
一个节段小计				1641.0 kg		

HL4杆件材料数量表

杆件类型	钢板编号	材质	规格(mm)	单位重(kg/块)	个数	重量(kg)
HL4	N1	Q370qD	□450×25×3840	339.1	1	339.1
	N2		□650×12×3840	235.1	1	235.1
	N3		□450×25×3840	339.1	1	339.1
	N4		t=12	40.7	1	40.7
	N5		t=12	40.7	1	40.7
	N6		t=25	20.4	4	81.6
	N7		□380×12×500	17.9	4	71.6
	N8		□185×16×720	16.7	16	267.7
	N9		t=12	2.6	2	5.2
	高强螺栓		M24×80	428.6kg/1000个	40	17.1
			M24×80	428.6kg/1000个	4	1.7
			M24×100	501.7kg/1000个	128	64.2
	螺母		M24	202.7kg/1000个	172	34.9
	垫圈		M24	55.8kg/1000个	344	19.2
一个节段小计				1558.0 kg		

横梁材料数量汇总表(双幅一联)

杆件类型	材质	规格(mm)	合计(kg)
横梁	Q370qD	t=8	63.3
		t=10	5541.2
		t=12	26051.5
		t=16	24439.4
		t=20	7615.4
		t=25	24265.4
		t=28	11429.5
	Q345qD	HM588×300×12×20	40631.5
圆柱头焊钉		Φ22×200	253.4(384个)
高强螺栓		M24×75	1256.8(3072个)
		M24×80	689.2(1608个)
		M24×95	1669.9(3456个)
		M24×100	1926.5(3840个)
螺母		M24	2427.2(11976个)
垫圈		M24	1336.5(23952个)

3×30m 双向六车道工字组合梁	汽车荷载等级：公路—I级
	桥梁宽度：2×16.5m
横梁一般构造	图号：SG-05

立面

C-C

A-A

B-B

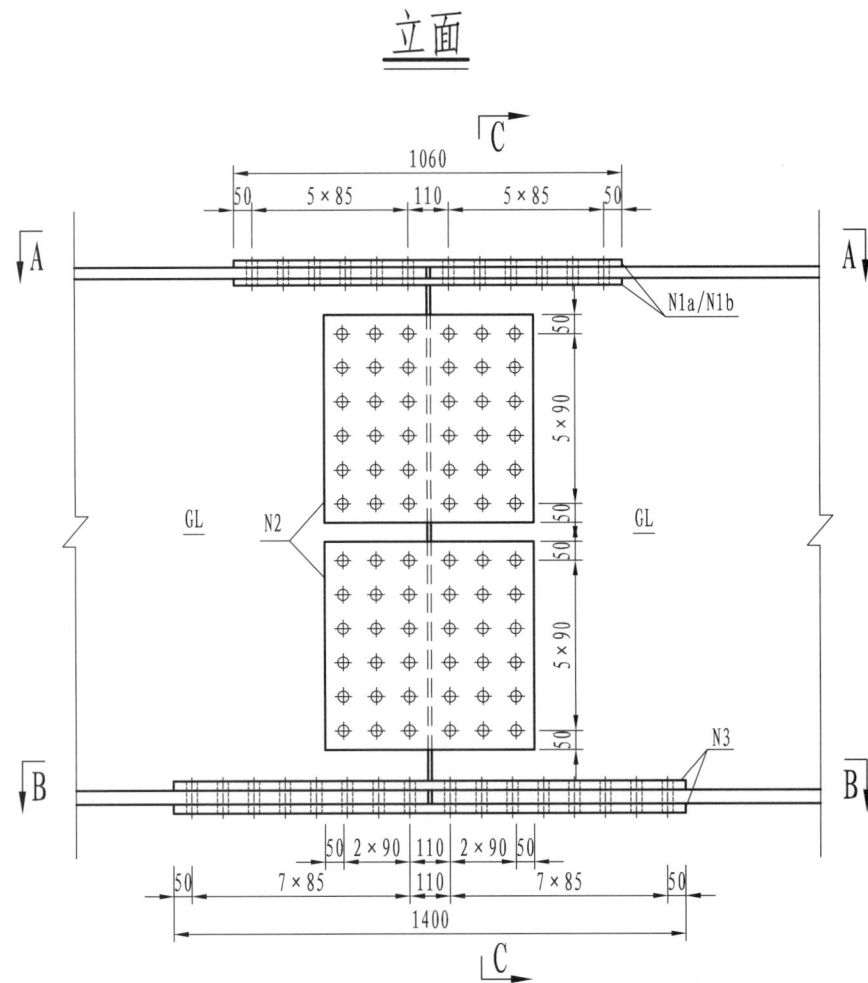

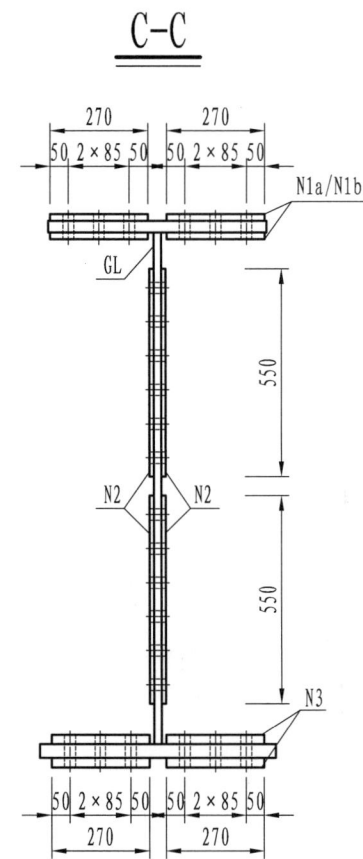

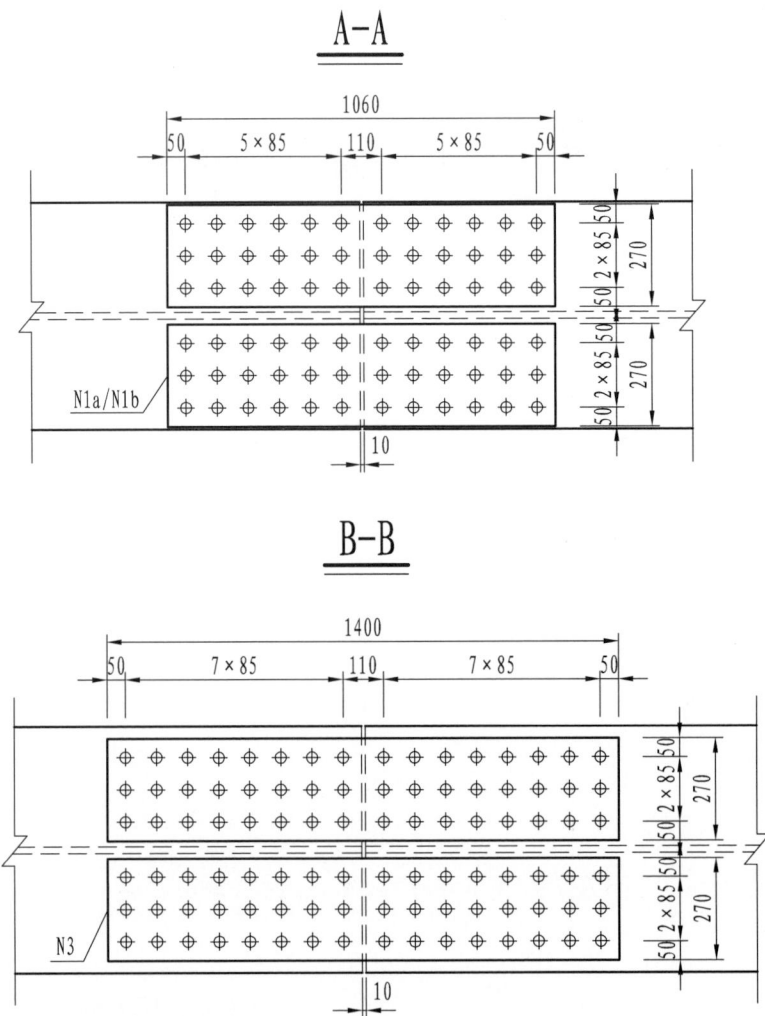

主梁拼接缝材料数量表（双幅一联）

杆件类型	材料号	材质	规格(mm)	数量(块)	单位重(kg/块)	重量(kg)
拼接板	N1a	Q370qD	□270×18×1060	192	40.4	7756.8
	N1b		□270×22×1060	64	49.4	3161.6
	N2		□550×12×570	256	29.5	7552.0
	N3		□270×25×1400	256	74.2	18995.2
	螺栓型号×长度		数量(个)		单位重(kg/1000个)	重量(kg)
高强螺栓	M24×110		3456		538.8	1862.1
	M24×130		7296		612.9	4471.7
	M27×90		4608		617.9	2847.3
螺母	M24		10752		202.7	2179.4
	M27		4608		288.5	1329.4
垫圈	M24		21504		55.8	1199.9
	M27		9216		66.5	612.9

注
1. 本图尺寸均以毫米为单位。
2. N1a、N1b分别适用于GPJ1a、GPJ1b拼接缝。
3. M27×90适用于腹板连接处，M24×110适用于GPJ1a顶板连接处，M24×130适用于GPJ1b顶板及底板连接处。

3×30m 双向六车道工字组合梁	汽车荷载等级：公路—I级
	桥梁宽度：2×16.5m
主梁拼接大样	图号：SG-06

立面

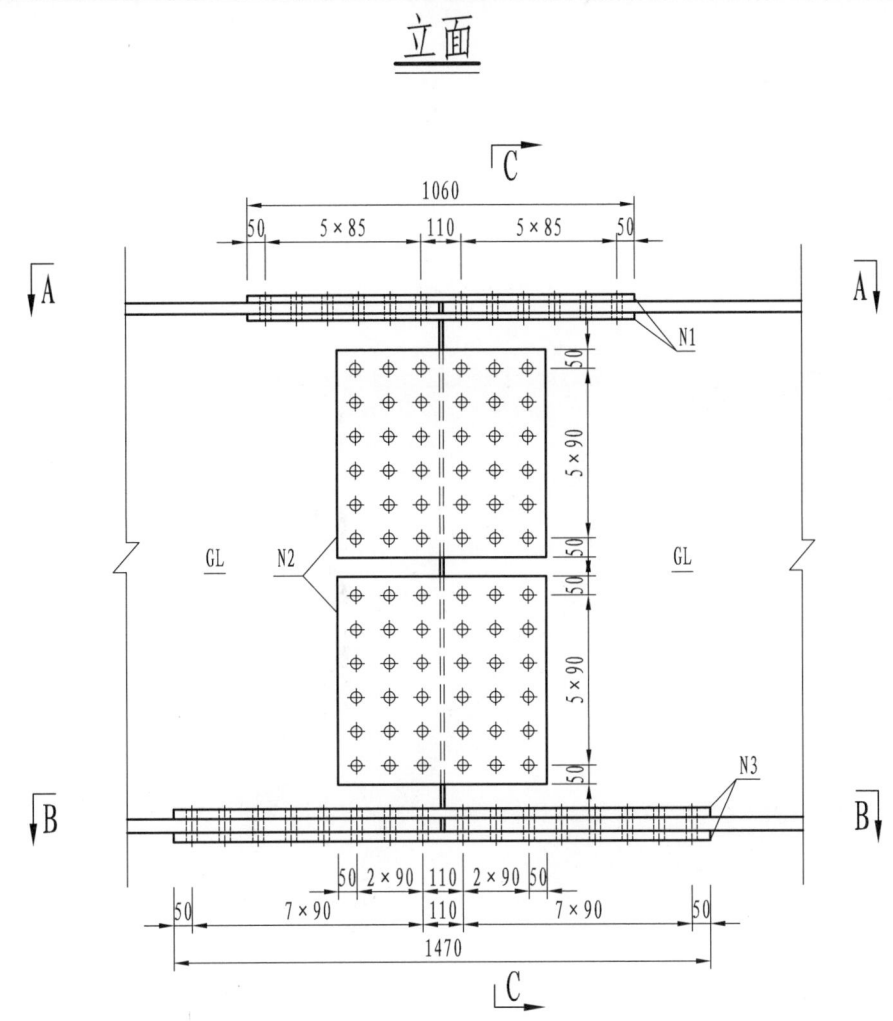

A-A

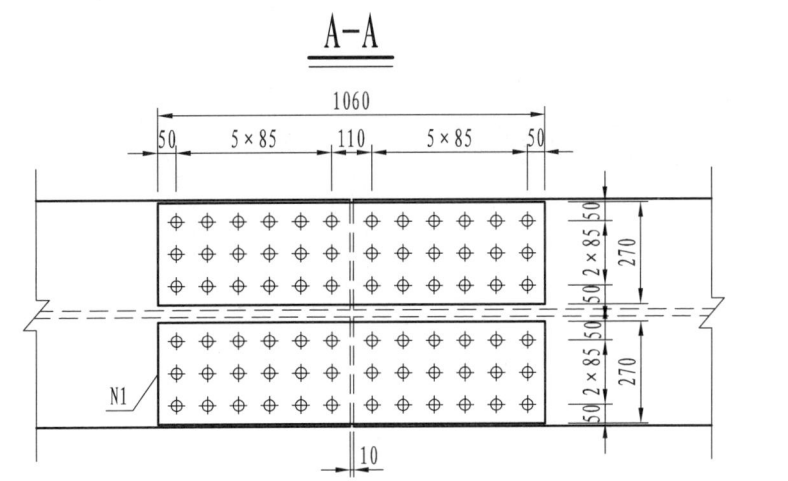

B-B

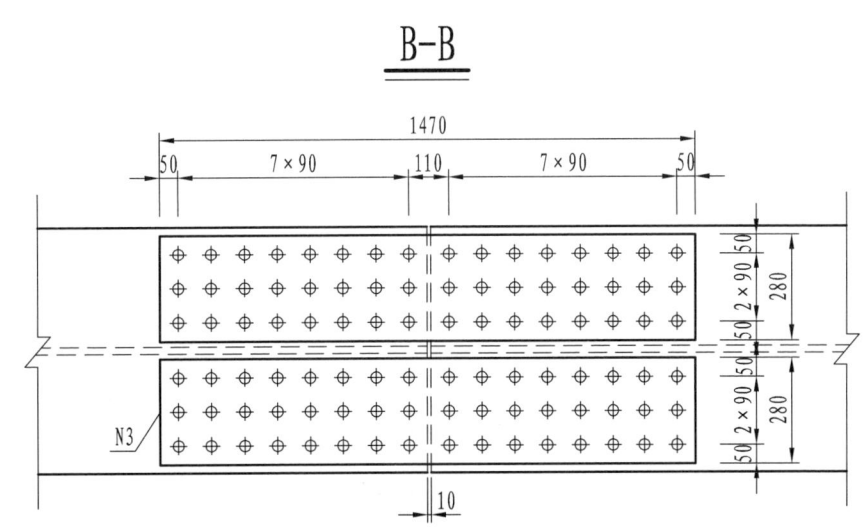

C-C

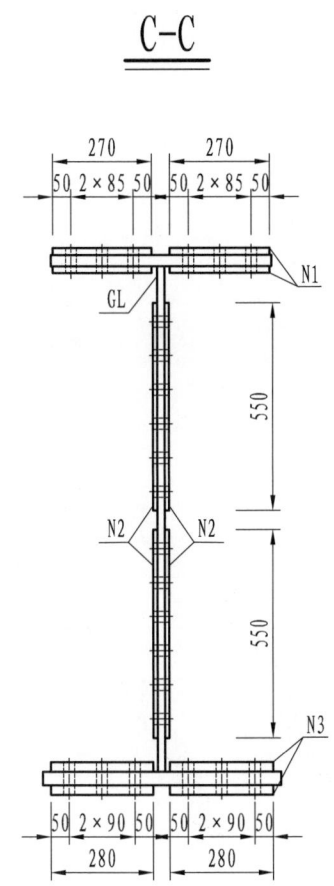

主梁拼接缝材料数量表（双幅一联）

杆件类型	材料号	材质	规格（mm）	数量（块）	单位重（kg/块）	重量（kg）
拼接板	N1	Q370qD	□270×18×1060	64	40.4	2585.6
	N2		□550×12×570	64	29.5	1416.0
	N3		□280×25×1470	64	80.8	3878.4

	螺栓型号×长度	数量（个）	单位重（kg/1000个）	重量（kg）
高强螺栓	M24×110	1152	538.8	620.7
	M27×90	1152	617.9	711.8
	M27×140	1536	856.9	1316.2
螺母	M24	1152	202.7	233.5
	M27	2688	288.5	775.5
垫圈	M24	2304	55.8	128.6
	M27	5376	66.5	357.5

注
1. 本图尺寸均以毫米为单位。
2. 本图适用于GPJ2拼接缝。
3. M27×90适用于腹板连接处，M24×110适用于顶板连接处，
   M27×140适用于底板连接处。

3×30m 双向六车道工字组合梁	汽车荷载等级：公路—I级
	桥梁宽度：2×16.5m
主梁拼接大样	图号：SG-06

ZL1立面

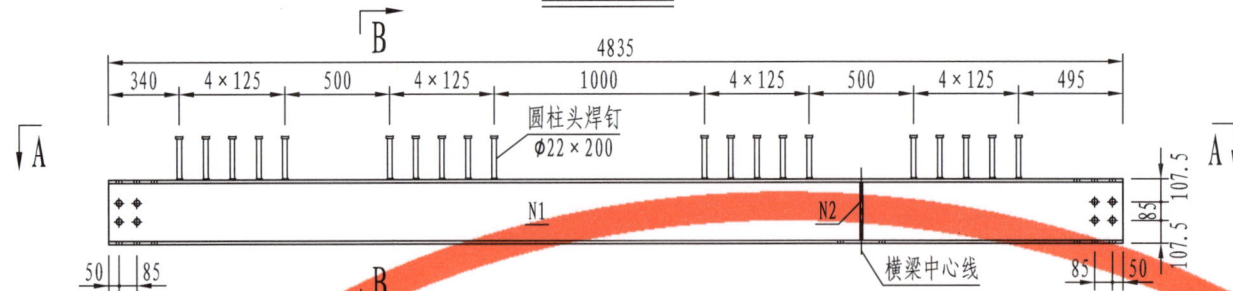

B-B

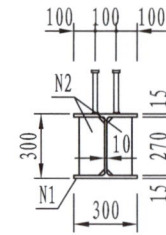

A-A

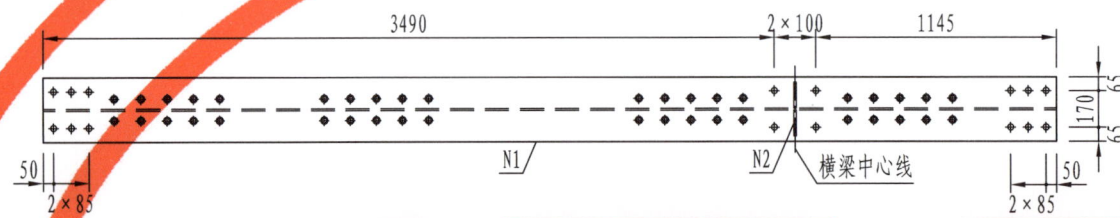

ZL2立面

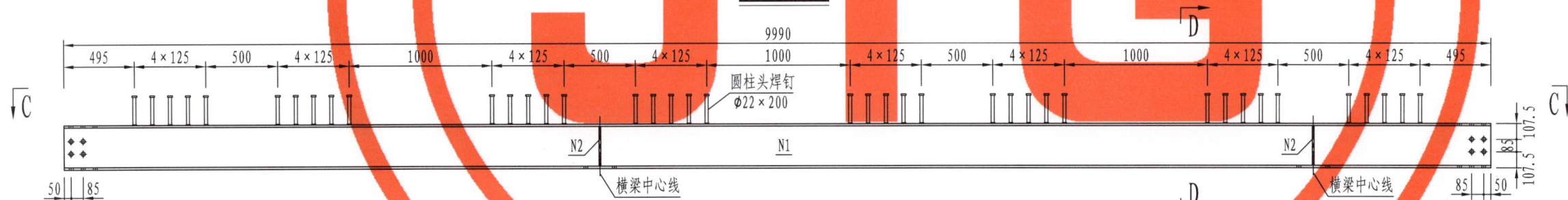

D-D

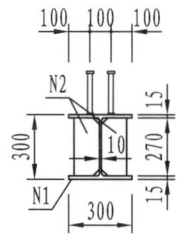

C-C

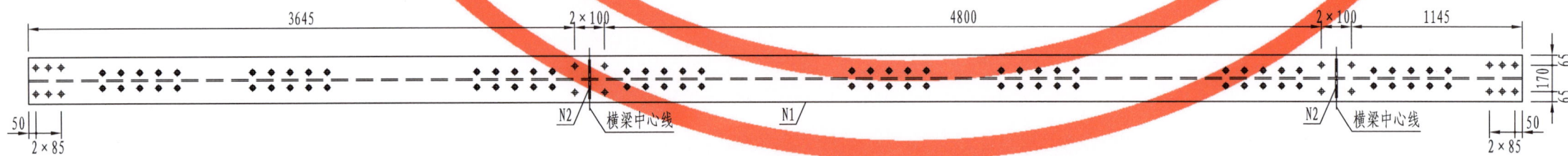

注
1. 本图尺寸均以毫米为单位。
2. 本图高强螺栓孔直径均为φ27mm。
3. 本图所有加劲肋倒角均为30mm×30mm。

3×30m 双向六车道工字组合梁	汽车荷载等级：公路—I级
	桥梁宽度：2×16.5m
小纵梁一般构造	图号：SG-07

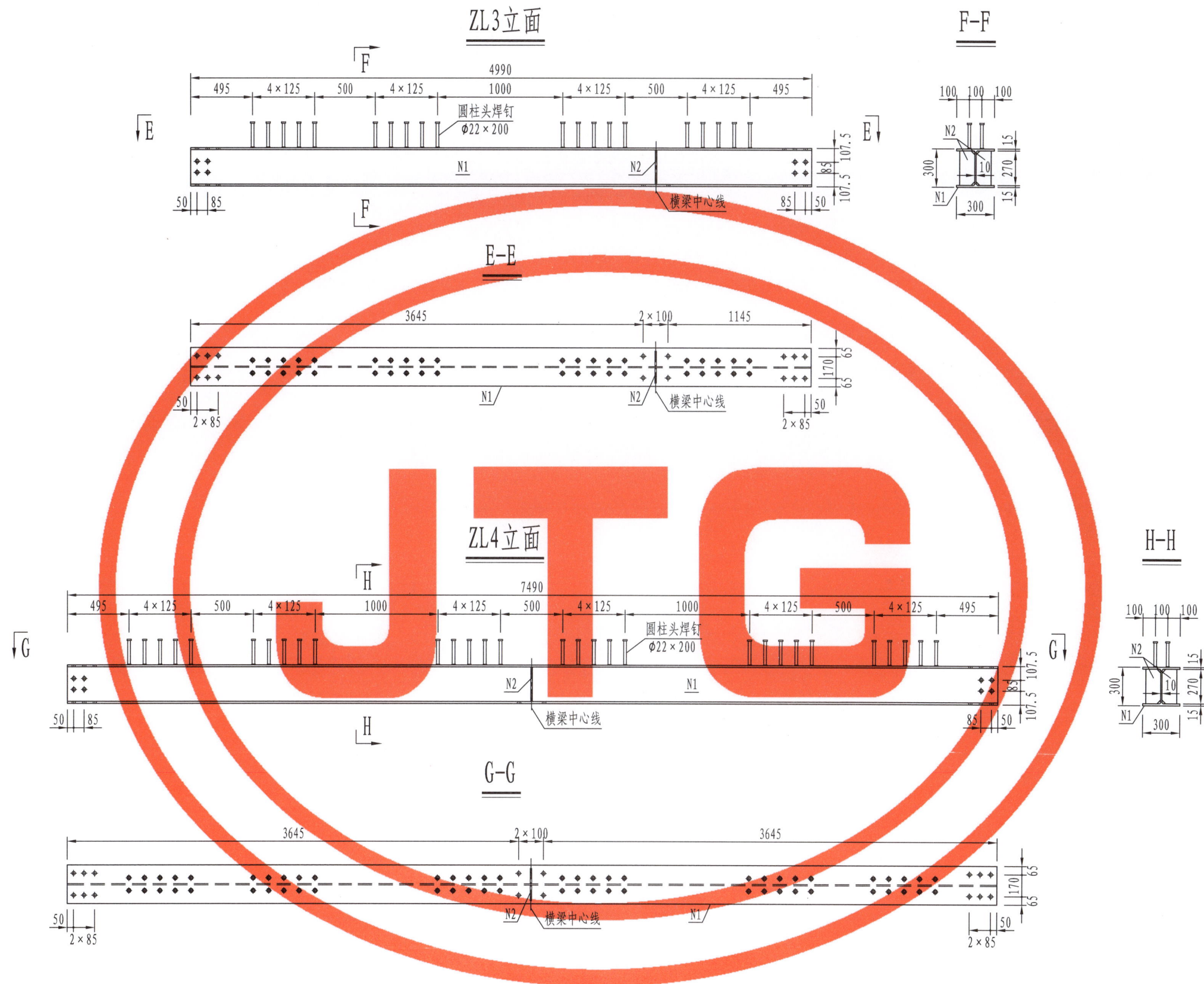

ZL3立面

4990

495 | 4×125 | 500 | 4×125 | 1000 | 4×125 | 500 | 4×125 | 495

圆柱头焊钉 φ22×200

N1   N2

横梁中心线

50 | 85   85 | 50

85 | 107.5 | 107.5

F-F

100 | 100 | 100

N2

300 | 10 | 270 | 15

N1

300 | 15

E-E

3645   2×100 | 1145

N1   N2   横梁中心线

170 | 65 | 65

50   50

2×85   2×85

ZL4立面

7490

495 | 4×125 | 500 | 4×125 | 1000 | 4×125 | 500 | 4×125 | 1000 | 4×125 | 500 | 4×125 | 495

圆柱头焊钉 φ22×200

N2   N1

横梁中心线

50 | 85   85 | 50

85 | 107.5 | 107.5

H-H

100 | 100 | 100

N2

300 | 10 | 270 | 15

N1

300 | 15

G-G

3645   2×100   3645

N2   横梁中心线   N1

170 | 65 | 65

50   50

2×85   2×85

注
1. 本图尺寸均以毫米为单位。
2. 本图高强螺栓孔直径均为φ27mm。
3. 本图所有加劲肋倒角均为30mm×30mm。

3×30m 双向六车道工字组合梁	汽车荷载等级: 公路—I级
	桥梁宽度: 2×16.5m
小纵梁一般构造	图号: SG-07

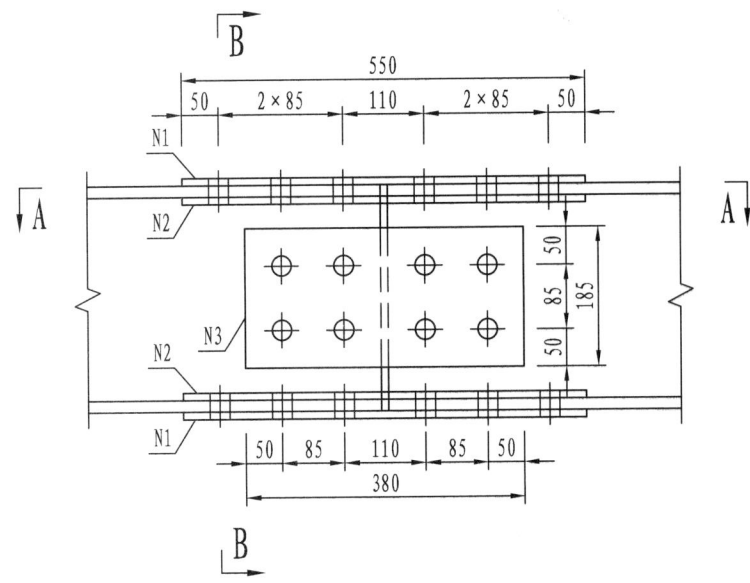

立面 (适用于小纵梁间连接)

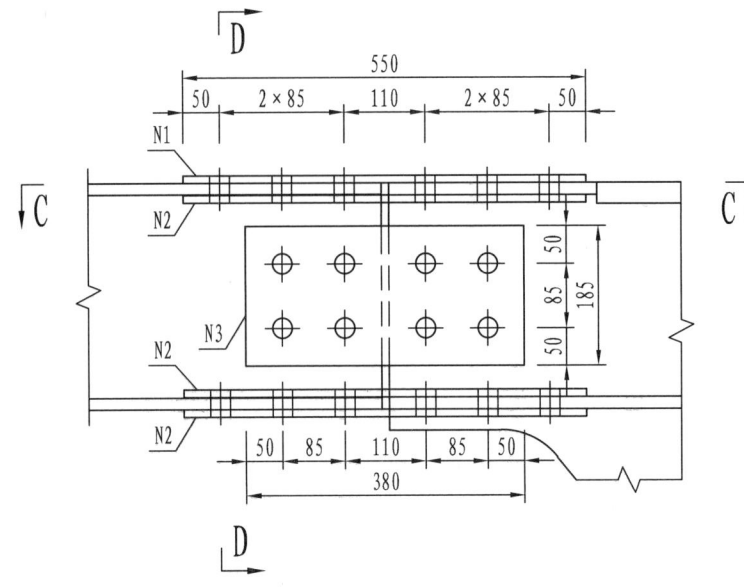

立面 (适用于小纵梁与端横梁间连接)

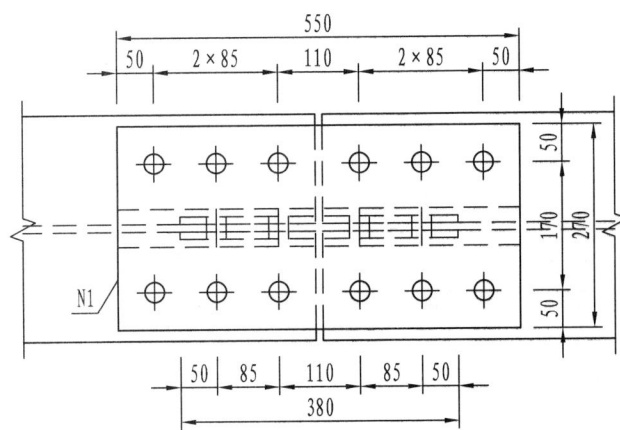

A-A

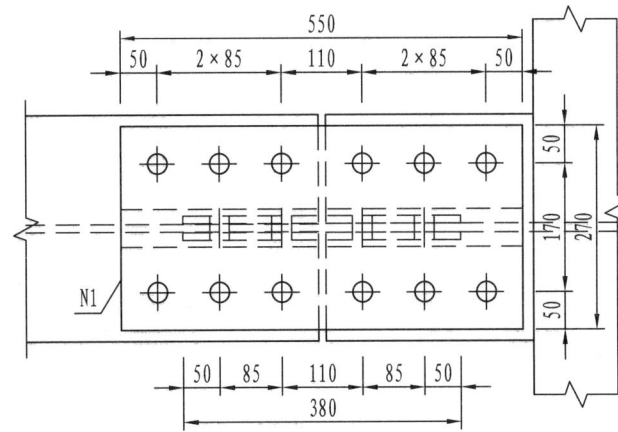

C-C

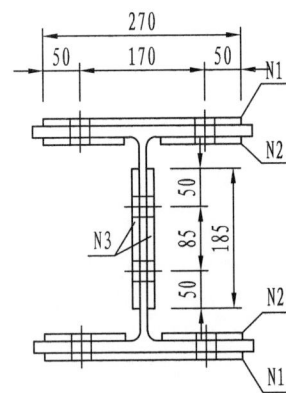

B-B

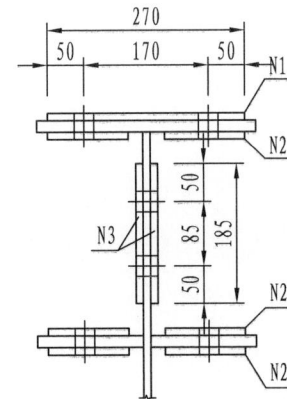

D-D

小纵梁杆件材料数量表(双幅一联)

杆件类型	编号	材质	规格 (mm)	长度 (mm)	单件重 (kg)	数量 (块)	重量 (kg)
ZL1	N1		H300×300×10×15	4835	447.9	12	5374.4
	N2		□270×12×120	-	3.1	24	73.2
ZL2	N1	Q370qD	H300×300×10×15	9990	925.4	36	33313.5
	N2		□270×12×120	-	3.1	144	439.5
ZL3	N1		H300×300×10×15	4990	462.2	12	5546.7
	N2		□270×12×120	-	3.1	24	73.2
ZL4	N1		H300×300×10×15	7490	693.8	6	4162.8
	N2		□270×12×120	-	3.1	12	36.6

圆柱头焊钉	规格 (mm)	数量 (个)	单位重 (kg/1000个)	重量 (kg)
	φ22×200	4200	660.0	2772.0

小纵梁拼接材料数量表(双幅一联)

杆件类型	编号	材质	规格 (mm)	单件重 (kg)	数量 (块)	重量 (kg)
拼接板	N1	Q370qD	□270×10×550	11.7	132	1544.4
	N2		□110×10×550	4.7	312	1466.4
	N3		□185×10×380	5.5	144	794.7

高强螺栓	螺栓型号×长度	数量 (个)	单位重 (kg/1000个)	重量 (kg)
	M24×70	576	394.2	227.1
	M24×80	1728	428.6	740.6
螺母	M24	2304	202.7	467.0
垫圈	M24	4608	55.8	256.9

注
1.本图尺寸均以毫米为单位。
2.本图高强螺栓孔直径均为φ27mm。
3.M24×70高强螺栓适用于腹板拼接板处连接。
4.M24×80高强螺栓适用于翼缘板拼接板处连接。

3×30m 双向六车道工字组合梁	汽车荷载等级: 公路—I 级
	桥梁宽度: 2×16.5m
小纵梁一般构造	图号: SG-07

吊点位置示意

大样A

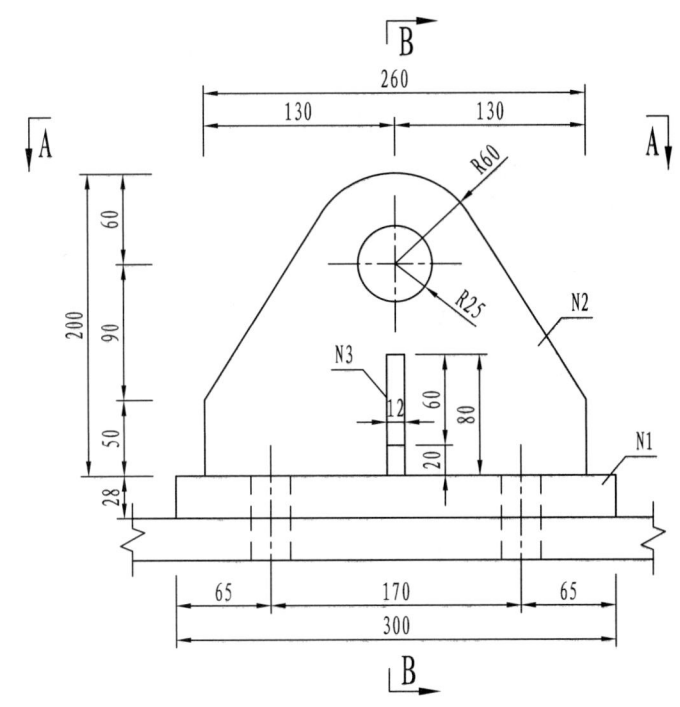

B-B

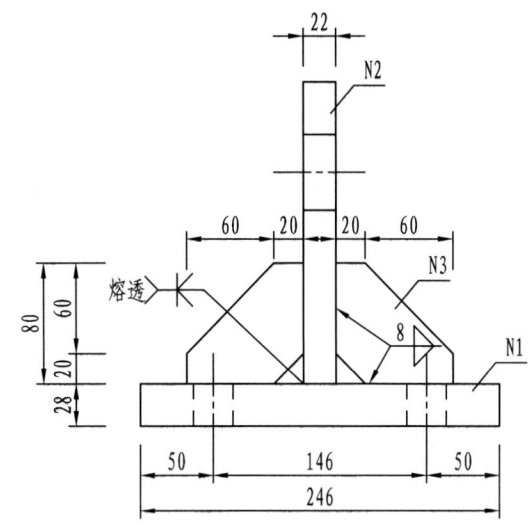

A-A

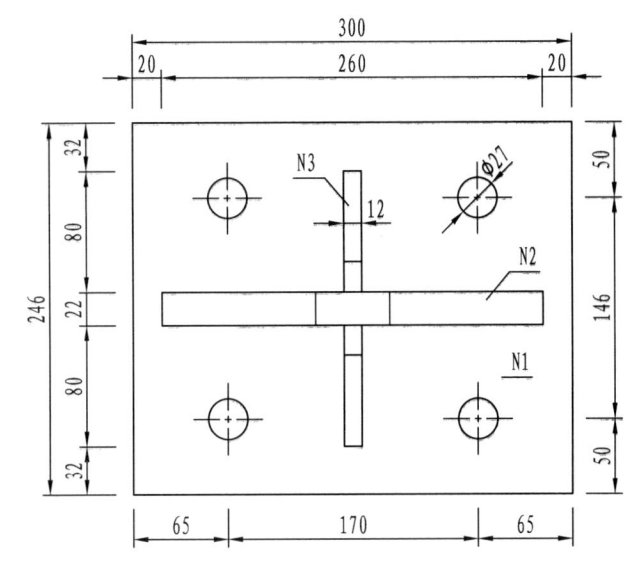

主梁临时吊点材料数量表(双幅一联)

编号	材质	规格(mm)	一组数量(块)	单件重(kg)	共重(kg)	全桥数量	总重(kg)
N1	Q355C	□246×28×300	1	16.2	16.2	18	291.6
N2		t=22	1	6.4	6.4	18	115.2
N3		t=12	2	0.4	0.9	36	32.4
总计					439.2 kg		

高强螺栓	螺栓型号×长度	全桥数量(个)	单位重(kg/1000个)	全桥合计(kg)
	M24×110	72	538.8	38.8
螺母	M24	72	202.7	14.6
垫圈	M24	144	55.7	8.0

注
1. 本图尺寸均以毫米为单位。
2. 本图加劲肋倒角为20mm×20mm。
3. 本图适用于主梁钢梁节段临时吊装,各临时吊点结构可周转使用。
4. 本图吊点位置为主梁GL1节段,括号内数据适用于其余节段。

3×30m 双向六车道工字组合梁	汽车荷载等级: 公路—Ⅰ级
	桥梁宽度: 2×16.5m
主梁临时吊点构造	图号: SG-08

立面

B-B

N2大样

N5大样

A-A

N7大样

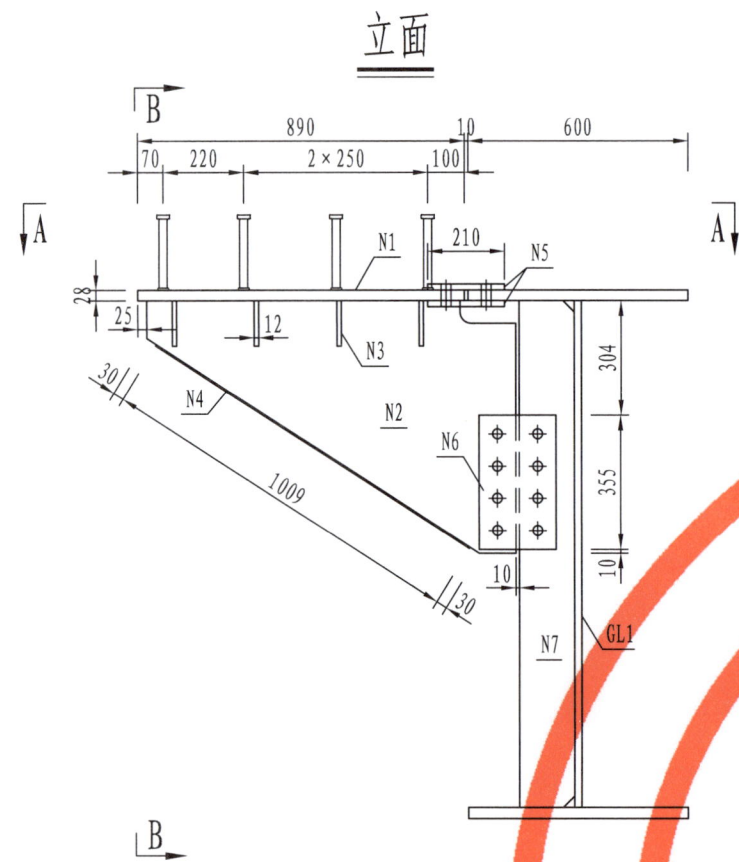

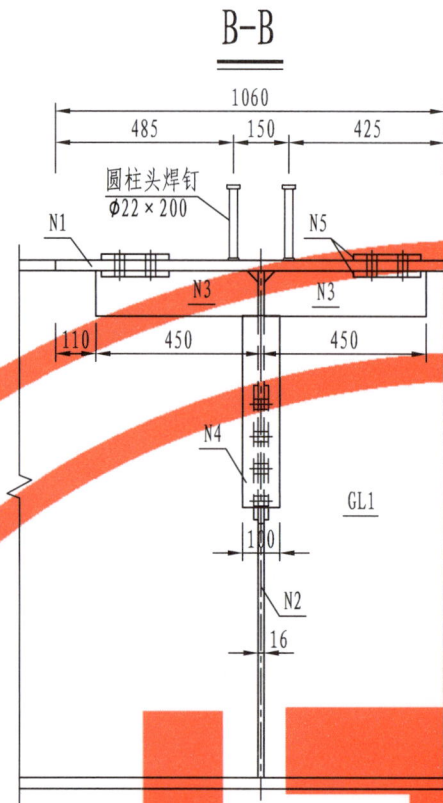

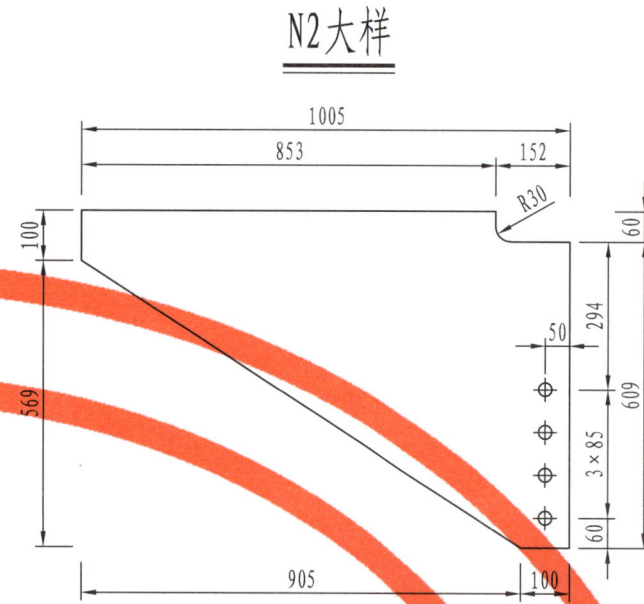

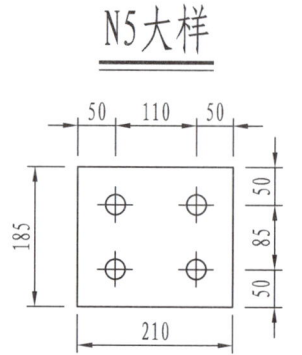

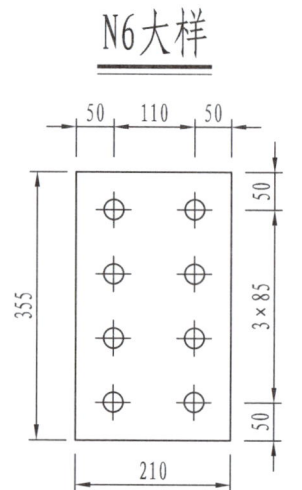

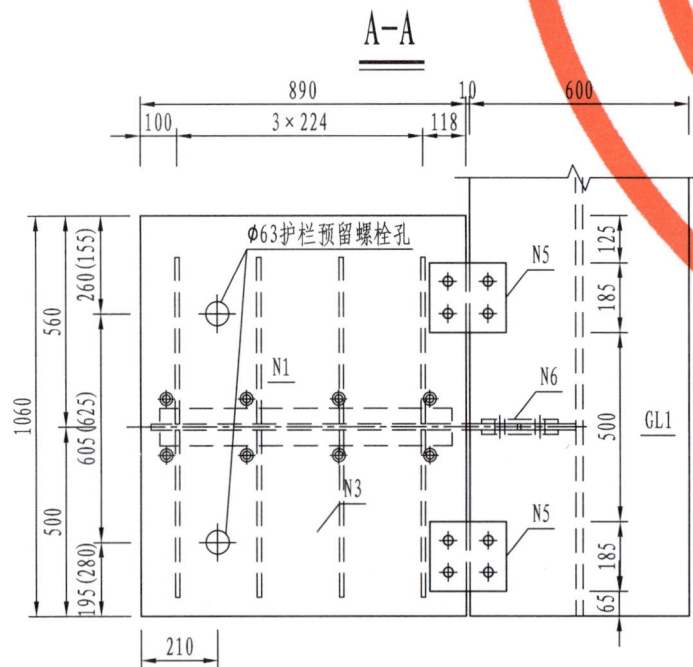

挑梁材料数量汇总表(双幅一联)

编号	材质	规格 (mm)	单件重 (kg)	一组数量 (块)	共重 (kg)	数量	总重 (kg)
N1		□890×28×1060	207.4	1	207.4	8	1659.2
N2		t=16	51.0	1	51.0	8	408.0
N3		□120×12×442	5.0	8	40.0	8	319.8
N4	Q370qD	□100×8×1009	6.3	1	6.3	8	50.7
N5		□185×16×210	4.9	4	19.5	8	156.1
N6		□210×12×355	7.0	2	14.0	8	112.4
N7		□150×16×1342	25.2	1	25.2	8	201.6

圆柱头焊钉	规格 (mm)	数量(个)	单位重 (kg/1000个)	全桥合计 (kg)
	φ22×200	64	660.0	42.2

高强螺栓	螺栓型号×长度	数量(个)	单位重 (kg/1000个)	全桥合计 (kg)
	M24×85	64	446.1	28.6
	M24×110	64	538.8	34.5
螺母	M24	128	202.7	25.9
垫圈	M24	256	55.7	14.3

注
1. 本图尺寸均以毫米为单位。
2. 本图加劲肋倒角为30mm×30mm。
3. 护栏预留螺栓孔位置,P1桥面板侧采用括号外数值,
P7桥面板侧采用括号内数值。

3×30m 双向六车道工字组合梁	汽车荷载等级:公路—I级
	桥梁宽度:2×16.5m
挑梁一般构造	图号:SG-09

圆柱头焊钉 φ22×200

φ63护栏预留螺栓孔

N6大样

部位	序号	适用位置	焊接方法	接头形式	坡口要求
主梁	1	顶板工厂对接	CO_2气体保护焊 埋弧自动焊（SAW）	1G/CJP	T=28/36；α=45°；R=6~8；反面陶质衬垫
	2	底板工厂对接	CO_2气体保护焊 埋弧自动焊（SAW）	1G/CJP	T=30/36/55；α=45°；R=6~8；反面陶质衬垫
	3	腹板与顶板连接	CO_2气体保护焊	2G/CJP	T1=20；T2=28/36；α=β=50°；R=0~2；S=8, f=4；反面碳刨清根
	4	腹板与底板连接	CO_2气体保护焊	2G/CJP	T1=20；T2=30/36/55；α=β=50°；R=0~2；S=8, f=4；反面碳刨清根
	5	横梁位置处横隔板与工字钢连接	CO_2气体保护焊	2G/3G/CJP	T1=12；T2=20/28/30/36/55；α=β=50°；R=0~1；S=5, f=2
	6	腹板加劲肋与工字钢连接	CO_2气体保护焊	2G/3G/CJP	T1=18, T2=20/28/36；α=β=50°；R=0~1；S=8, f=2；反面碳刨清根
	7	支座处横隔板与工字钢连接	CO_2气体保护焊	2G, 3G/CJP	T1=16/18, T2=30/36/55；α=β=50°；R=0~1；S=7/8, f=2；反面碳刨清根
	8	支座垫板与底板	CO_2气体保护焊	2F/4F	T1=30/55；T2=40；L=15
	9	临时支座垫板与底板	CO_2气体保护焊	2F/4F	T1=30/55；T2=40；L=15
横梁	10	腹板与顶板连接	CO_2气体保护焊	2G/CJP	T1=12/16；T2=25/28；α=β=50°；R=0~2；S=5/7, f=2；反面碳刨清根
	11	腹板与底板连接	CO_2气体保护焊	2G/CJP	T1=12/16；T2=20/25；α=β=50°；R=0~2；S=5/7, f=2；反面碳刨清根
	12	端部横梁与小纵梁对接 横隔板与工字钢连接	CO_2气体保护焊	2G/3G/CJP	T1=16；T2=12/28；α=β=50°；R=0~1；f=2；S=7, f=2；反面碳刨清根
	13	加劲肋与横梁连接	CO_2气体保护焊	2G, 3G/CJP	T1=12, T2=12/20/25/28；α=β=50°；R=0~1；S=5, f=2；反面碳刨清根
挑梁	14	腹板与顶板连接	CO_2气体保护焊	2G/CJP	T1=16；T2=28；α=β=50°；R=0~2；S=7, f=2；反面碳刨清根
	15	加劲肋与顶板/腹板连接	CO_2气体保护焊	2G, 3G/CJP	T1=12, T2=16/28；α=β=50°；R=0~1；S=5, f=2；反面碳刨清根

注
1. 对于不同的板厚，顶板以主梁外缘（上缘）对齐，底板以主梁外缘（下缘）对齐。不同厚度板件间焊接时，较厚板件取1:8的坡度过渡。
2. 图中焊缝坡口尺寸及焊接参数的标注仅作为参考，实际参数取值应经焊接工艺评定试验确定。

3×30m 双向六车道工字组合梁

汽车荷载等级：公路-I级

桥梁宽度：2×16.5m

焊缝大样

图号：SG-10

主梁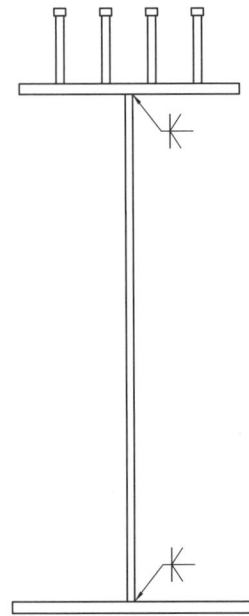

主梁加劲肋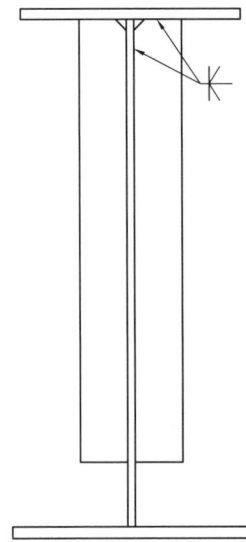

主梁支座处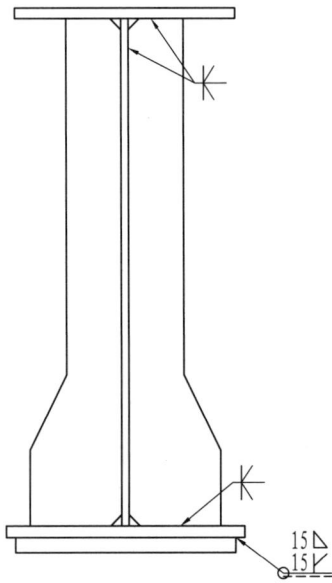

主梁临时支座处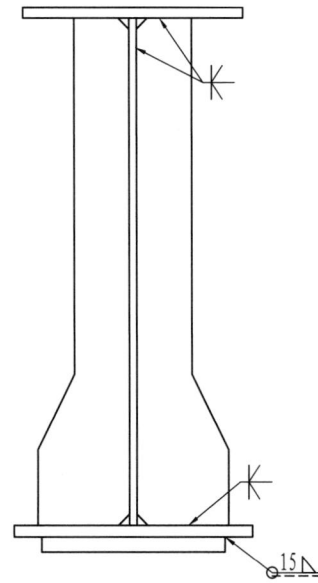

挑梁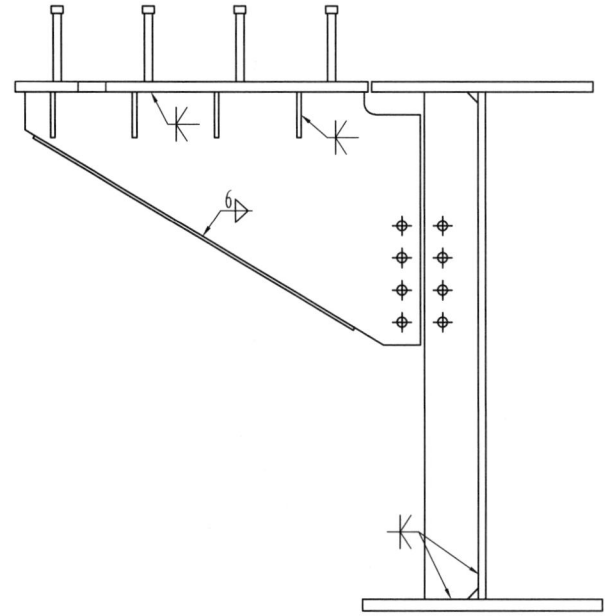

HL1横梁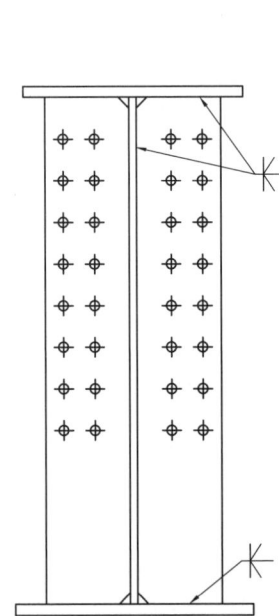

HL2a、HL2b横梁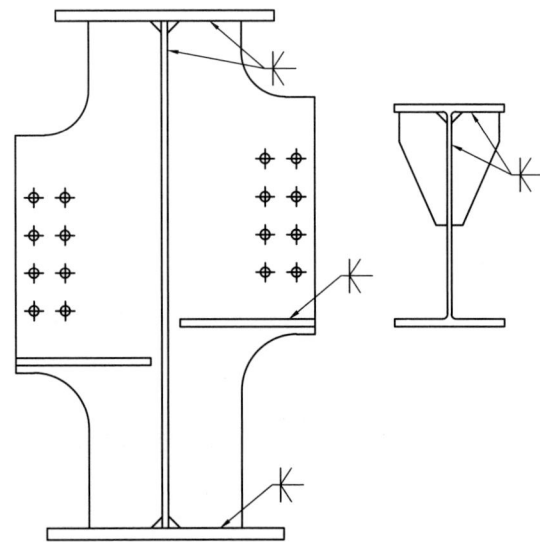

HL3a、HL3b、HL4横梁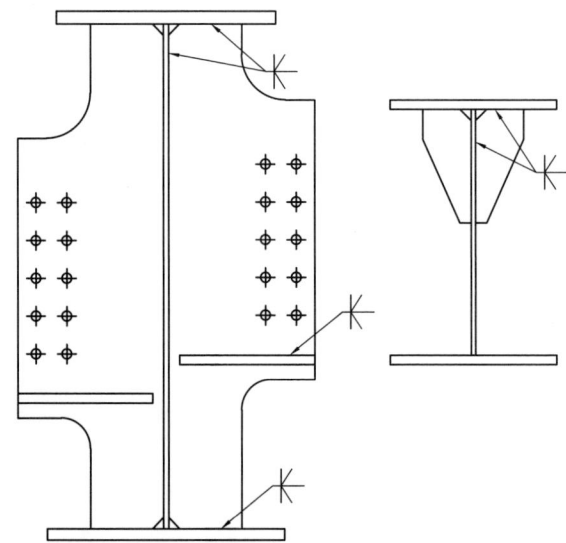

注
1. 本图须配合"焊缝大样"一并使用。

3×30m 双向六车道工字组合梁	汽车荷载等级：公路—I级
	桥梁宽度：2×16.5m
焊缝设计	图号：SG-11

跨径布置示意

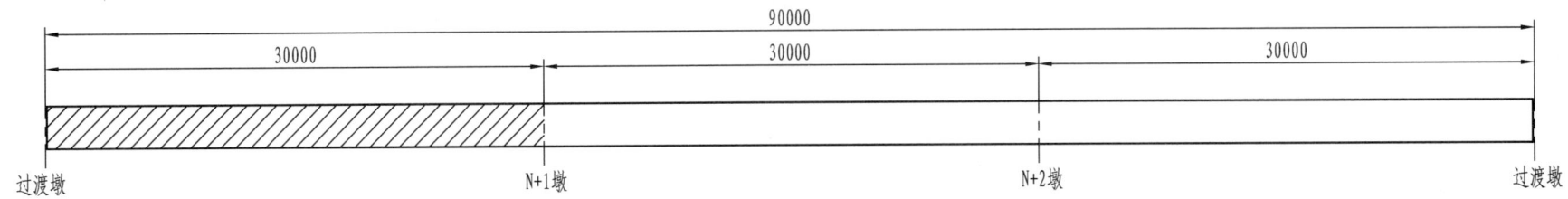

90000

30000 | 30000 | 30000

过渡墩 N+1墩 N+2墩 过渡墩

桥面板平面分块（单幅）

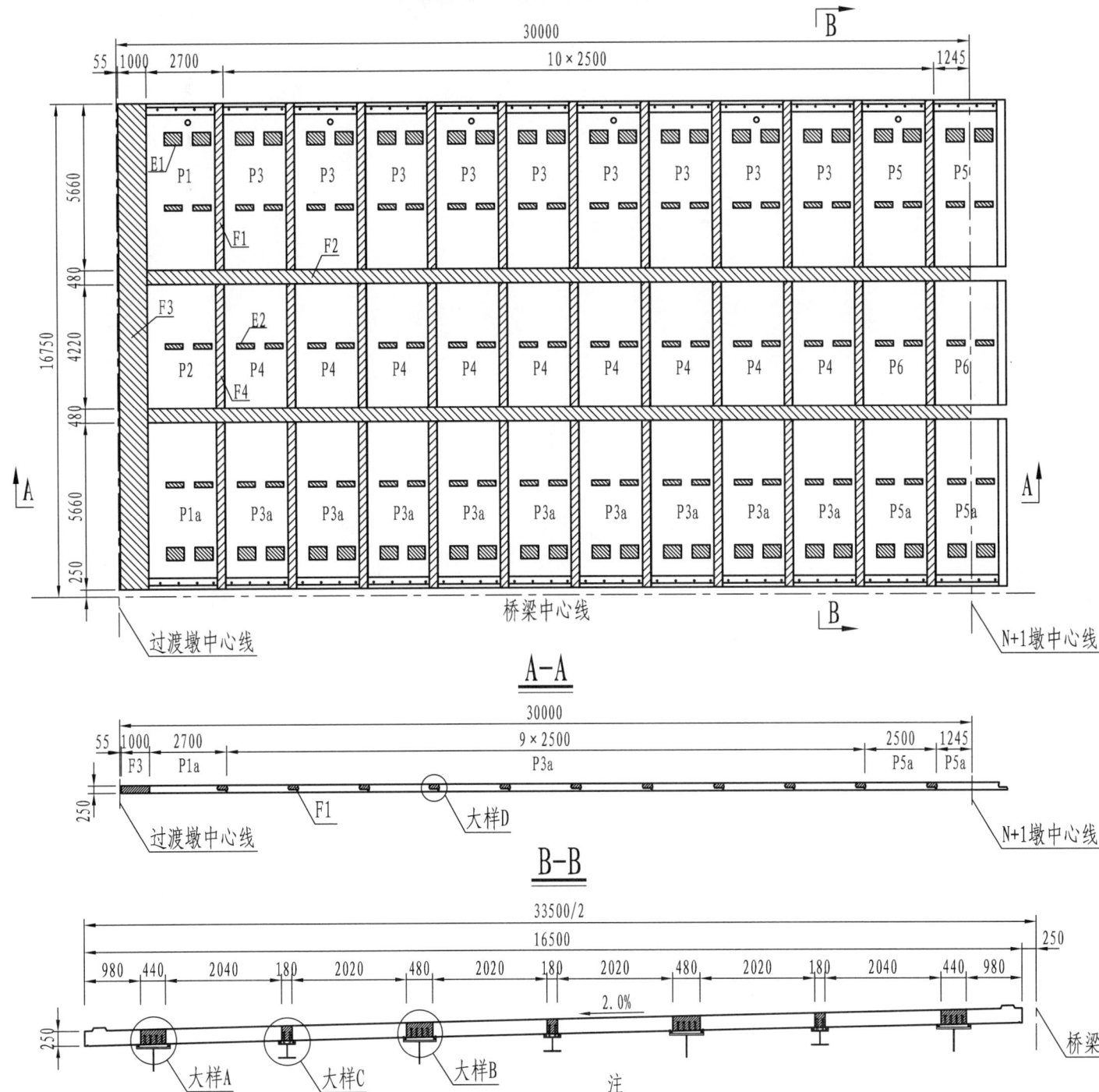

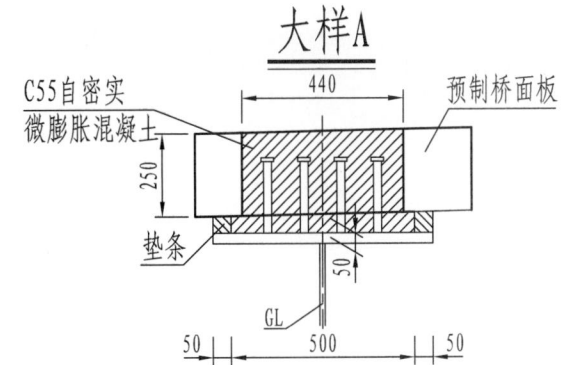

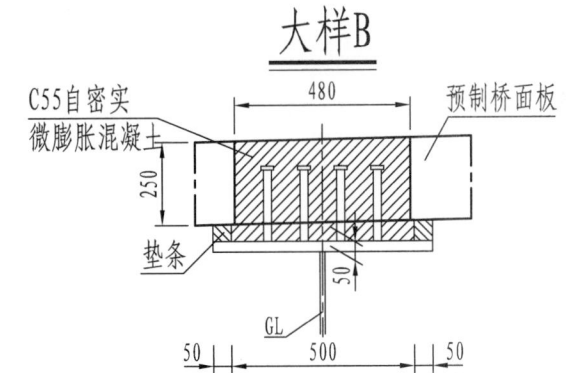

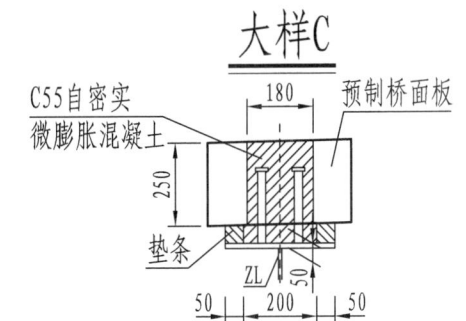

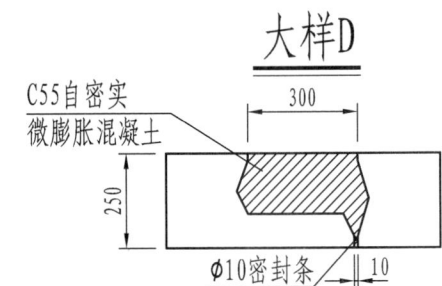

30000

55 1000 2700 10×2500 1245

5660

E1 P1 P3 P3 P3 P3 P3 P3 P3 P3 P5 P5

F1 F2

16750

480

F3

4220

E2 P2 P4 P4 P4 P4 P4 P4 P4 P4 P6 P6

F4

480

5660

P1a P3a P3a P3a P3a P3a P3a P3a P3a P5a P5a

250

桥梁中心线

过渡墩中心线 N+1墩中心线

A-A

30000

55 1000 2700 9×2500 2500 1245

F3 P1a P3a P5a P5a

250

F1 大样D

过渡墩中心线 N+1墩中心线

B-B

33500/2

16500

250

980 440 2040 180 2020 480 2020 180 2020 480 2020 180 2040 440 980

2.0%

250

大样A 大样C 大样B

桥梁中心线

大样A

C55自密实 微膨胀混凝土 预制桥面板

440

250

垫条

50 GL 50

500

大样B

C55自密实 微膨胀混凝土 预制桥面板

480

250

垫条

GL

50 500 50

大样C

C55自密实 微膨胀混凝土 预制桥面板

180

250

垫条 ZL

50 200 50

大样D

C55自密实 微膨胀混凝土

300

250

φ10密封条 10

注
1. 本图尺寸均以毫米为单位。
2. 预制桥面板采用C55混凝土，现浇湿接缝采用C55自密实微膨胀混凝土。
3. 浇筑桥面板湿接缝、剪力槽内混凝土前，应将预制桥面板与现浇混凝土之间的接触面凿毛并清洗干净。
4. 浇筑桥面板湿接缝时，应同时完成预制护栏底部凸形剪力键的浇筑。
5. 本图未示出护栏及其他附属结构预埋件。

3×30m 双向六车道工字组合梁	汽车荷载等级：公路—Ⅰ级
	桥梁宽度：2×16.5m
桥面板板块划分	图号：SG-12

跨径布置示意

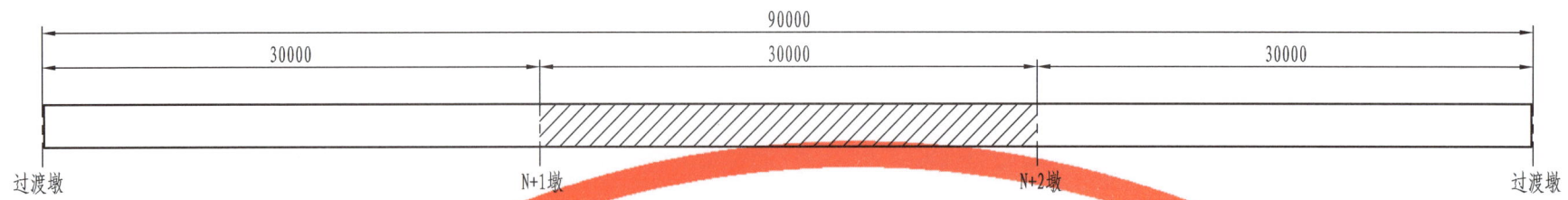

90000

30000　　　　　　30000　　　　　　30000

过渡墩　　　　　N+1墩　　　　　N+2墩　　　　　过渡墩

桥面板平面分块（单幅）

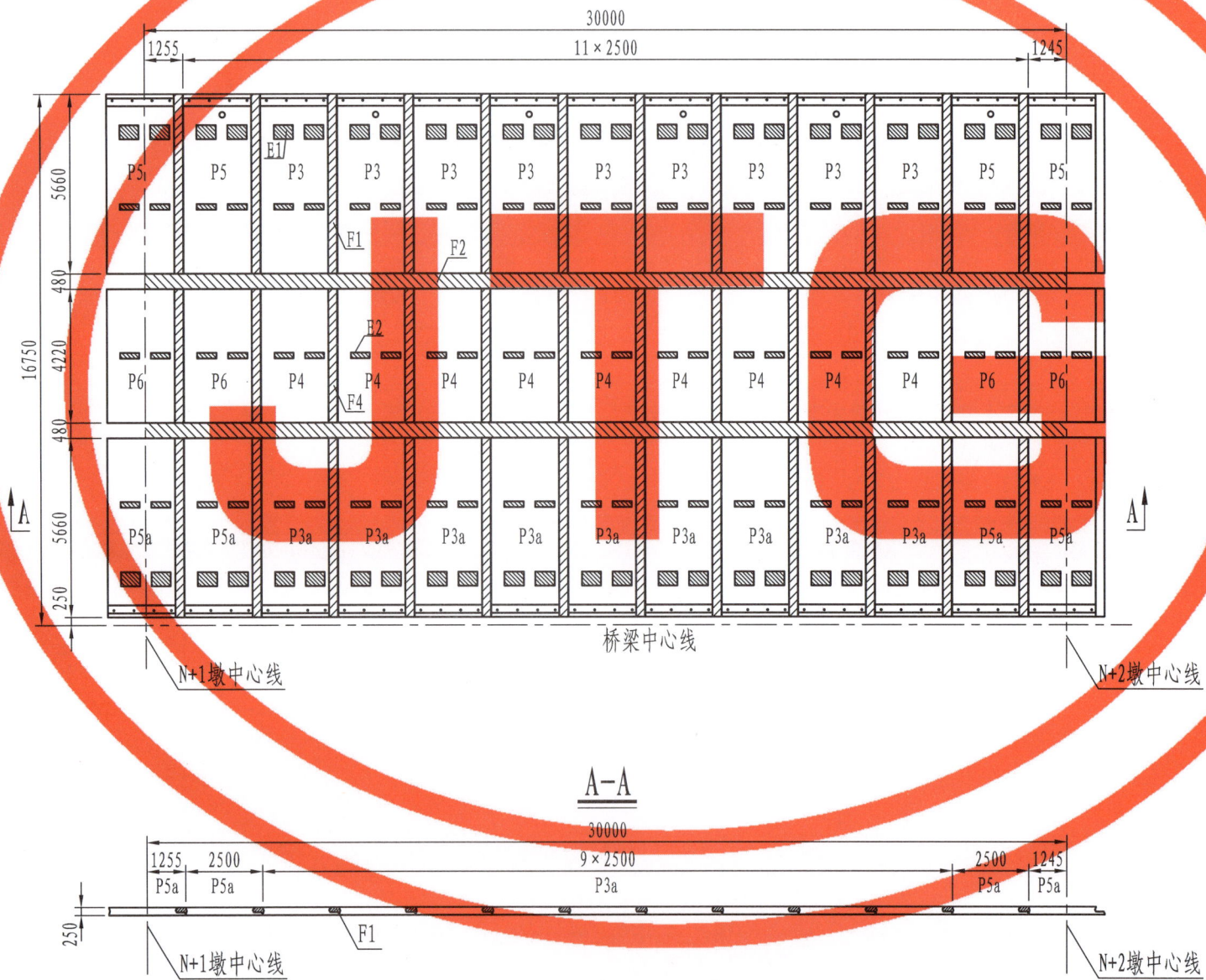

30000

1255　　　11×2500　　　1245

16750

5660

P5　　P5　　E1　P3　P3　P3　P3　P3　P3　P3　P5　P5

F1　　F2

480

4220

P6　P6　P4　E2　P4　P4　P4　P4　P4　P4　P6　P6

F4

480

5660

P5a　P5a　P3a　P3a　P3a　P3a　P3a　P3a　P3a　P3a　P5a　P5a

250

桥梁中心线

N+1墩中心线　　　　　　　　　　　　N+2墩中心线

A-A

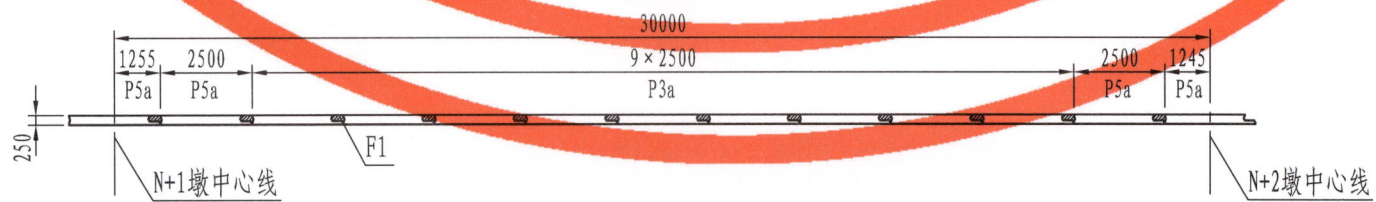

30000

1255　2500　　　9×2500　　　2500　1245

P5a　P5a　　　　P3a　　　　P5a　P5a

F1

250

N+1墩中心线　　　　　　　　　　　　N+2墩中心线

注
1. 本图尺寸均以毫米为单位。
2. 预制桥面板采用C55混凝土，现浇湿接缝采用C55自密实微膨胀混凝土。
3. 浇筑桥面板湿接缝、剪力槽内混凝土前，应将预制桥面板与现浇混凝土之间的接触面凿毛并清洗干净。
4. 浇筑桥面板湿接缝时，应同时完成预制护栏底部凸形剪力键的浇筑。
5. 本图未示出护栏及其他附属结构预埋件。

3×30m 双向六车道工字组合梁	汽车荷载等级：公路—I级
	桥梁宽度：2×16.5m
桥面板板块划分	图号：SG-12

跨径布置示意

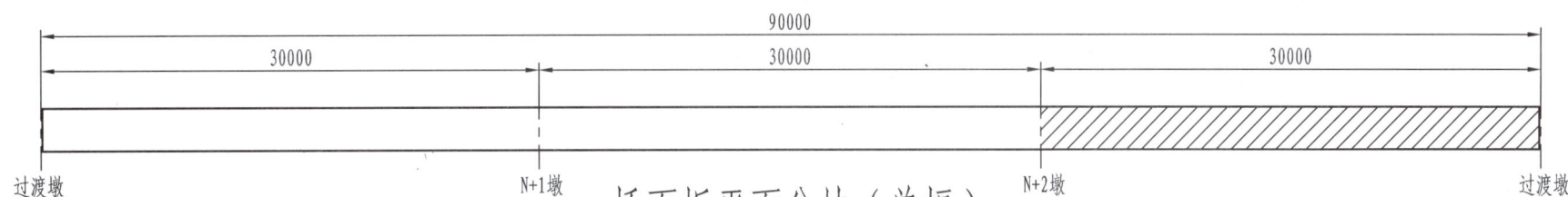

90000

30000　30000　30000

过渡墩　N+1墩　N+2墩　过渡墩

桥面板平面分块（单幅）

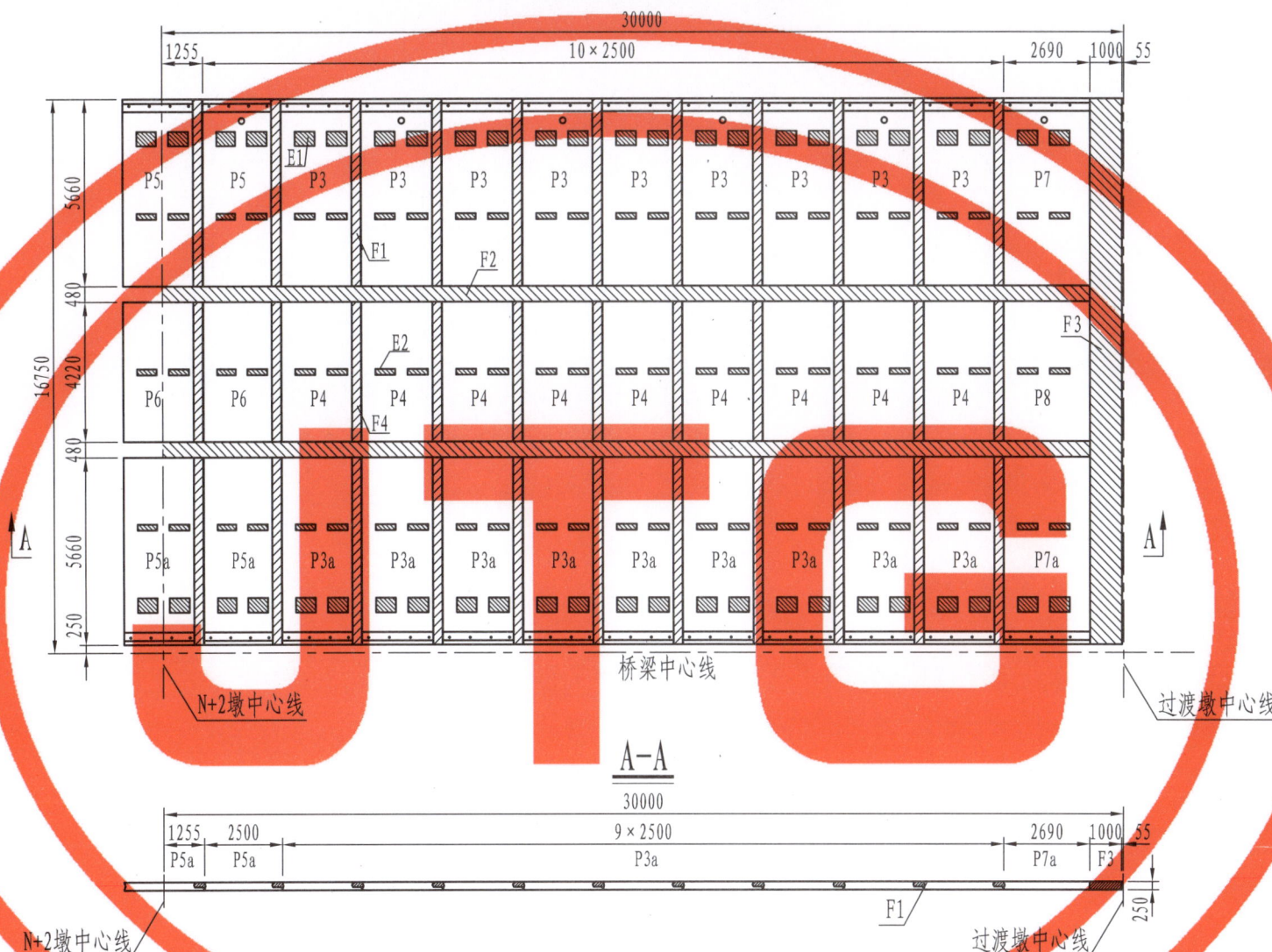

30000

1255　10×2500　2690　1000　55

5660　480　4220　480　5660　250　16750

P5 P5 E1 P3 P3 P3 P3 P3 P3 P3 P3 P7
F1 F2
P6 P6 P4 E2 P4 P4 P4 P4 P4 P4 P4 P4 P8　F3
F4
P5a P5a P3a P3a P3a P3a P3a P3a P3a P3a P3a P7a

桥梁中心线

N+2墩中心线　过渡墩中心线

A-A

30000

1255　2500　9×2500　2690　1000　55
P5a　P5a　P3a　P7a F3
F1
250

N+2墩中心线　过渡墩中心线

桥面板材料数量汇总表

桥面板编号	单幅板块数	单块预制板C55混凝土(m³)	单块预制板现浇C55自密实微膨胀混凝土(m³)	桥面板编号	单幅板块数	单块预制板C55混凝土(m³)	单块预制板现浇C55自密实微膨胀混凝土(m³)	预制板C55混凝土(m³)	预制板现浇C55自密实微膨胀混凝土(m³)	φ10密封条(m)	50mm×50mm垫条(m)
P1	1	3.36	0.19	P7	1	3.63	0.19				
P1a	1	3.36	0.19	P7a	1	3.63	0.19				
P2	1	2.58	0.06	P8	1	2.77	0.06				
P3	27	3.06	0.19	F1	68		0.34	单幅：298.9 双幅：597.8	单幅：76.6 双幅：153.2	单幅：561.0 双幅：1122.0	单幅：1263.5 双幅：2527.0
P3a	27	3.06	0.19	F2	2		12.66				
P4	27	2.35	0.06	F3	2		见伸缩装置构造				
P5	6	3.06	0.19	F4	34		0.231				
P5a	6	3.06	0.19	E1	140		0.068				
P6	6	2.35	0.06	E2	210		0.028				

注

1. 本图尺寸均以毫米为单位。
2. 预制桥面板采用C55混凝土，现浇湿接缝采用C55自密实微膨胀混凝土。
3. 浇筑桥面板湿接缝、剪力槽内混凝土前，应将预制桥面板与现浇混凝土之间的接触面凿毛并清洗干净。
4. 浇筑桥面板湿接缝时，应同时完成预制护栏底部凸形剪力键的浇筑。
5. 本图未示出护栏及其他附属结构预埋件。
6. 垫条现场加工时应进行精准下料调整。

3×30m 双向六车道工字组合梁

汽车荷载等级：公路－Ⅰ级

桥梁宽度：2×16.5m

桥面板板块划分

图号：SG-12

P1预制板

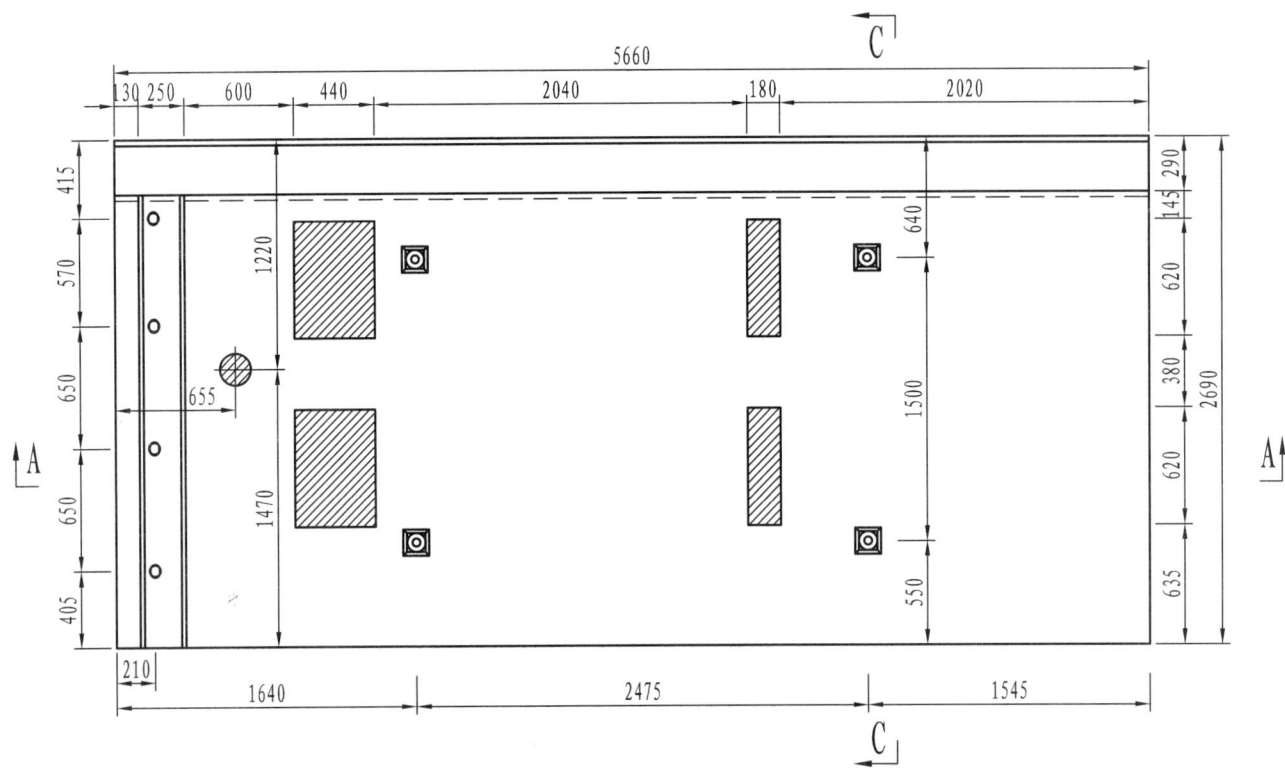

P1a预制板

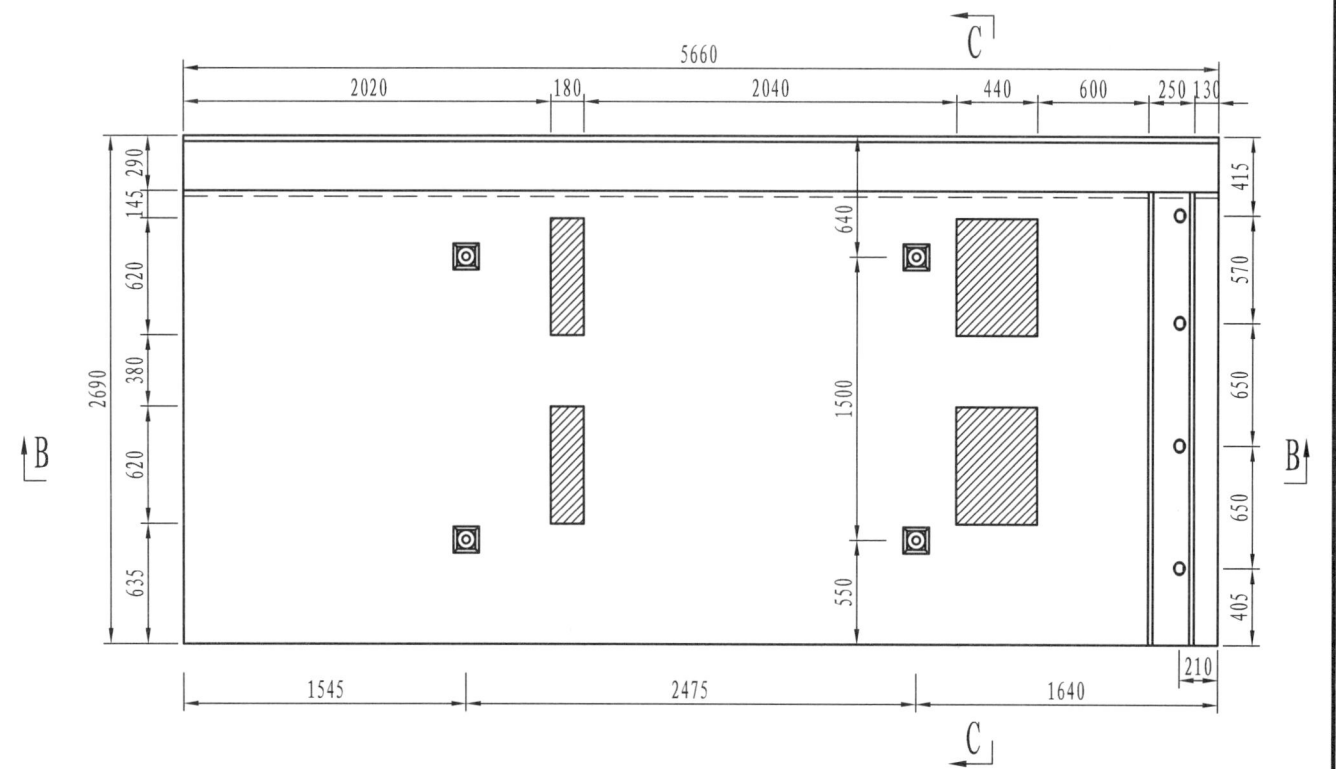

A-A

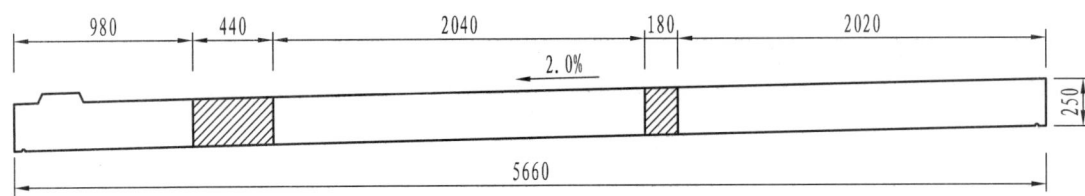

B-B

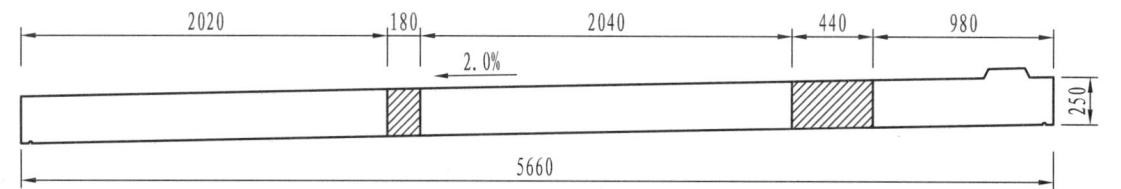

C-C

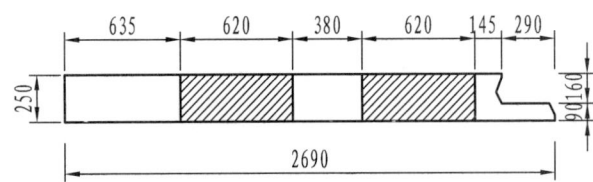

图例：

○ φ60mm护栏预留螺栓孔

⊘ φ170mm桥面泄水孔

◎ 吊点

▨ 剪力槽口

注

1. 本图尺寸均以毫米为单位。

2. 预制桥面板采用C55混凝土，桥面板现浇湿接缝采用C55自密实微膨胀混凝土。

3. 预制桥面板顶、底面混凝土保护层厚度均为3cm。

4. 预制桥面板应存放6个月以上才可安装。

5. 预制桥面板混凝土强度达到80%标准强度后才可脱模吊装。

6. 预制桥面板表面平整度应小于±3mm。

7. 预制桥面板堆放时，支点应布置在钢梁腹板中心对应位置。

8. 本图未示出护栏等桥面系设施，施工时应注意护栏垫板和钢管的预埋。

9. 预制时注意P1预制板泄水孔的设置。

10. 吊点、滴水槽、护栏底座、预制板端部构造大样详见SG-13-5。

3×30m 双向六车道工字组合梁	汽车荷载等级：公路—I级
	桥梁宽度：2×16.5m
桥面板一般构造	图号：SG-13

P3/P5预制板

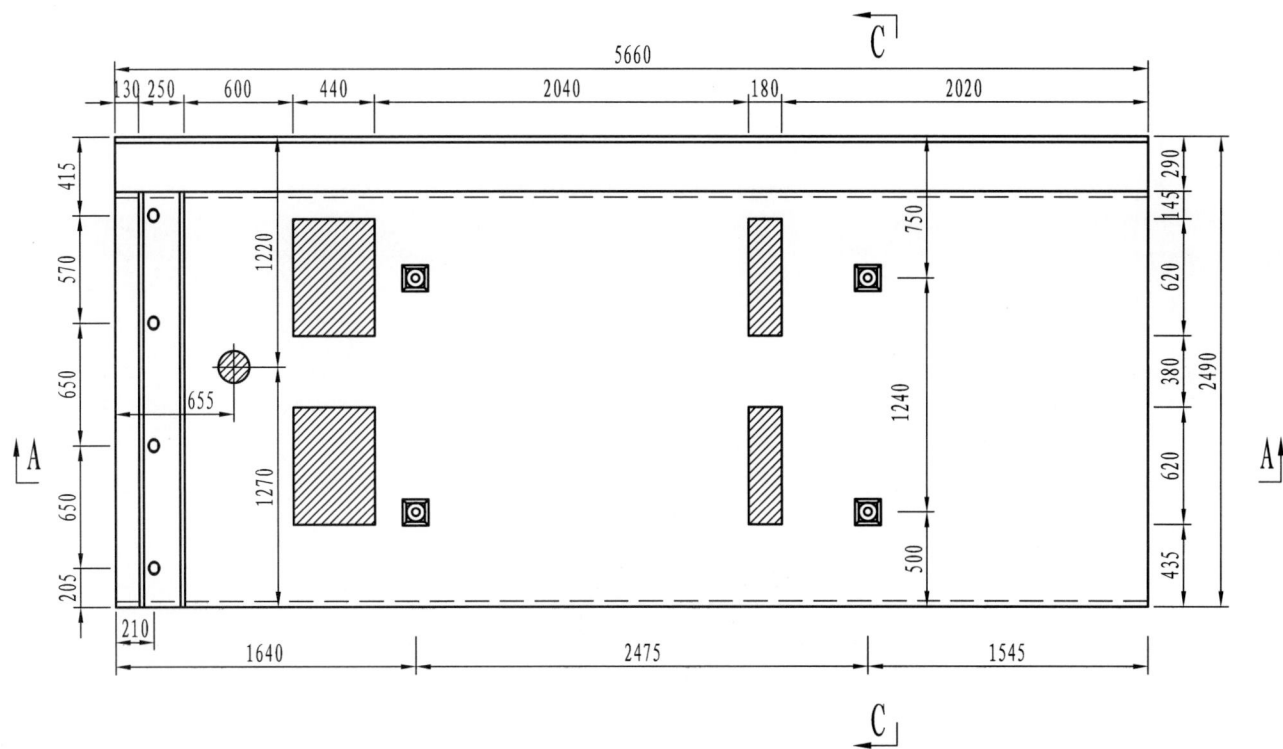

P3a/P5a预制板

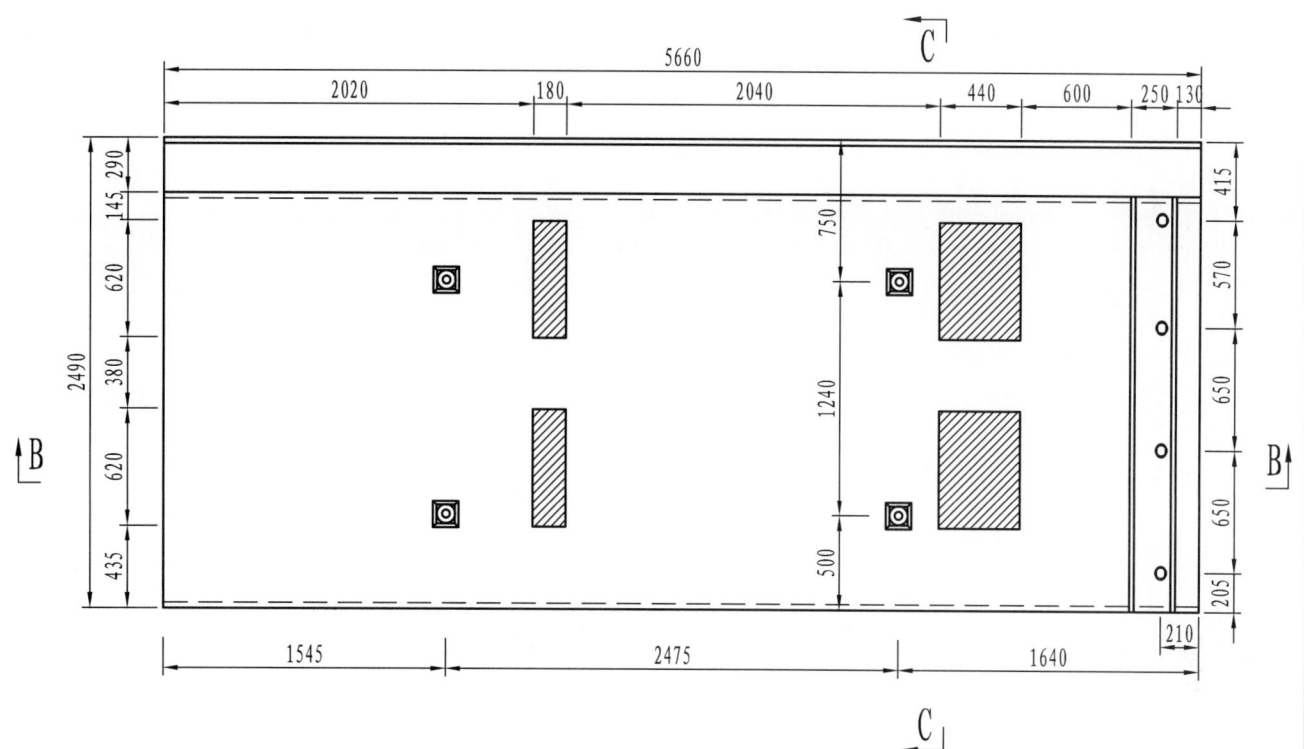

A-A

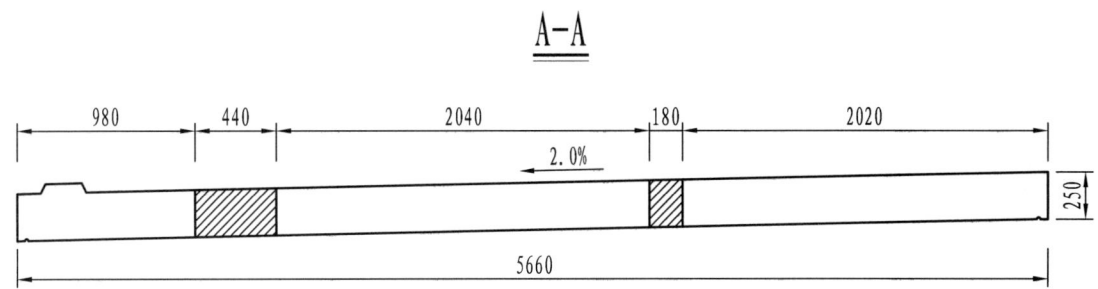

B-B

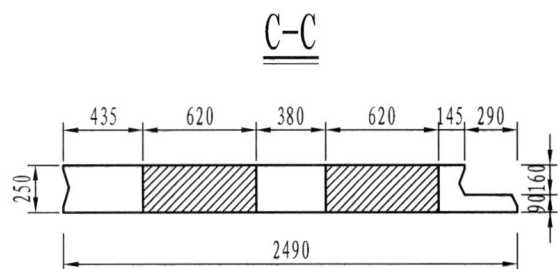

C-C

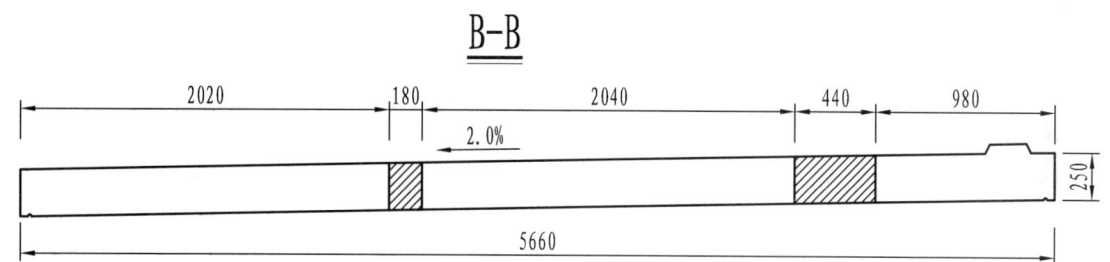

图例:

○ φ60mm护栏预留螺栓孔

⊘ φ170mm桥面泄水孔

▣ 吊点

▨ 剪力槽口

注

1. 本图尺寸均以毫米为单位。

2. 预制桥面板采用C55混凝土,桥面板现浇湿接缝采用C55自密实微膨胀混凝土。

3. 预制桥面板顶、底面混凝土保护层厚度均为3cm。

4. 预制桥面板应存放6个月以上才可安装。

5. 预制桥面板混凝土强度达到80%标准强度后才可脱模吊装。

6. 预制桥面板表面平整度应小于±3mm。

7. 预制桥面板堆放时,支点应布置在钢梁腹板中心对应位置。

8. 本图未示出护栏等桥面系设施,施工时应注意护栏垫板和钢管的预埋。

9. 预制时注意P3/P5预制板泄水孔的设置。

10. 吊点、滴水槽、护栏底座、预制板端部构造大样详见SG-13-5。

3×30m 双向六车道工字组合梁	汽车荷载等级: 公路—I级
	桥梁宽度: 2×16.5m
桥面板一般构造	图号: SG-13

P7预制板

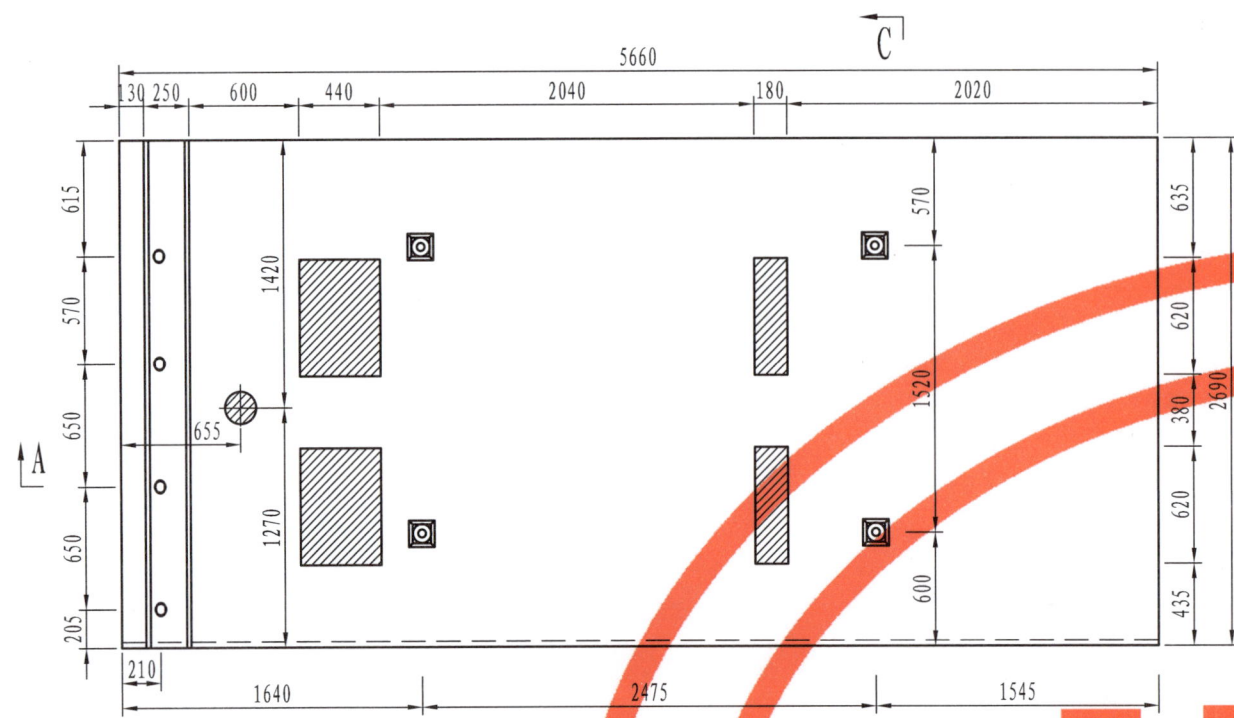

P7a预制板

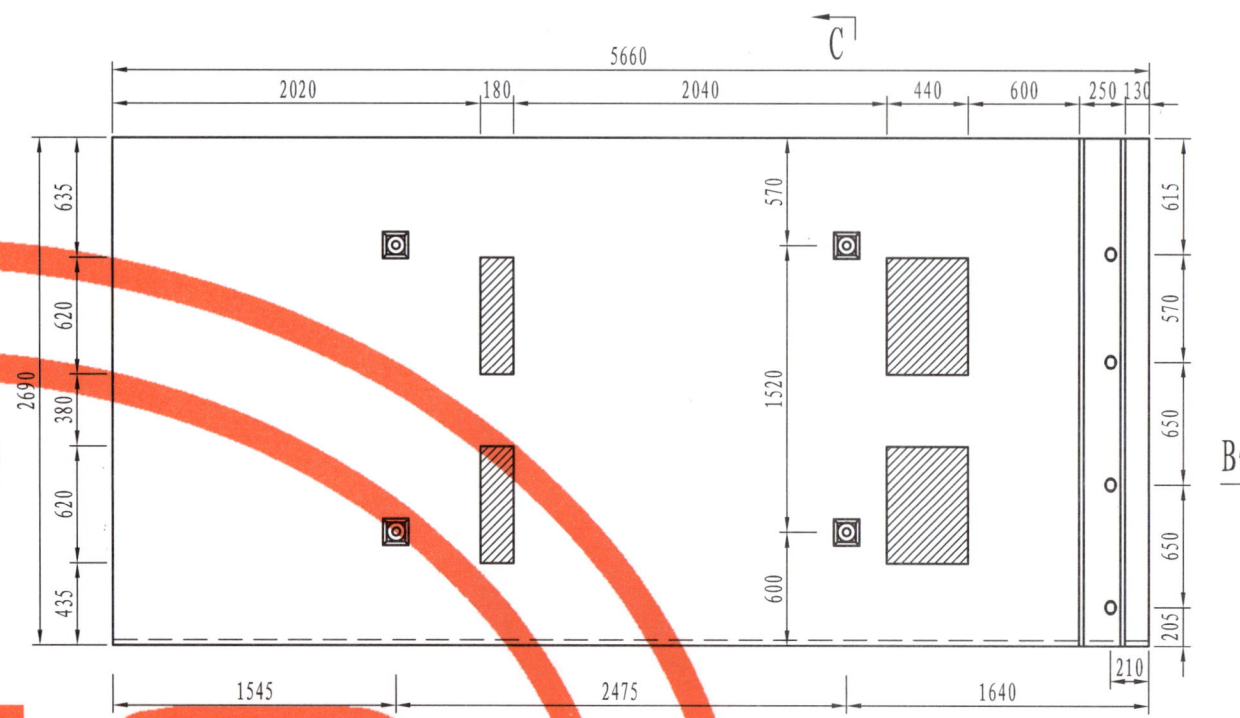

A-A

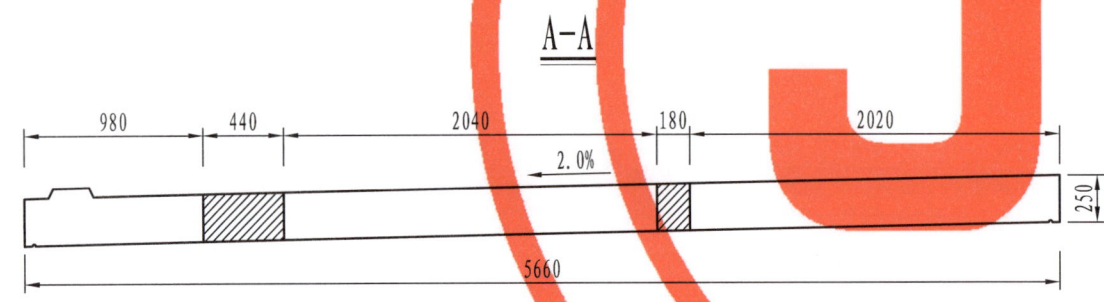

B-B

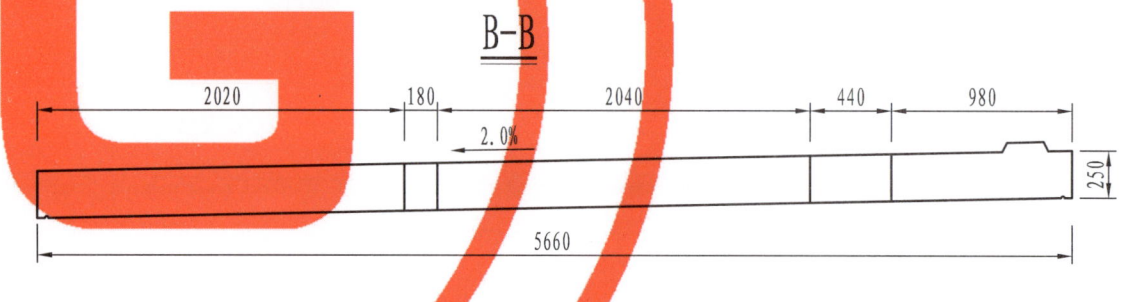

C-C

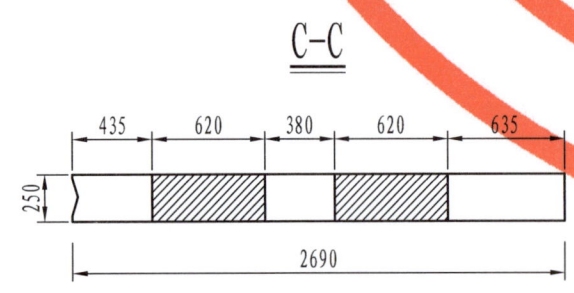

图例:

○ φ60mm护栏预留螺栓孔

⊗ φ170mm桥面泄水孔

▣ 吊点

▨ 剪力槽口

注

1. 本图尺寸均以毫米为单位。

2. 预制桥面板采用C55混凝土,桥面板现浇湿接缝采用C55自密实微膨胀混凝土。

3. 预制桥面板顶、底面混凝土保护层厚度均为3cm。

4. 预制桥面板应存放6个月以上才可安装。

5. 预制桥面板混凝土强度达到80%标准强度后才可脱模吊装。

6. 预制桥面板表面平整度应小于±3mm。

7. 预制桥面板堆放时,支点应布置在钢梁腹板中心对应位置。

8. 本图未示出护栏等桥面系设施,施工时应注意护栏垫板和钢管的预埋。

9. 预制时注意P7预制板泄水孔的设置。

10. 吊点、滴水槽、护栏底座、预制板端部构造大样详见SG-13-5。

3×30m 双向六车道工字组合梁	汽车荷载等级: 公路—Ⅰ级
	桥梁宽度: 2×16.5m
桥面板一般构造	图号: SG-13

P2预制板

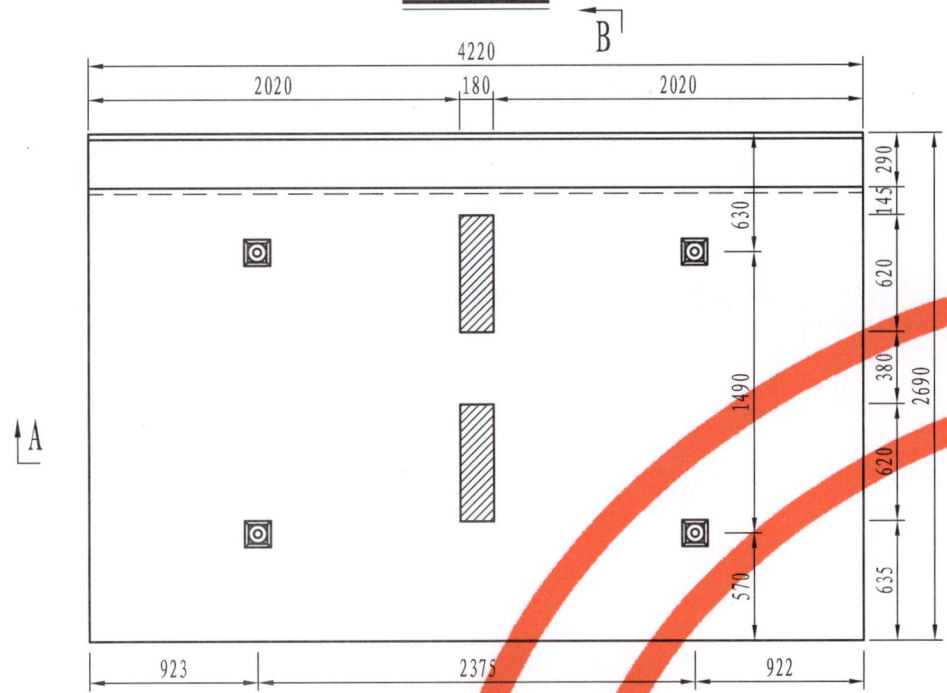

P8预制板

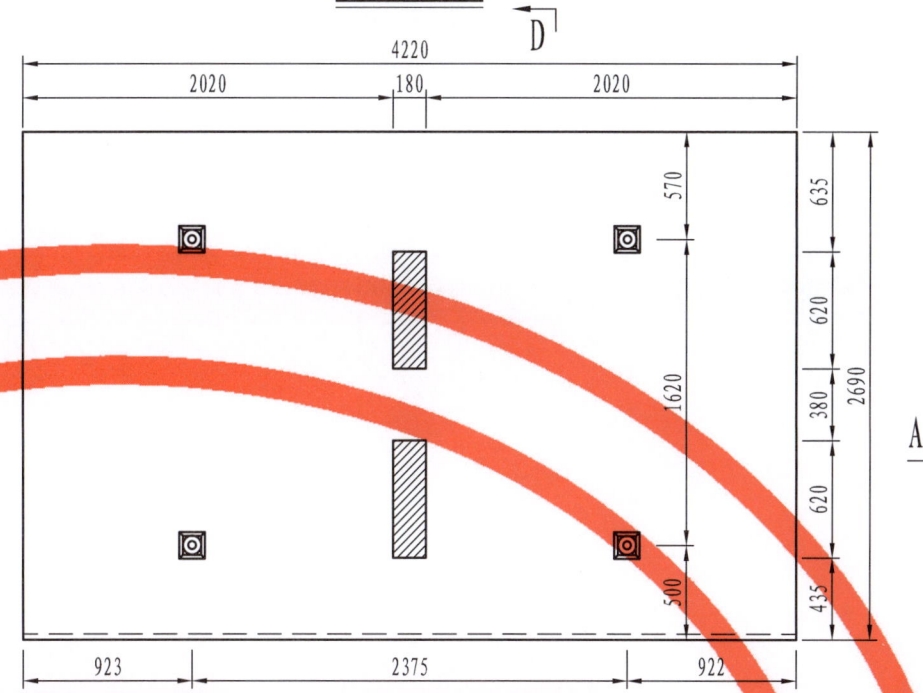

P4/P6预制板

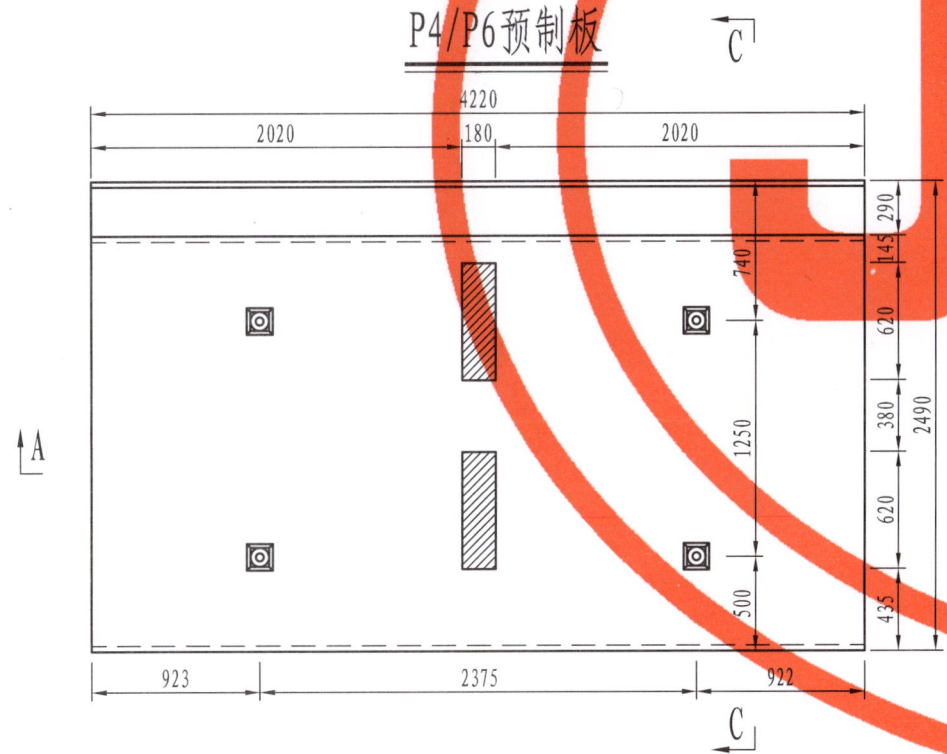

B-B

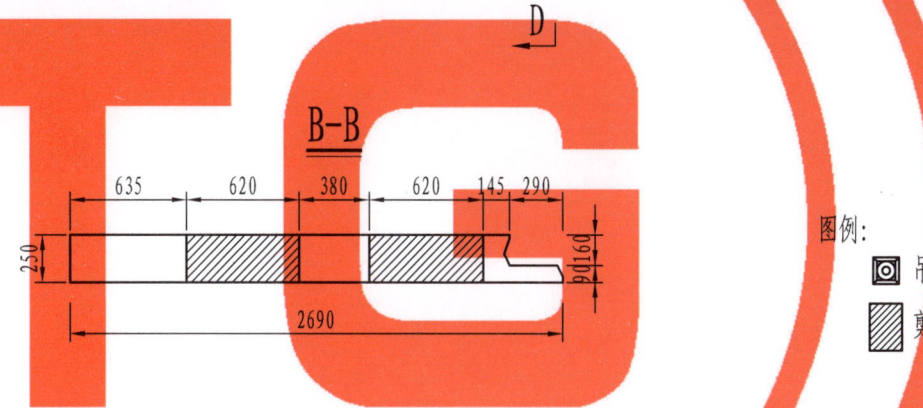

C-C

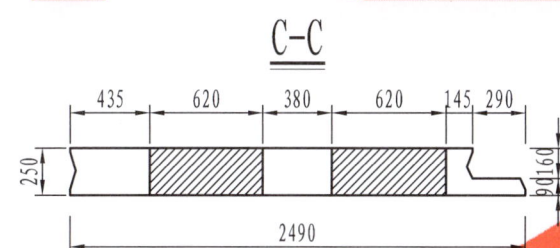

D-D

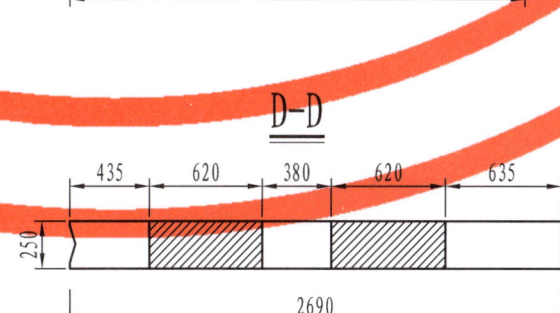

图例:
◉ 吊点
▨ 剪力槽口

A-A

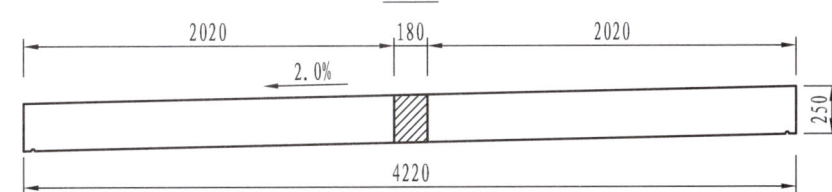

注

1. 本图尺寸均以毫米为单位。
2. 预制桥面板采用C55混凝土,桥面板现浇湿接缝采用C55自密实微膨胀混凝土。
3. 预制桥面板顶、底面混凝土保护层厚度均为3cm。
4. 预制桥面板应存放6个月以上才可安装。
5. 预制桥面板混凝土强度达到80%标准强度后才可脱模吊装。
6. 预制桥面板表面平整度应小于±3mm。
7. 预制桥面板堆放时,支点应布置在钢梁腹板中心对应位置。
8. 本图未示出护栏等桥面系设施,施工时应注意护栏垫板和钢管的预埋。
9. 吊点、滴水槽、护栏底座、预制板端部构造大样详见SG-13-5。

3×30m 双向六车道工字组合梁	汽车荷载等级: 公路—I级
	桥梁宽度: 2×16.5m
桥面板一般构造	图号: SG-13

吊点大样 (顺桥向)

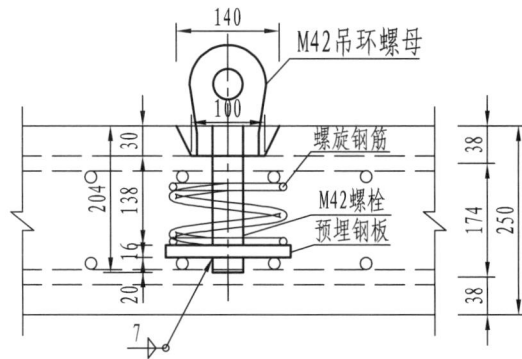

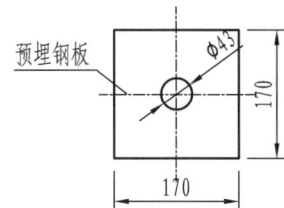

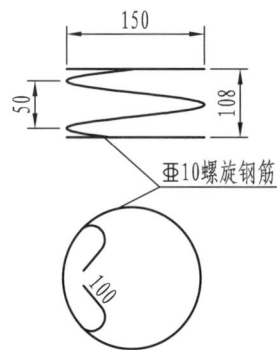

140
M42吊环螺母
M10
螺旋钢筋
M42螺栓
预埋钢板
30 38
204 138 174 250
16 38
20
7

预埋钢板
Φ43
170
170

150
50 108
亚10螺旋钢筋
100

PE螺纹帽大样

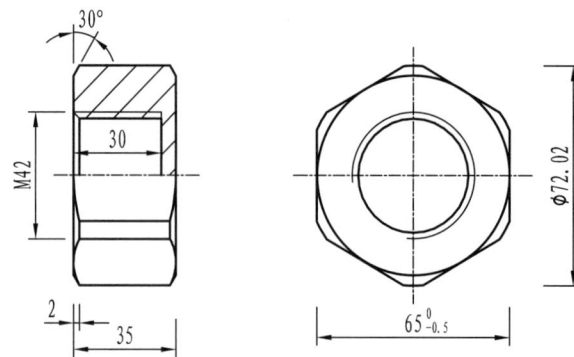

30°
M42
30
Φ72.02
2
35
65 0 -0.5

吊环螺母大样

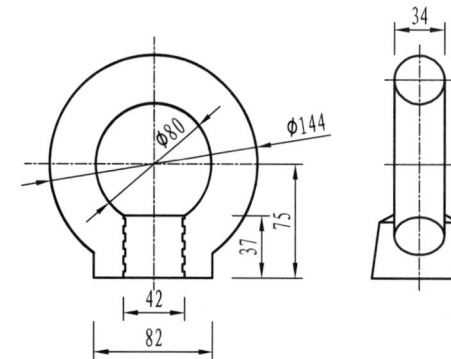

34
Φ80
Φ144
42
82
37 75

滴水槽及护栏底座大样

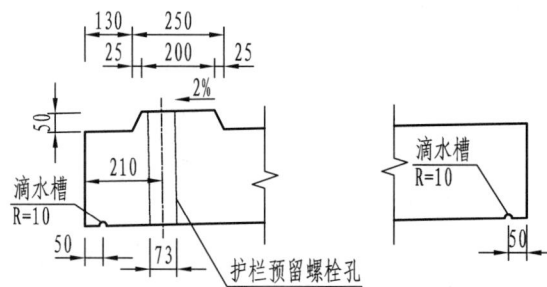

130 250
25 200 25
2%
50
210
滴水槽 R=10
50
73
护栏预留螺栓孔
滴水槽 R=10
50

预制板端部大样

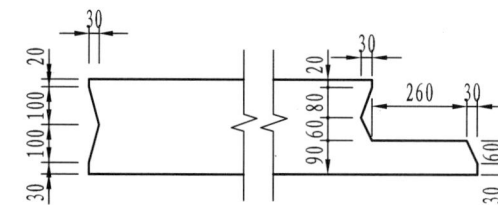

30 30
20 20
100 100
260 30
90 60 80
60
30 30

桥面板吊点预埋件数量表

名称	规格 (mm)	材料	单件重 (kg)	数量	共重 (kg)	全桥合计(共210个) (kg)
预埋钢板	□170×16×170	Q355C	3.63	4	14.5	3045.0
螺栓	M42×194	4套				840套
吊环螺母	M42	4套				88套

螺旋钢筋	直径 (mm)	单根长 (mm)	根数	总长 (m)	单位重 (kg/m)	共重 (kg)	全桥合计(共210个) (kg)
	亚10	1825	4	7.30	0.617	4.50	945.0

注
1. 本图尺寸均以毫米为单位。
2. 吊点预埋钢板应与桥面板横向钢筋焊接。
3. 吊点孔处的M42螺栓与预埋钢板采用焊接连接，预埋于预制板中；吊装时旋拧M42吊环螺母与螺栓对接，吊装结束后再拆除M42吊环螺母，该吊环螺母可周转使用。
4. 预制板浇筑前，吊点孔处的螺栓应安装定制的PE螺纹帽予以防护，该防护帽在吊装前拆除，可周转使用。

3×30m 双向六车道工字组合梁	汽车荷载等级：公路—Ⅰ级
	桥梁宽度：2×16.5m
桥面板一般构造	图号：SG-13

立面

5660

125 | 150 | 2×140 | 220 | 150 | 3×125 | 150 | 100 | 32×125 | 110 | 450

250

N2　N1　N5

槽口加强钢筋大样

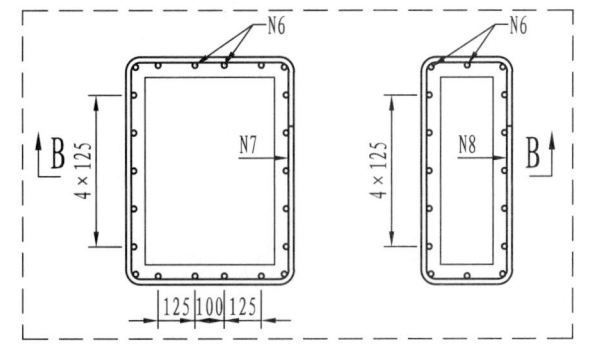

N6　N6

B←

4×125　N7　N8　B↑

4×125

125 | 100 | 125

平面

A

5660

125 | 150 | 2×140 | 220 | 150 | 3×125 | 150 | 100 | 32×125 | 110

N2　N3

N1

2×135 | 100

160

3×125

80 | 130

210

2690

2×110

150 | 130 | 80

130 | 75 | 125 | 120

2×125

85

N5

A

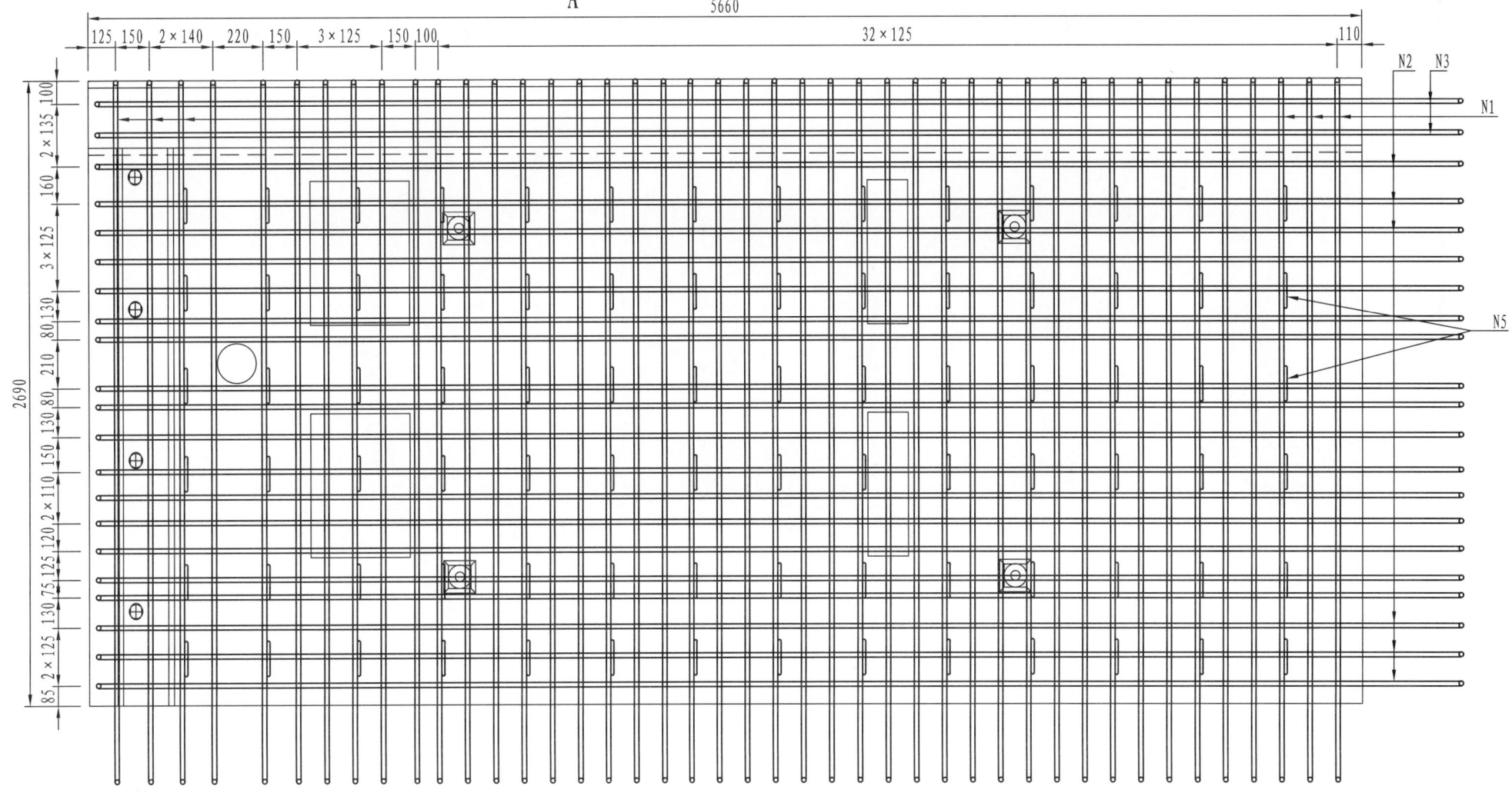

B-B

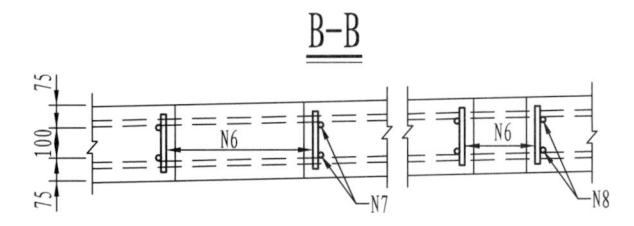

75

100

75

N6　N6

N7　N8

Ф16 N1
6376

R86

270　2838
400　2598

Ф12 N5
388

98

190

Ф16 N6
190

R66

207　5923
400　5723

Ф20 N2
12460

554

734

160

Ф16 N7
2896

Ф20 N3
6081

294

6081

734

160

Ф16 N8
2376

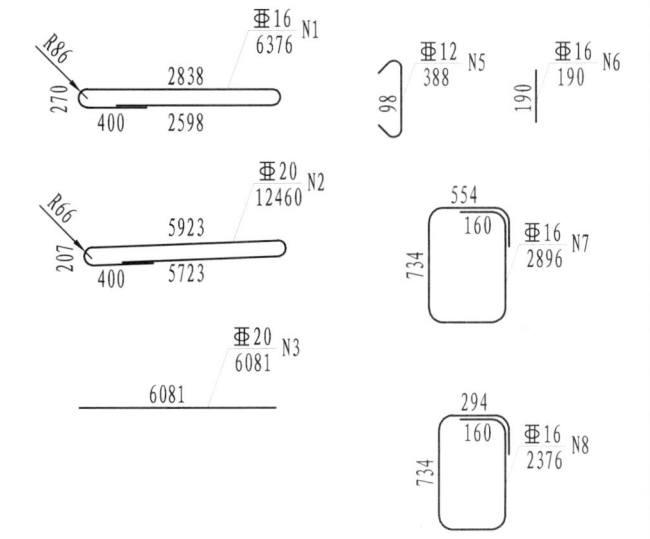

A-A

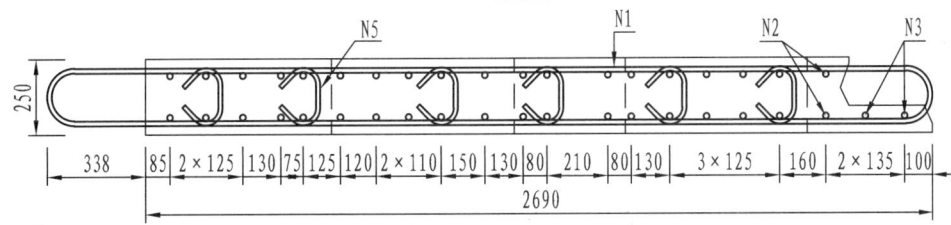

250

N5　N1　N2　N3

338 | 85 | 2×125 | 130 | 75 | 125 | 120 | 2×110 | 150 | 130 | 80 | 210 | 80 | 130 | 3×125 | 160 | 2×135 | 100

2690

一块桥面板钢筋明细表

编号	直径(mm)	单根长(mm)	根数	总长(m)	单位重(kg/m)	总重(kg)	小计(kg)	C55混凝土(m³)
N1	Ф16	6376	43	274.17	1.580	433.2		
N2	Ф20	12460	19	236.74	2.470	584.7		
N3	Ф20	6081	2	12.16	2.470	30.0		
N5	Ф12	388	84	32.59	0.888	28.9	1133.0	3.36
N6	Ф16	190	76	14.44	1.580	22.8		
N7	Ф16	2896	4	11.58	1.580	18.3		
N8	Ф16	2376	4	9.50	1.580	15.0		

注
1. 本图尺寸均以毫米为单位。
2. 桥面板保护层厚度为3cm。
3. N1、N2钢筋均采用单面焊接，焊缝长度不小于5d。
4. 本图适用于P1板。

3×30m 双向六车道工字组合梁	汽车荷载等级：公路—Ⅰ级
	桥梁宽度：2×16.5m
桥面板钢筋构造	图号：SG-14

立面

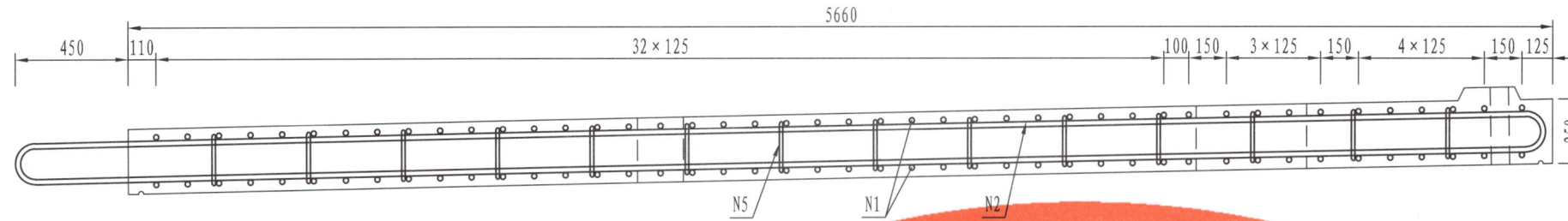

5660
450 | 110 | 32×125 | 100 | 150 | 3×125 | 150 | 4×125 | 150 | 125
250
N5　N1　N2

槽口加强钢筋大样

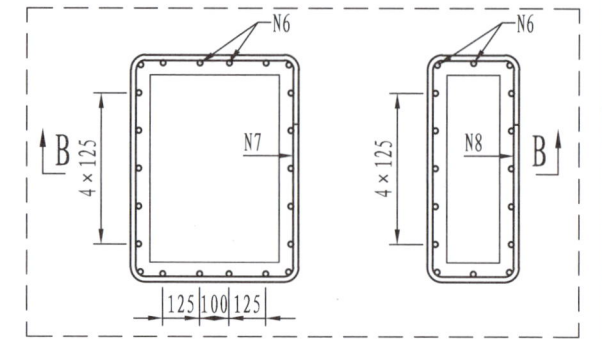

N6　N6
4×125　N7　4×125　N8
B　B
125 | 100 | 125

平面

5660
110 | 32×125 | 100 | 150 | 3×125 | 150 | 4×125 | 150 | 125
A
N3　N2
N1
N5

B-B

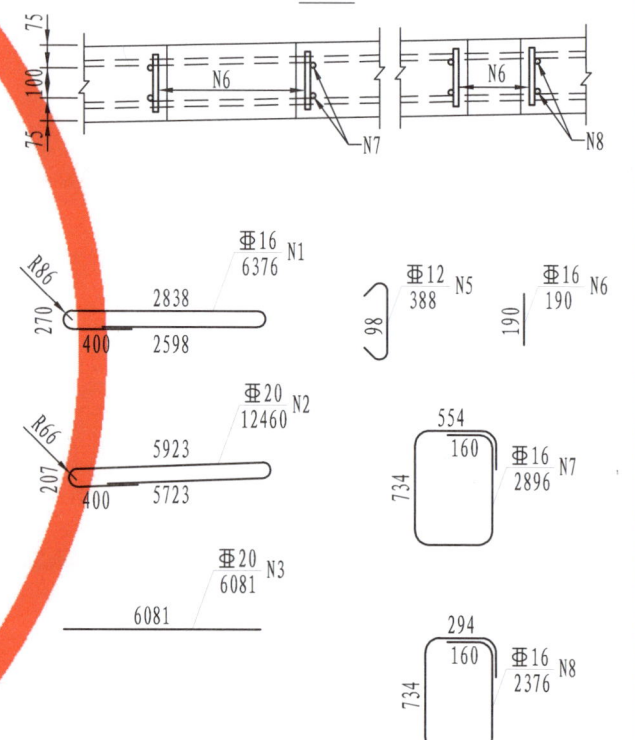

75 | 100 | 75
N6　N6
N7　N8

Φ16 N1
6376
R86　2838
270　400　2598

Φ12 N5　Φ16 N6
388　190
98

Φ20 N2
12460
R66　5923
207　400　5723

554
Φ16 N7
734　160　2896

Φ20 N3
6081
6081

294
Φ16 N8
734　160　2376

A

A-A

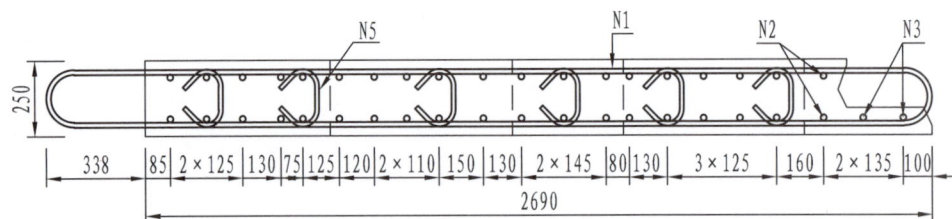

250
N5　N1　N2　N3
338 | 85 | 2×125 | 130 | 75 | 120 | 2×110 | 150 | 130 | 2×145 | 80 | 130 | 3×125 | 160 | 2×135 | 100
2690

一块桥面板钢筋明细表

编号	直径(mm)	单根长(mm)	根数	总长(m)	单位重(kg/m)	总重(kg)	小计(kg)	C55混凝土(m³)
N1	Φ16	6376	44	280.54	1.580	443.3		
N2	Φ20	12460	19	236.74	2.470	584.7		
N3	Φ20	6081	2	12.16	2.470	30.0	1143.1	3.36
N5	Φ12	388	84	32.59	0.888	28.9		
N6	Φ16	190	76	14.44	1.580	22.8		
N7	Φ16	2896	4	11.58	1.580	18.3		
N8	Φ16	2376	4	9.50	1.580	15.0		

注
1. 本图尺寸均以毫米为单位。
2. 桥面板保护层厚度为3cm。
3. N1、N2钢筋均采用单面焊接，焊缝长度不小于5d。
4. 本图适用于P1a板。

3×30m 双向六车道工字组合梁	汽车荷载等级：公路—I级
	桥梁宽度：2×16.5m
桥面板钢筋构造	图号：SG-14

槽口加强钢筋大样

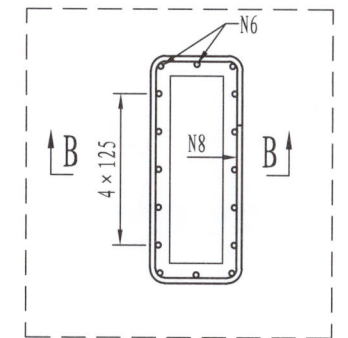

立面

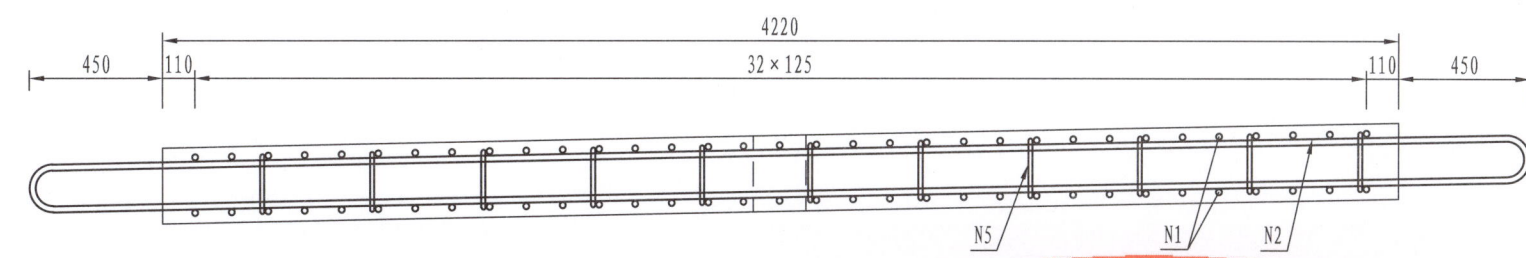

平面

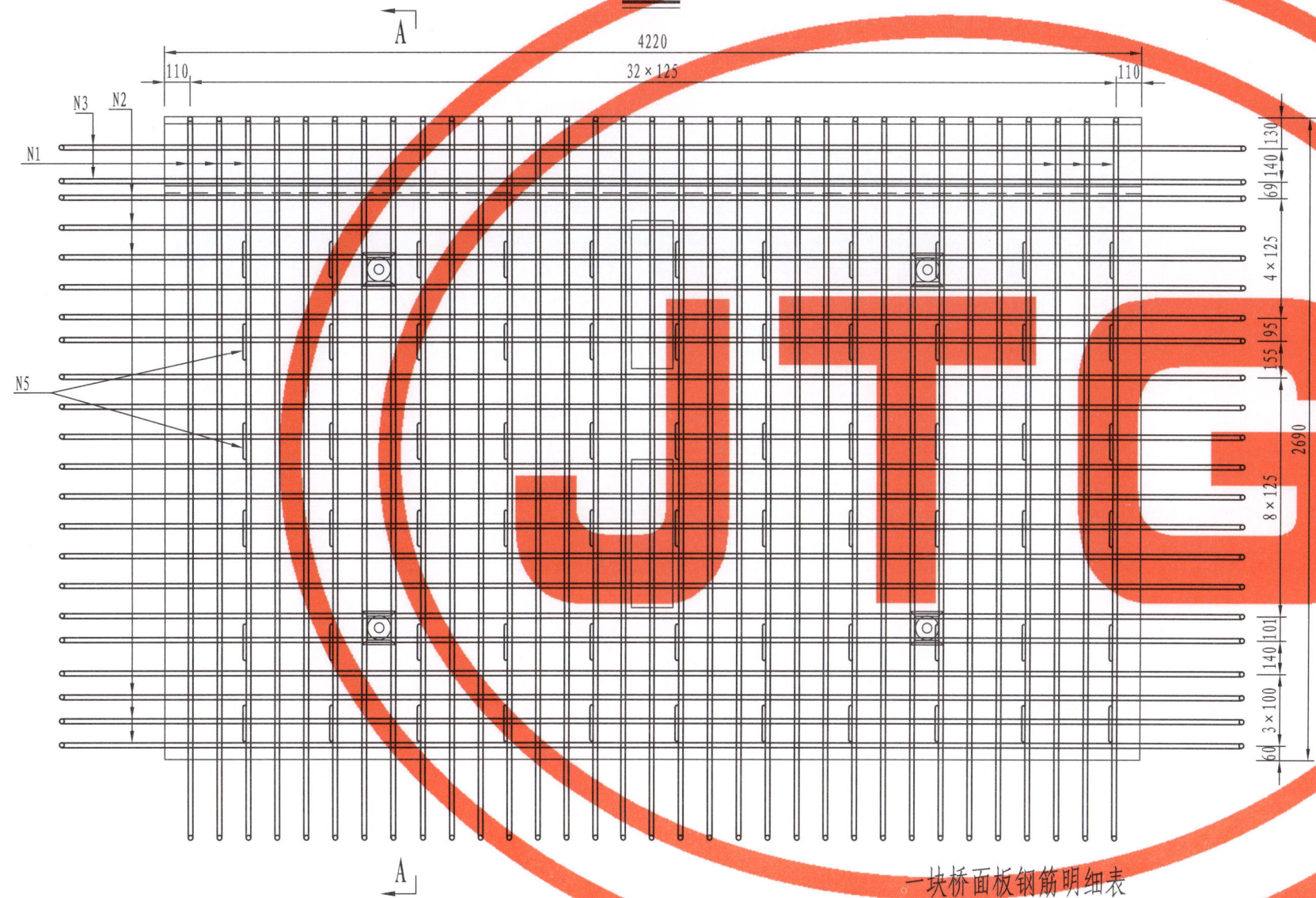

B—B

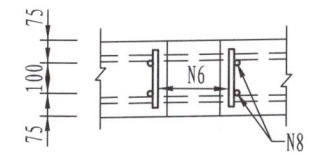

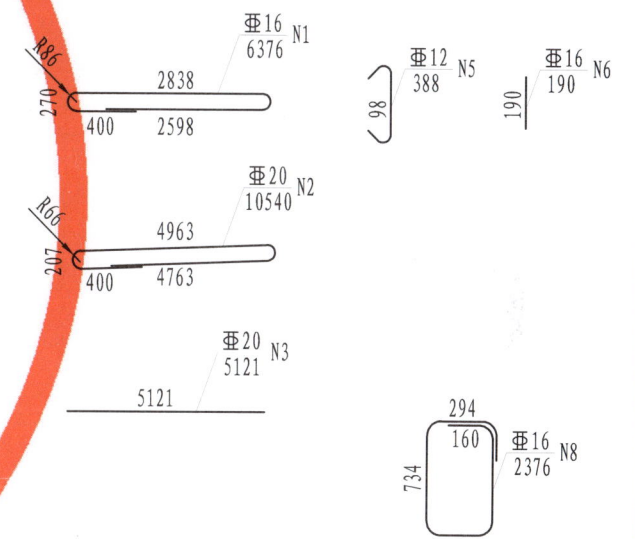

A—A

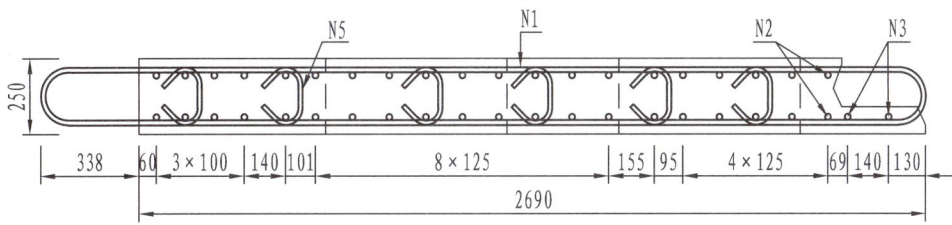

一块桥面板钢筋明细表

编号	直径(mm)	单根长(mm)	根数	总长(m)	单位重(kg/m)	总重(kg)	小计(kg)	C55混凝土(m³)
N1	Φ16	6376	33	210.41	1.580	332.4		
N2	Φ20	10540	20	210.80	2.470	520.7		
N3	Φ20	5121	2	10.24	2.470	25.3	925.8	2.58
N5	Φ12	388	66	25.61	0.888	22.7		
N6	Φ16	190	32	6.08	1.580	9.6		
N8	Φ16	2376	4	9.50	1.580	15.0		

注
1. 本图尺寸均以毫米为单位。
2. 桥面板保护层厚度为3cm。
3. N1、N2钢筋均采用单面焊接，焊缝长度不小于5d。
4. 本图适用于P2板。

汽车荷载等级: 公路—Ⅰ级
桥梁宽度: 2×16.5m

3×30m 双向六车道工字组合梁

桥面板钢筋构造　　图号: SG-14

立面

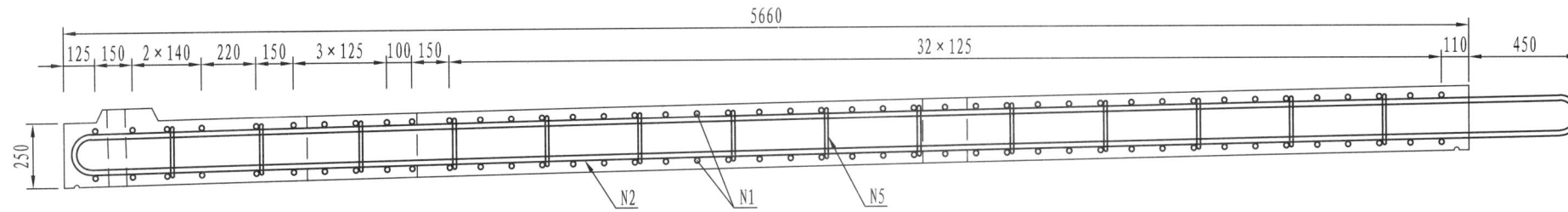

槽口加强钢筋大样

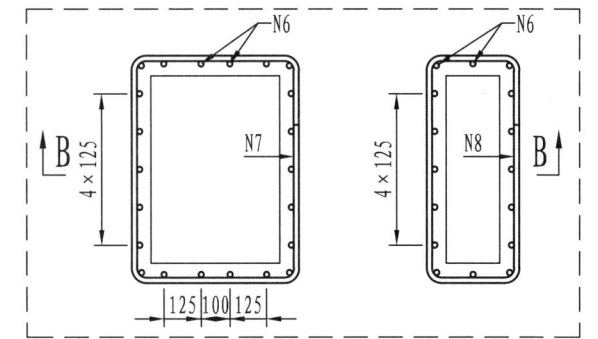

平面

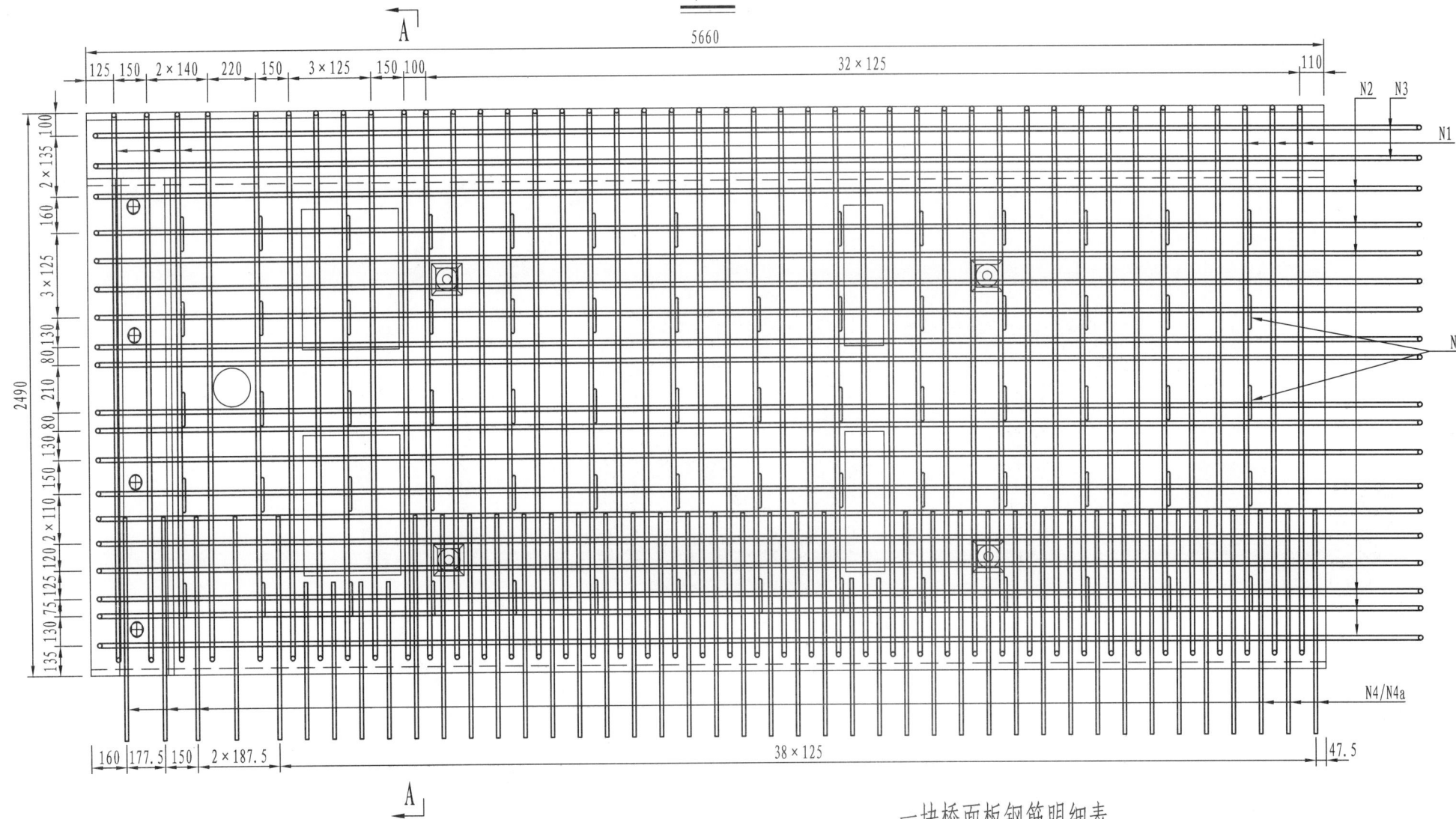

B-B

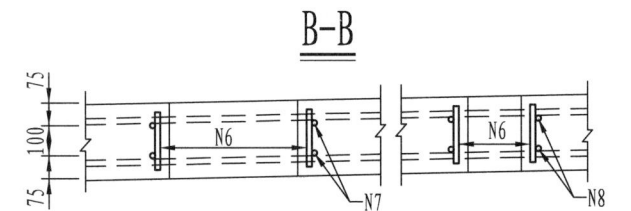

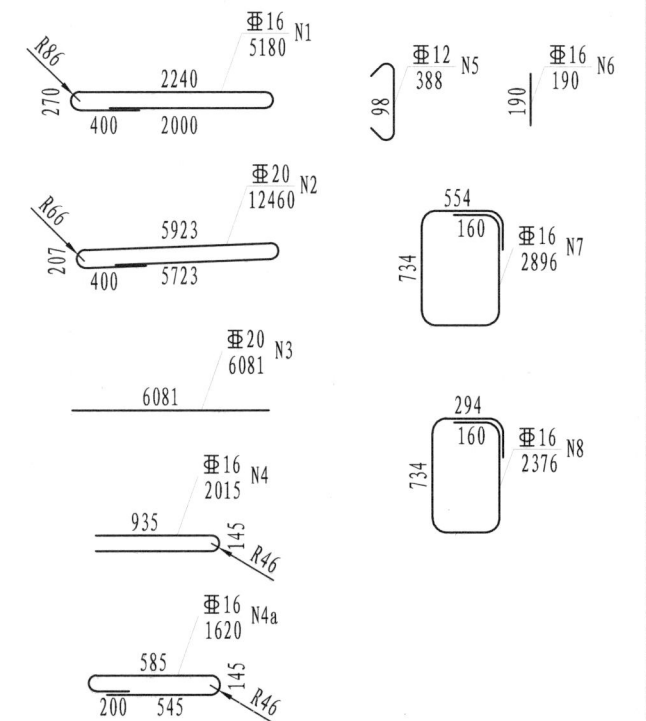

A-A

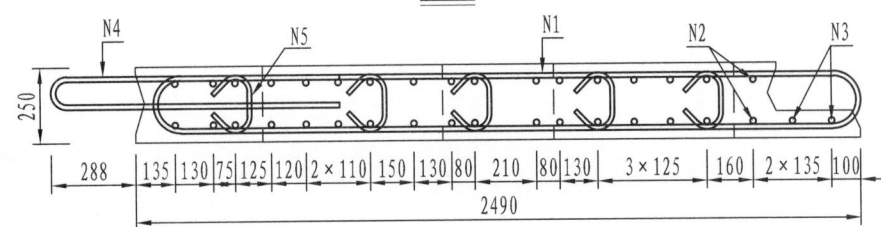

一块桥面板钢筋明细表

编号	直径 (mm)	单根长 (mm)	根数	总长 (m)	单位重 (kg/m)	总重 (kg)	小计 (kg)	C55混凝土 (m³)
N1	Φ16	5180	43	222.74	1.580	351.9		
N2	Φ20	12460	17	211.82	2.470	523.2		
N3	Φ20	6081	2	12.16	2.470	30.0		
N4	Φ16	2015	37	74.56	1.580	117.8		
N4a	Φ16	1620	6	9.72	1.580	15.4	1118.6	3.06
N5	Φ12	388	70	27.16	0.888	24.1		
N6	Φ16	190	76	14.44	1.580	22.8		
N7	Φ16	2896	4	11.58	1.580	18.3		
N8	Φ16	2376	4	9.50	1.580	15.0		

注
1.本图尺寸均以毫米为单位。
2.桥面板保护层厚度为3cm。
3.N1、N2、N4a钢筋均采用单面焊接,焊缝长度不小于5d。
4.本图适用于P3板。

3×30m 双向六车道工字组合梁	汽车荷载等级: 公路—Ⅰ级
	桥梁宽度: 2×16.5m
桥面板钢筋构造	图号: SG-14

槽口加强钢筋大样

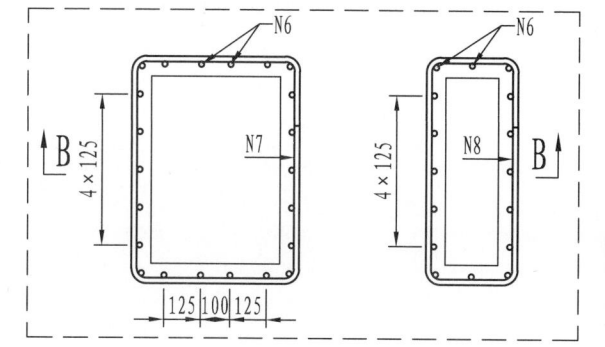

立面

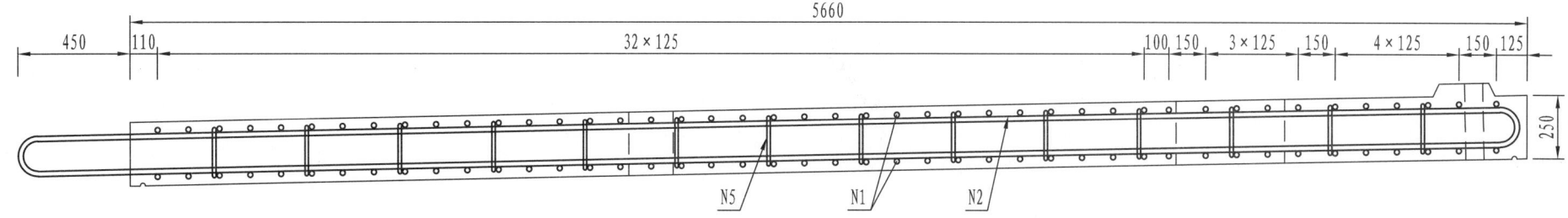

平面

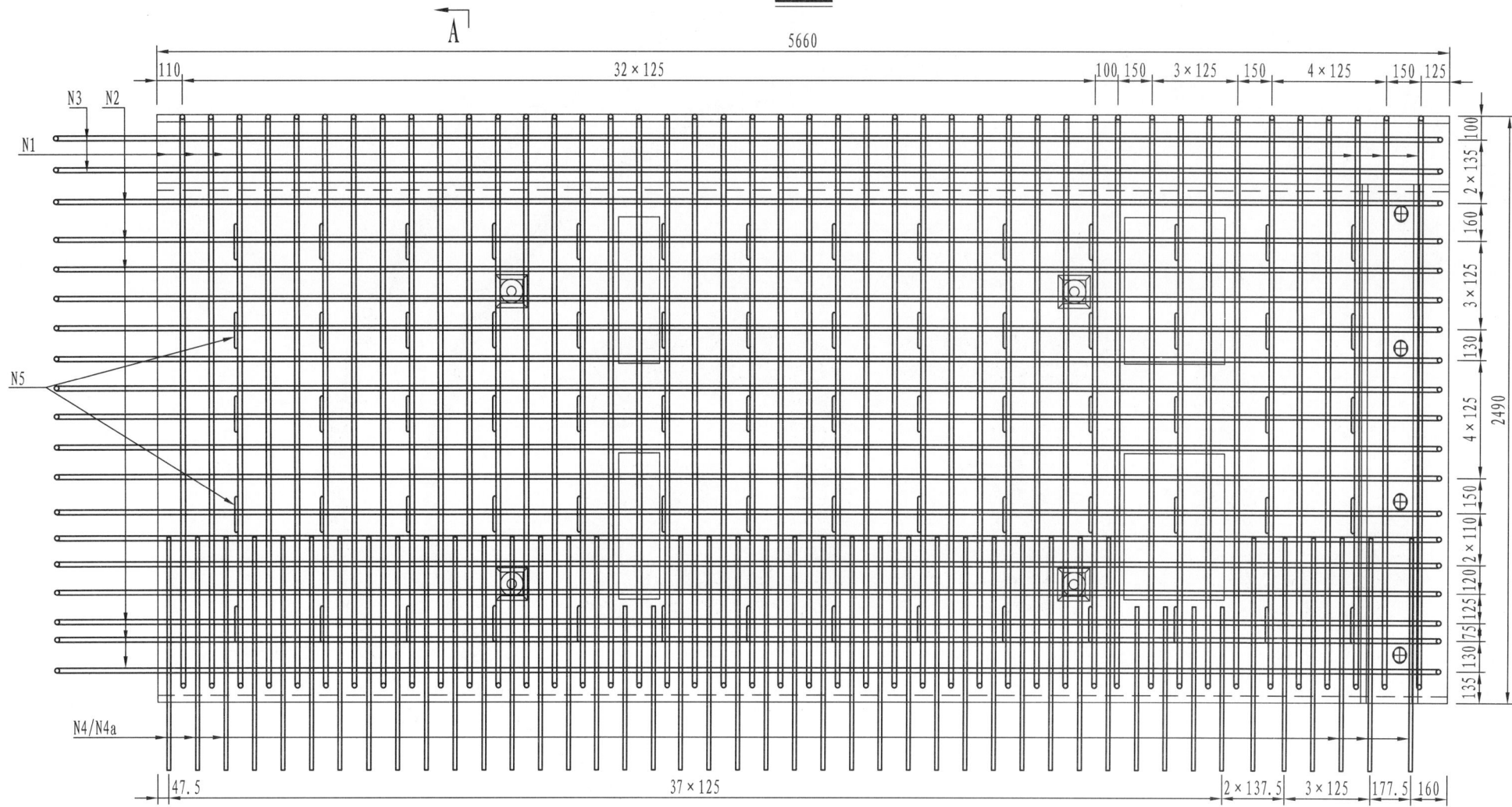

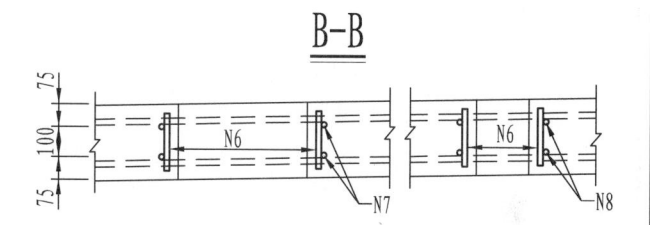

B-B

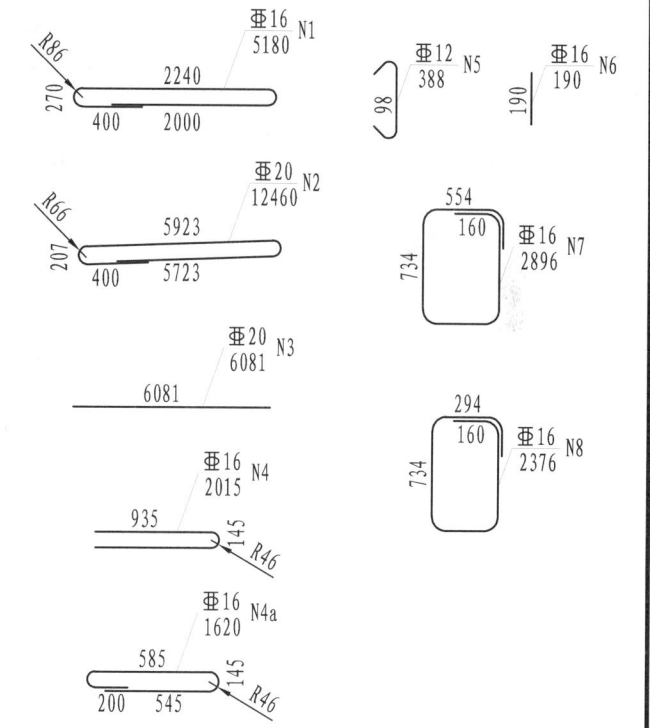

A-A

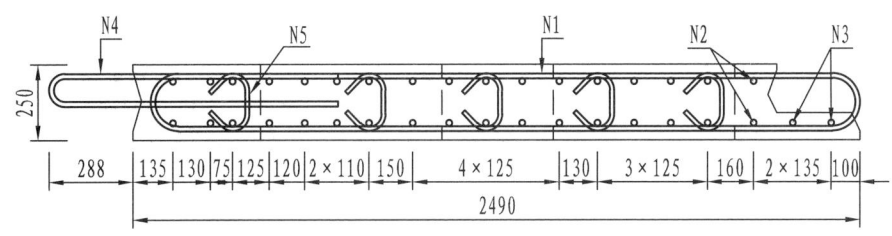

一块桥面板钢筋明细表

编号	直径(mm)	单根长(mm)	根数	总长(m)	单位重(kg/m)	总重(kg)	小计(kg)	C55混凝土(m³)
N1	Φ16	5180	44	227.92	1.580	360.1		
N2	Φ20	12460	17	211.82	2.470	523.2		
N3	Φ20	6081	2	12.16	2.470	30.0		
N4	Φ16	2015	38	76.57	1.580	121.0		
N4a	Φ16	1620	6	9.72	1.580	15.4	1129.9	3.06
N5	Φ12	388	70	27.16	0.888	24.1		
N6	Φ16	190	76	14.44	1.580	22.8		
N7	Φ16	2896	4	11.58	1.580	18.3		
N8	Φ16	2376	4	9.50	1.580	15.0		

注
1.本图尺寸均以毫米为单位。
2.桥面板保护层厚度为3cm。
3.N1、N2、N4a钢筋均采用单面焊接,焊缝长度不小于5d。
4.本图适用于P3a板。

3×30m 双向六车道工字组合梁	汽车荷载等级:公路—I级
	桥梁宽度: 2×16.5m
桥面板钢筋构造	图号: SG-14

立面

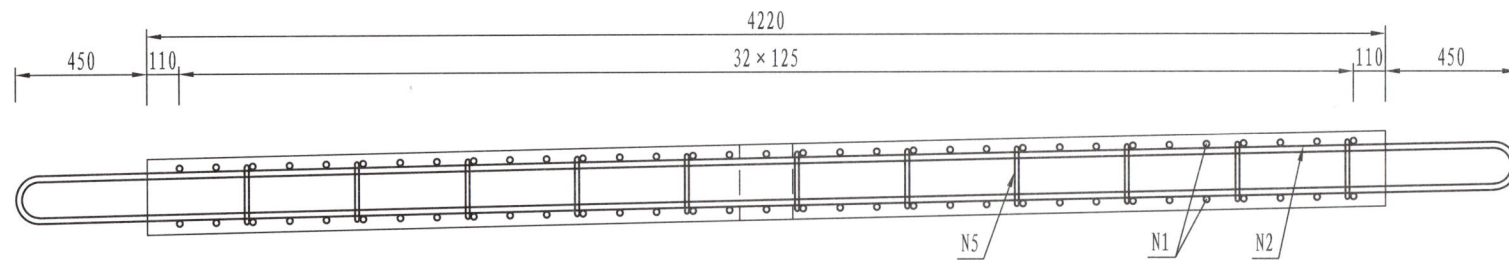

4220
450 110 32×125 110 450
N5 N1 N2

槽口加强钢筋大样

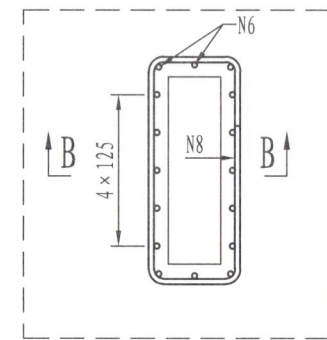

N6
N8
B B
4×125

平面

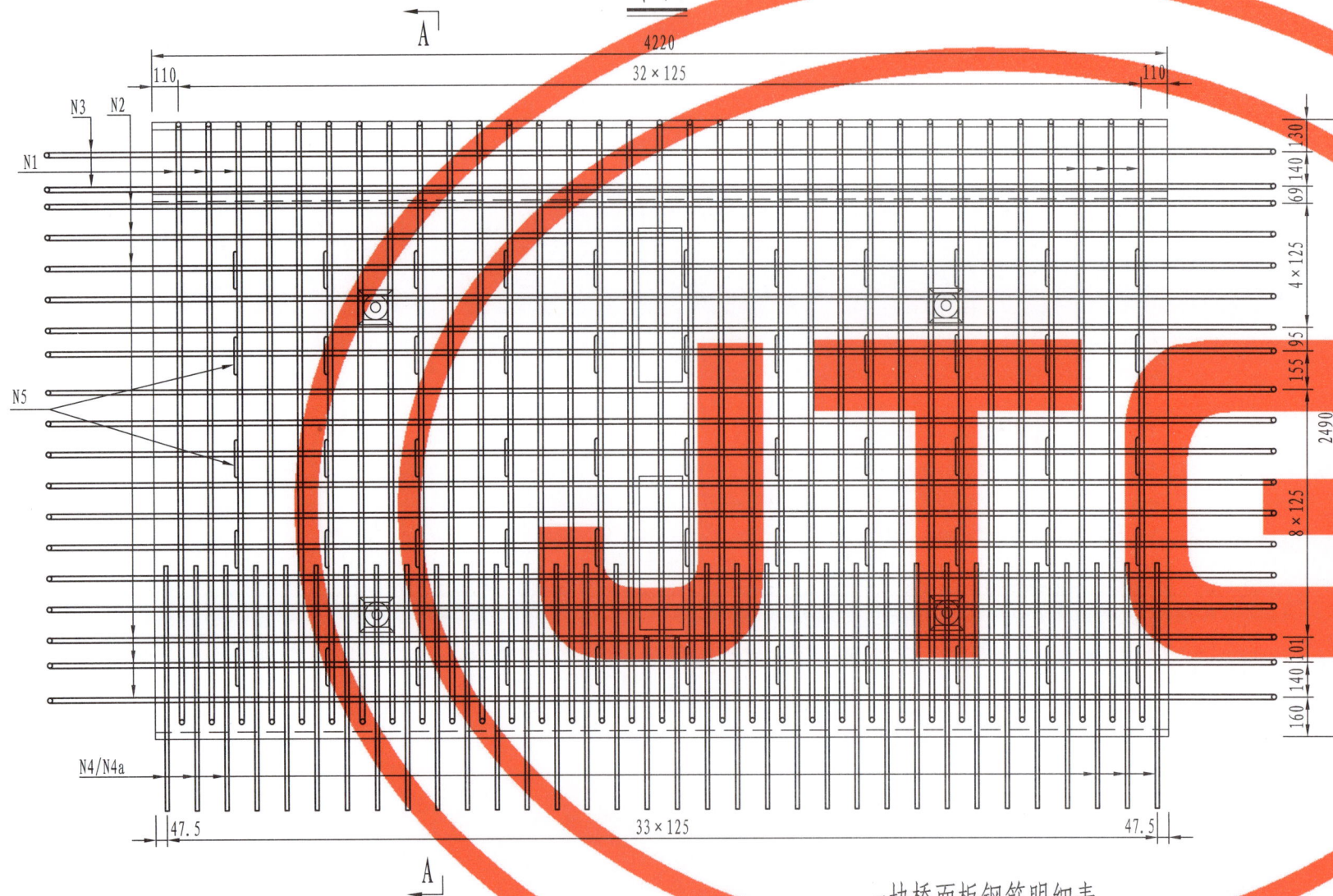

A
4220
110 32×125 110
N3 N2
N1
N5
N4/N4a
47.5 33×125 47.5
A

B-B

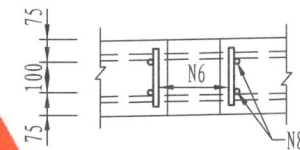

75 100 75
N6
N8

Φ16 N1
5180
R86 2240
270 2000
400

Φ20 N2
10540
R66 4963
207 4763
400

Φ20 N3
5121
5121

Φ16 N4
2015

Φ16 N4a
1620

935 145
R46

585 145
R46
200 545

Φ12 N5
388
98

Φ16 N6
190
190

Φ16 N7
2896
554 160
734

Φ16 N8
2376
294 160
734

A-A

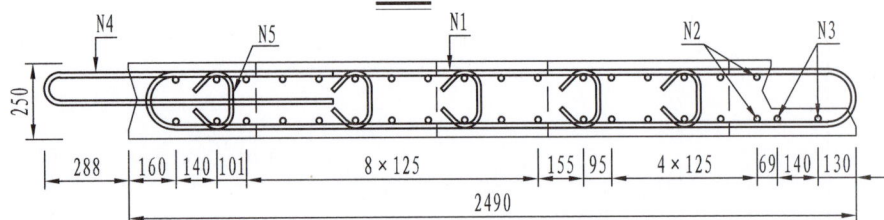

N4 N5 N1 N2 N3
250
288 160 140 101 8×125 155 95 4×125 69 140 130
2490

一块桥面板钢筋明细表

编号	直径(mm)	单根长(mm)	根数	总长(m)	单位重(kg/m)	总重(kg)	小计(kg)	C55混凝土(m³)
N1	Φ16	5180	33	170.94	1.580	270.1		
N2	Φ20	10540	17	179.18	2.470	442.6		
N3	Φ20	5121	2	10.24	2.470	25.3		
N4	Φ16	2015	32	64.48	1.580	101.9	888.5	2.35
N4a	Φ16	1620	2	3.24	1.580	5.1		
N5	Φ12	388	55	21.34	0.888	18.9		
N6	Φ16	190	32	6.08	1.580	9.6		
N8	Φ16	2376	4	9.50	1.580	15.0		

注
1. 本图尺寸均以毫米为单位。
2. 桥面板保护层厚度为3cm。
3. N1、N2、N4a钢筋均采用单面焊接，焊缝长度不小于5d。
4. 本图适用于P4板。

3×30m 双向六车道工字组合梁	汽车荷载等级：公路—I级
	桥梁宽度：2×16.5m
桥面板钢筋构造	图号：SG-14

立面

5660

125 | 150 | 2×140 | 220 | 150 | 3×125 | 100 | 150 | 32×125 | 110 | 450

250

N2 N1 N5

槽口加强钢筋大样

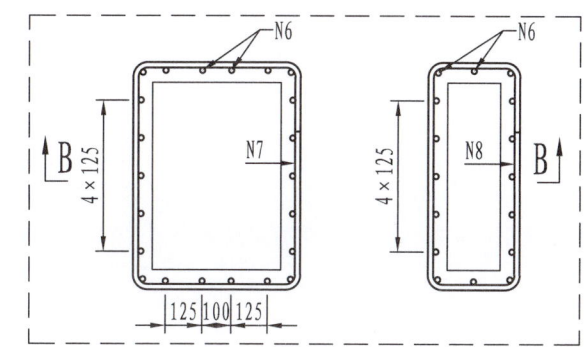

B-B

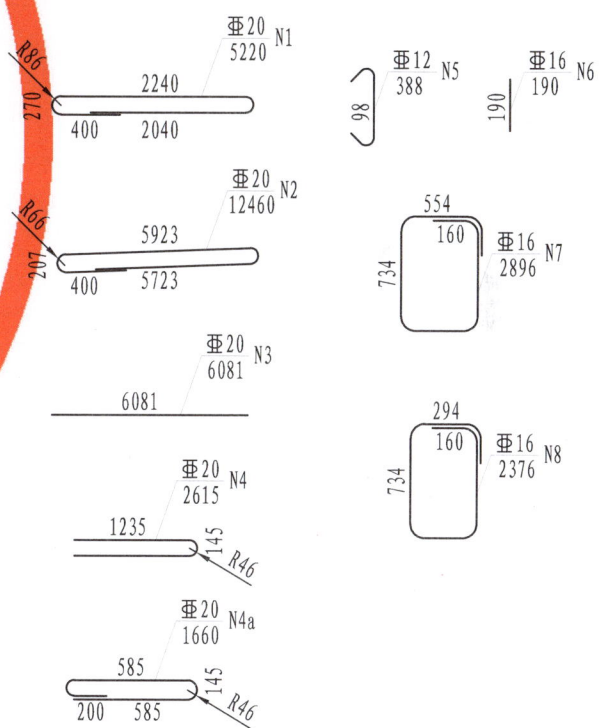

平面

5660

125 | 150 | 2×140 | 220 | 150 | 3×125 | 150 | 100 | 32×125 | 110

N2 N3

N1

N5

N4/N4a

2490

160 | 177.5 | 150 | 2×187.5 | 38×125 | 47.5

A-A

250

N4 N5 N1 N2 N3

2490

288 | 135 | 130 | 75 | 120 | 2×110 | 150 | 130 | 80 | 210 | 80 | 130 | 3×125 | 160 | 2×135 | 100

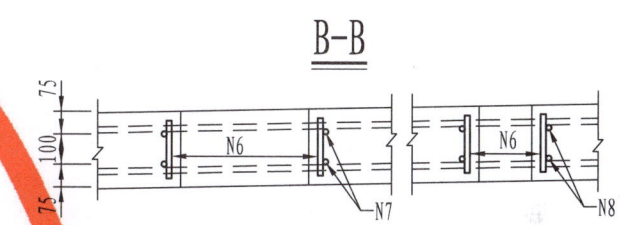

一块桥面板钢筋明细表

编号	直径(mm)	单根长(mm)	根数	总长(m)	单位重(kg/m)	总重(kg)	小计(kg)	C55混凝土(m³)
N1	Φ20	5220	43	224.46	2.470	554.4		
N2	Φ20	12460	17	211.82	2.470	523.2		
N3	Φ20	6081	2	12.16	2.470	30.0		
N4	Φ20	2615	37	96.76	2.470	239.0		
N4a	Φ20	1660	6	9.96	2.470	24.6	1451.5	3.06
N5	Φ12	388	70	27.16	0.888	24.1		
N6	Φ16	190	76	14.44	1.580	22.8		
N7	Φ16	2896	4	11.58	1.580	18.3		
N8	Φ16	2376	4	9.50	1.580	15.0		

注
1. 本图尺寸均以毫米为单位。
2. 桥面板保护层厚度为3cm。
3. N1、N2、N4a钢筋均采用单面焊接，焊缝长度不小于5d。
4. 本图适用于P5板。

3×30m 双向六车道工字组合梁

汽车荷载等级：公路—I级

桥梁宽度：2×16.5m

桥面板钢筋构造

图号：SG-14

立面

槽口加强钢筋大样

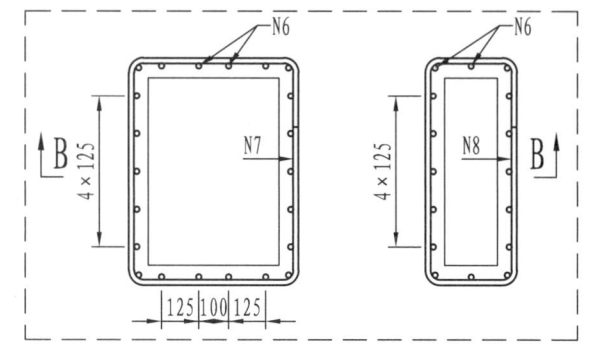

平面

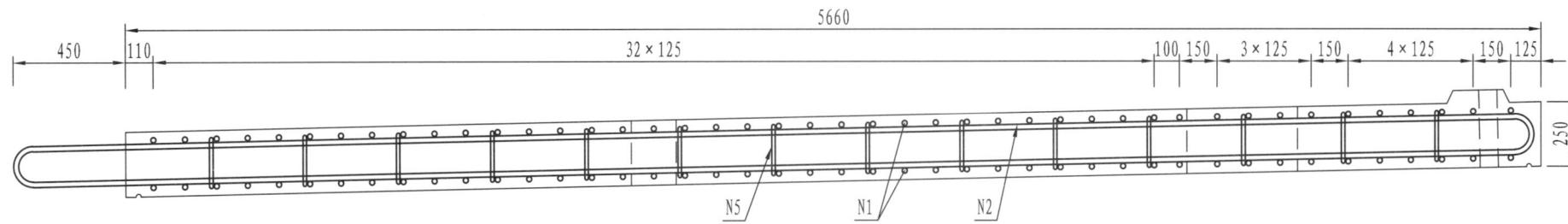

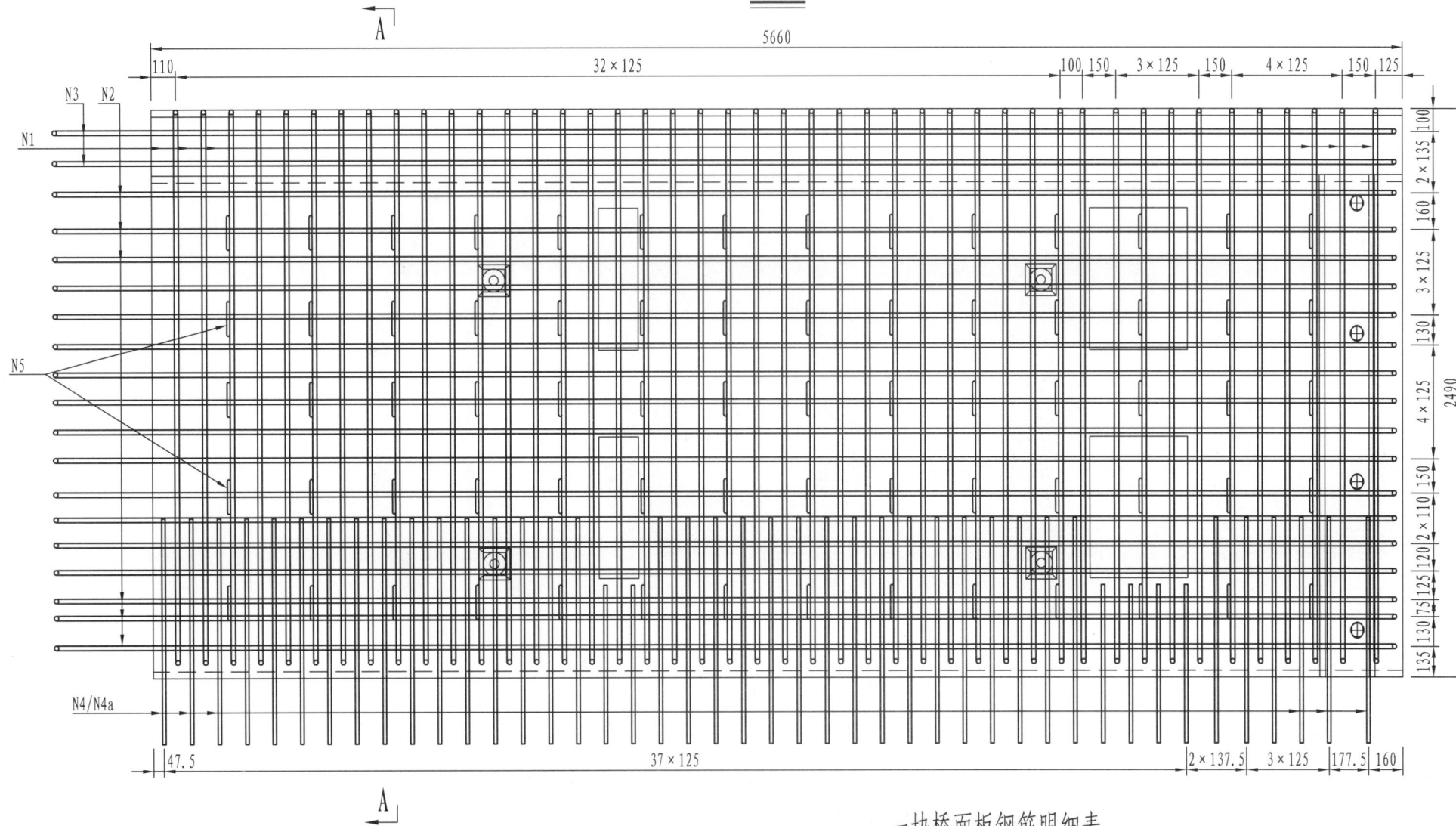

B-B

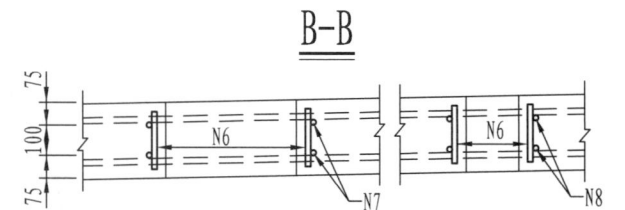

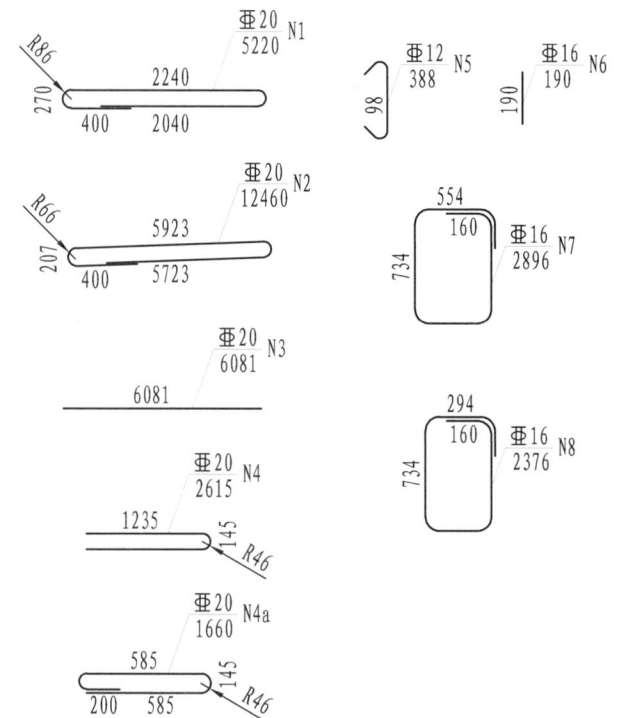

A-A

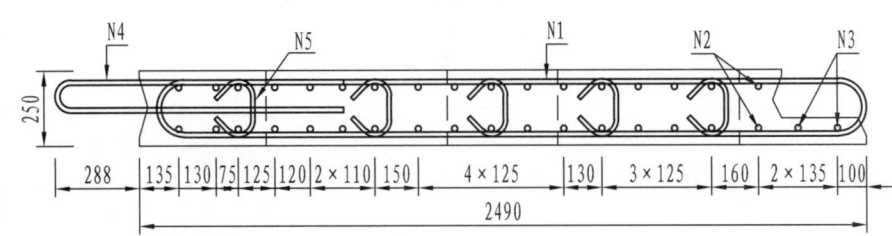

一块桥面板钢筋明细表

编号	直径(mm)	单根长(mm)	根数	总长(m)	单位重(kg/m)	总重(kg)	小计(kg)	C55混凝土(m³)
N1	Φ20	5220	44	229.68	2.470	567.3	1470.8	3.06
N2	Φ20	12460	17	211.82	2.470	523.2		
N3	Φ20	6081	2	12.16	2.470	30.0		
N4	Φ20	2615	38	99.37	2.470	245.4		
N4a	Φ20	1660	6	9.96	2.470	24.6		
N5	Φ12	388	70	27.16	0.888	24.1		
N6	Φ16	190	76	14.44	1.580	22.8		
N7	Φ16	2896	4	11.58	1.580	18.3		
N8	Φ16	2376	4	9.50	1.580	15.0		

注
1. 本图尺寸均以毫米为单位。
2. 桥面板保护层厚度为3cm。
3. N1、N2、N4a钢筋均采用单面焊接，焊缝长度不小于5d。
4. 本图适用于P5a板。

3×30m 双向六车道工字组合梁

汽车荷载等级：公路—I级

桥梁宽度：2×16.5m

桥面板钢筋构造

图号：SG-14

立面

4220

450 | 110 | 32×125 | 110 | 450

N5　N1　N2

平面

A

4220

110 | 32×125 | 110

N3 N2

N1

130
140 | 69
4×125 | 95 | 155
2490
8×125
101 | 140 | 160

N5

N4/N4a

47.5 | 33×125 | 47.5

A

槽口加强钢筋大样

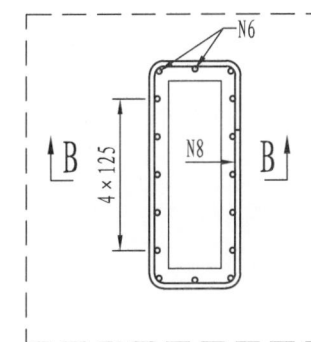

N6

N8

4×125

B-B

75
100
75

N6

N8

R86　亚20 N1
5220
270 | 2240
400 | 2040

亚12 N5
388
98

亚16 N6
190
190

R66　亚20 N2
10540
207 | 4963
400 | 4763

亚20 N3
5121

294
160　亚16 N8
734 | 2376

亚20 N4
2615

1235
145 R46

亚20 N4a
1660

585
145 R46
200 | 585

A-A

N4　N5　N1　N2　N3

250

288 | 160 | 140 | 101 | 8×125 | 155 | 95 | 4×125 | 69 | 140 | 130

2490

一块桥面板钢筋明细表

编号	直径 (mm)	单根长 (mm)	根数	总长 (m)	单位重 (kg/m)	总重 (kg)	小计 (kg)	C55混凝土 (m³)
N1	亚20	5220	33	172.26	2.470	425.5		
N2	亚20	10540	17	179.18	2.470	442.6		
N3	亚20	5121	2	10.24	2.470	25.3		
N4	亚20	2615	32	83.68	2.470	206.7	1151.8	2.35
N4a	亚20	1660	2	3.32	2.470	8.2		
N5	亚12	388	55	21.34	0.888	18.9		
N6	亚16	190	32	6.08	1.580	9.6		
N8	亚16	2376	4	9.50	1.580	15.0		

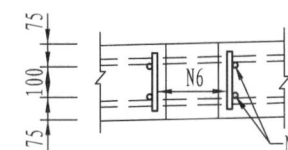

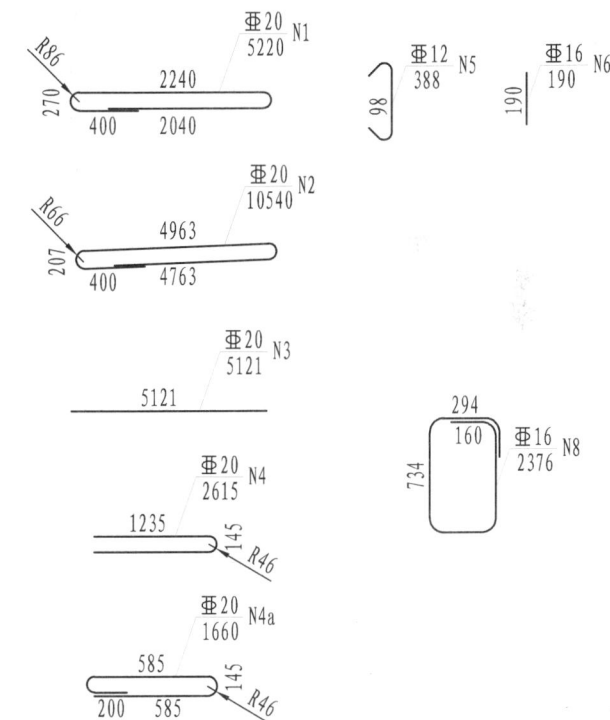

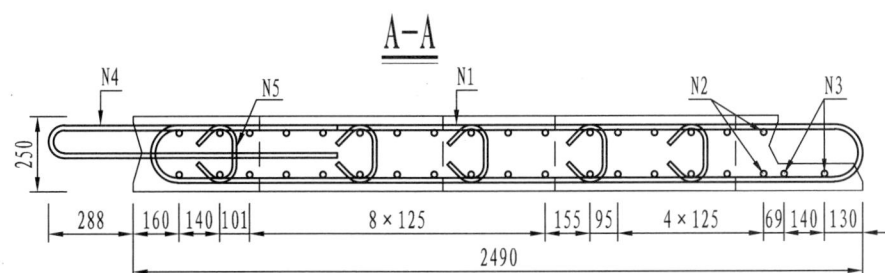

注
1. 本图尺寸均以毫米为单位。
2. 桥面板保护层厚度为3cm。
3. N1、N2、N4a钢筋均采用单面焊接，焊缝长度不小于5d。
4. 本图适用于P6板。

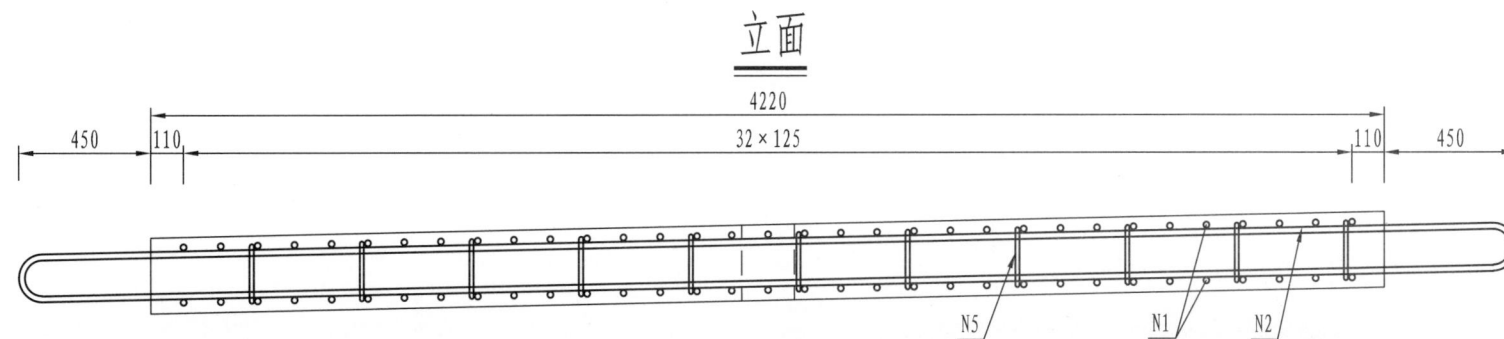

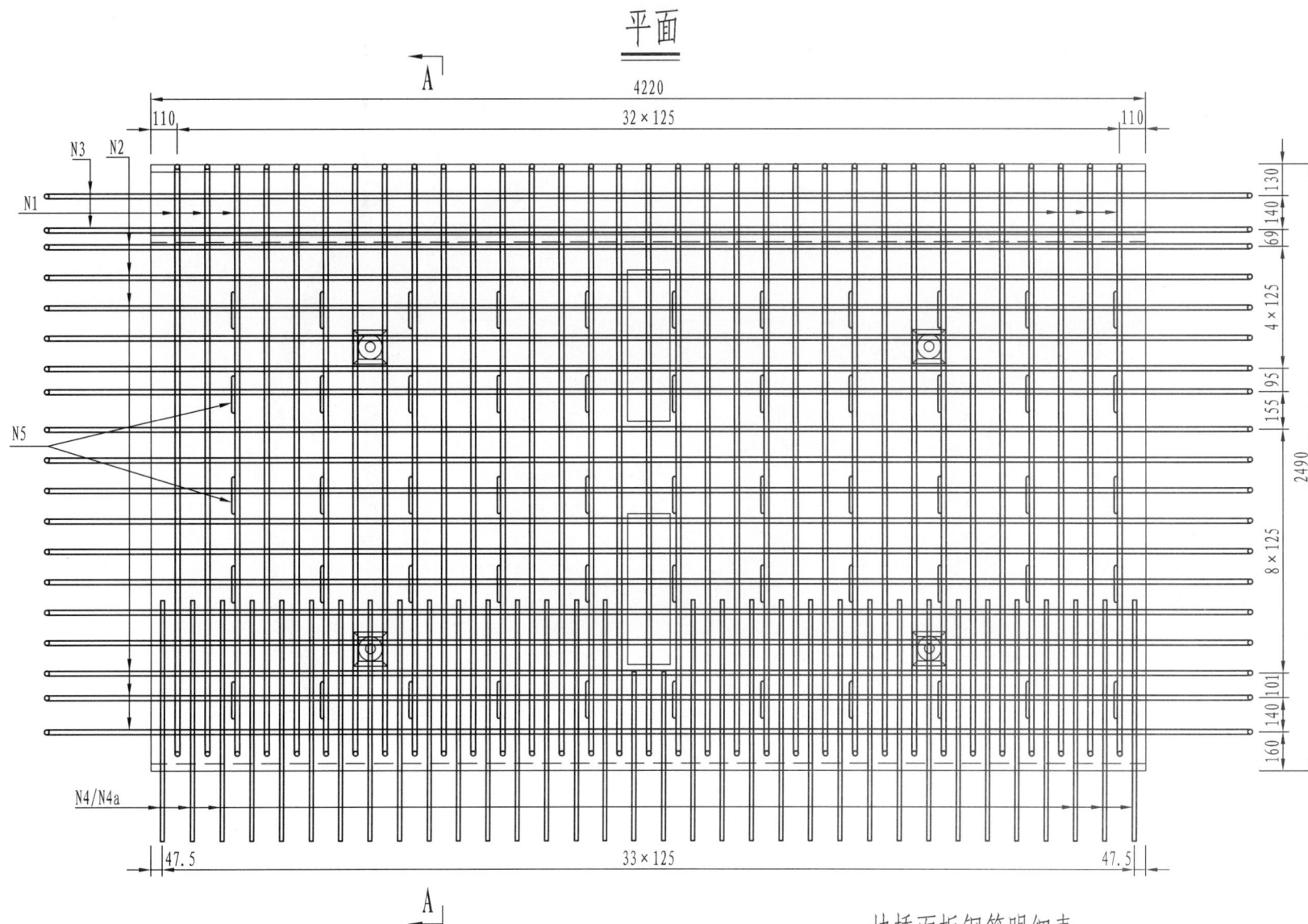

3×30m 双向六车道工字组合梁

桥面板钢筋构造

汽车荷载等级：公路—I级

桥梁宽度：2×16.5m

图号：SG-14

立面

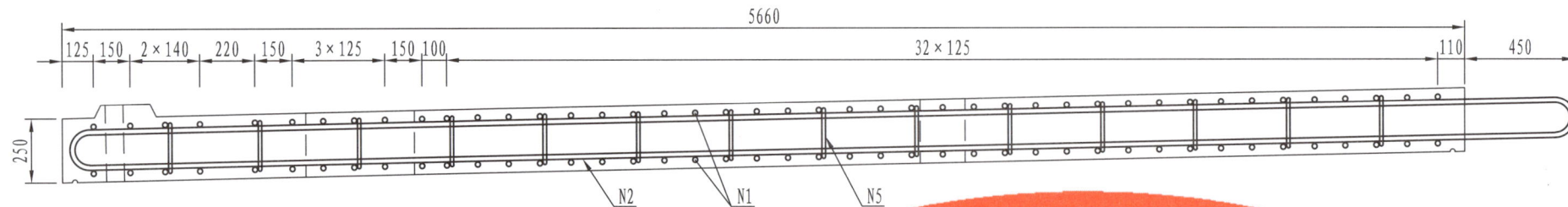

平面

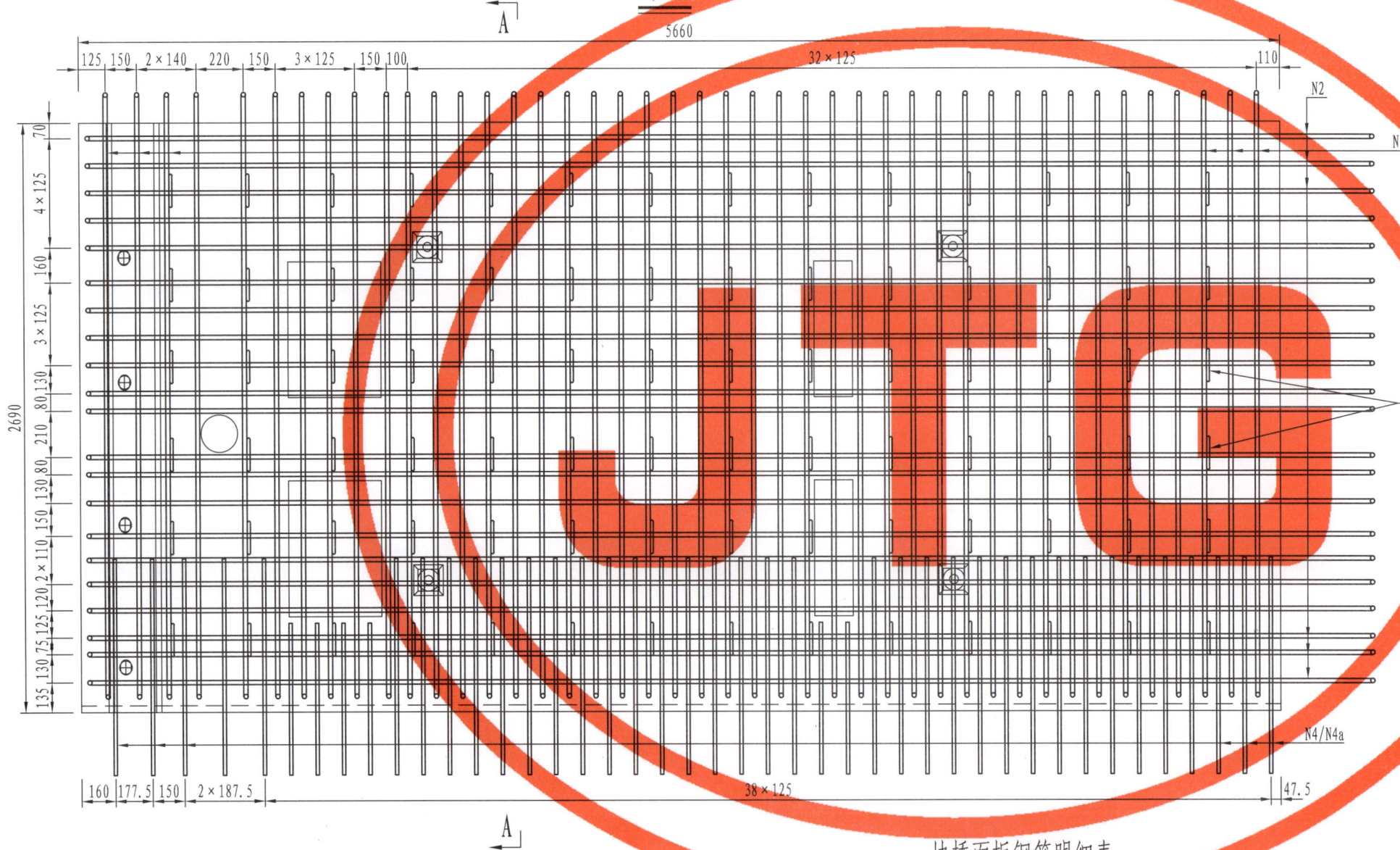

槽口加强钢筋大样

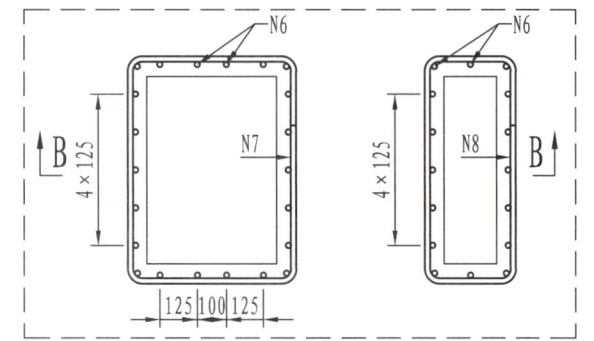

B—B

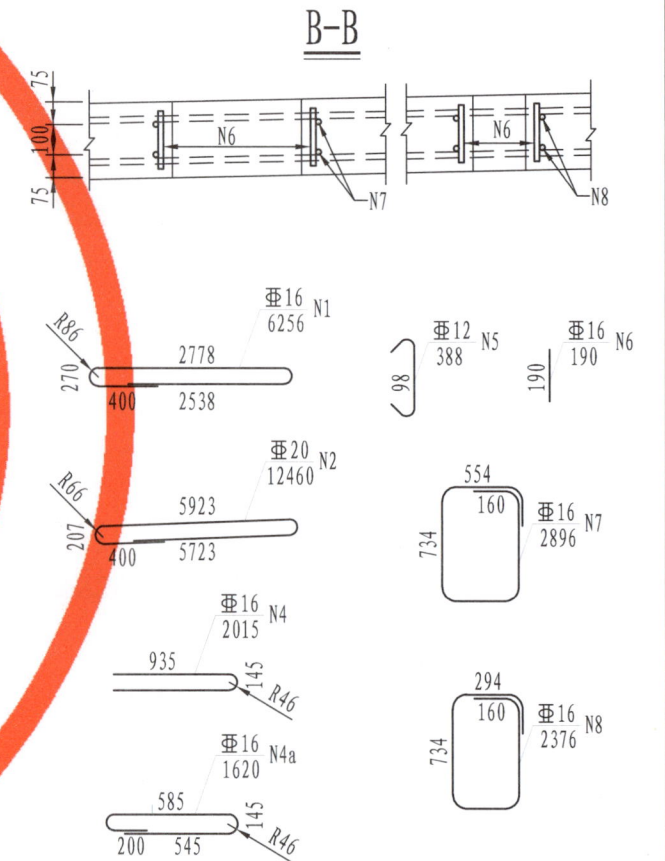

A—A

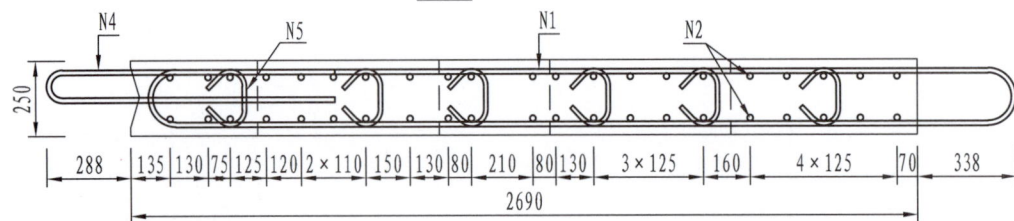

一块桥面板钢筋明细表

编号	直径(mm)	单根长(mm)	根数	总长(m)	单位重(kg/m)	总重(kg)	小计(kg)	C55混凝土(m³)
N1	Φ16	6256	43	269.01	1.580	425.0		
N2	Φ20	12460	21	261.66	2.470	646.3		
N4	Φ16	2015	37	74.56	1.580	117.8		
N4a	Φ16	1620	6	9.72	1.580	15.4	1289.6	3.63
N5	Φ12	388	84	32.59	0.888	28.9		
N6	Φ16	190	76	14.44	1.580	22.8		
N7	Φ16	2896	4	11.58	1.580	18.3		
N8	Φ16	2376	4	9.50	1.580	15.0		

注
1. 本图尺寸均以毫米为单位。
2. 桥面板保护层厚度为3cm。
3. N1、N2、N4a钢筋均采用单面焊接，焊缝长度不小于5d。
4. 本图适用于P7板。

汽车荷载等级：公路—I级

3×30m 双向六车道工字组合梁

桥梁宽度：2×16.5m

桥面板钢筋构造

图号：SG-14

立面

槽口加强钢筋大样

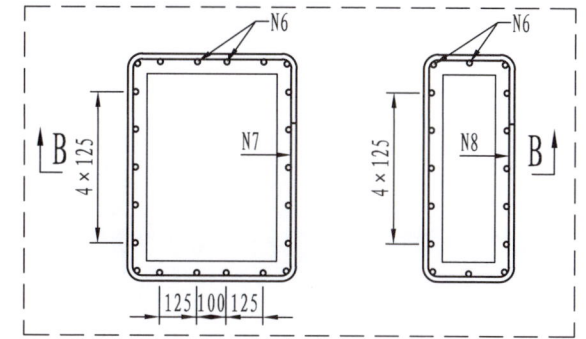

平面

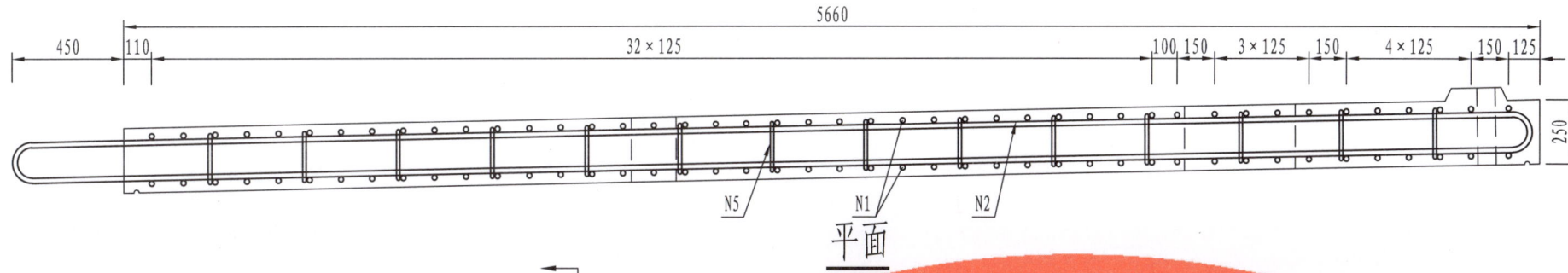

B-B

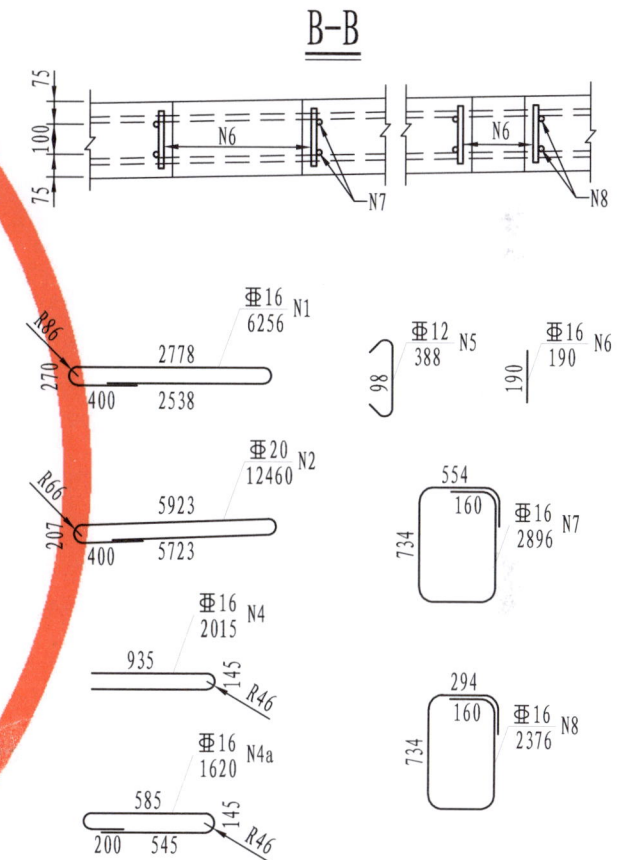

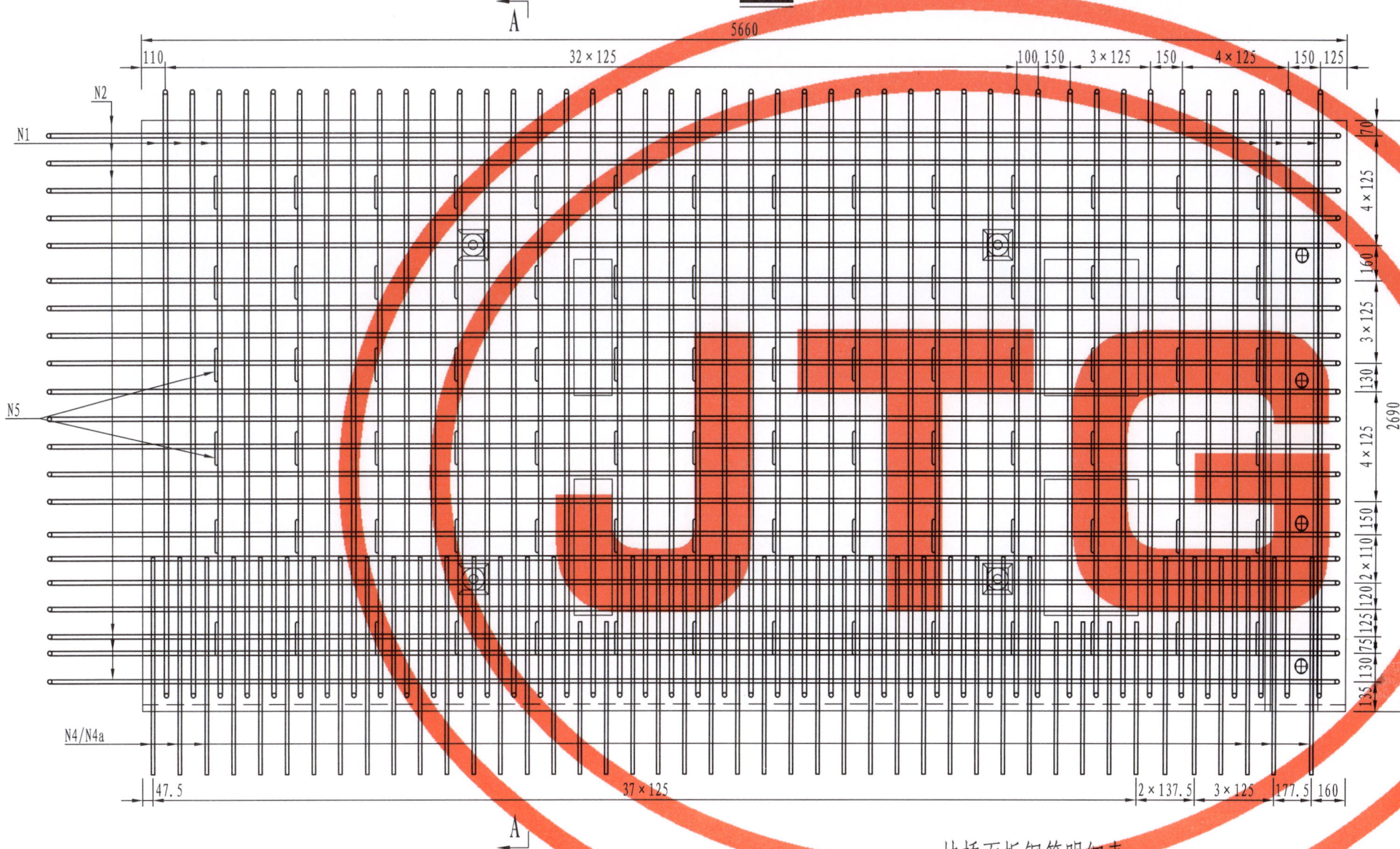

A-A

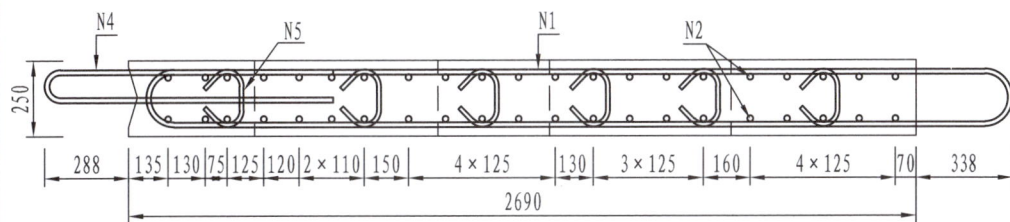

一块桥面板钢筋明细表

编号	直径 (mm)	单根长 (mm)	根数	总长 (m)	单位重 (kg/m)	总重 (kg)	小计 (kg)	C55混凝土 (m³)
N1	Φ16	6256	44	275.26	1.580	434.9		
N2	Φ20	12460	21	261.66	2.470	646.3		
N4	Φ16	2015	38	76.57	1.580	121.0		
N4a	Φ16	1620	6	9.72	1.580	15.4	1302.6	3.63
N5	Φ12	388	84	32.59	0.888	28.9		
N6	Φ16	190	76	14.44	1.580	22.8		
N7	Φ16	2896	4	11.58	1.580	18.3		
N8	Φ16	2376	4	9.50	1.580	15.0		

注
1. 本图尺寸均以毫米为单位。
2. 桥面板保护层厚度为3cm。
3. N1、N2、N4a钢筋均采用单面焊接，焊缝长度不小于5d。
4. 本图适用于P7a板。

3×30m 双向六车道工字组合梁

汽车荷载等级：公路—Ⅰ级

桥梁宽度：2×16.5m

桥面板钢筋构造

图号：SG-14

立面

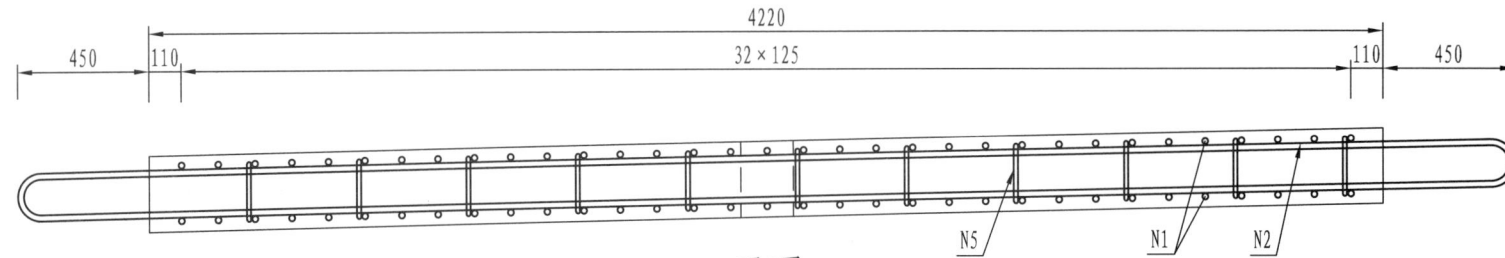

4220

450   110   32×125   110   450

N5   N1   N2

平面

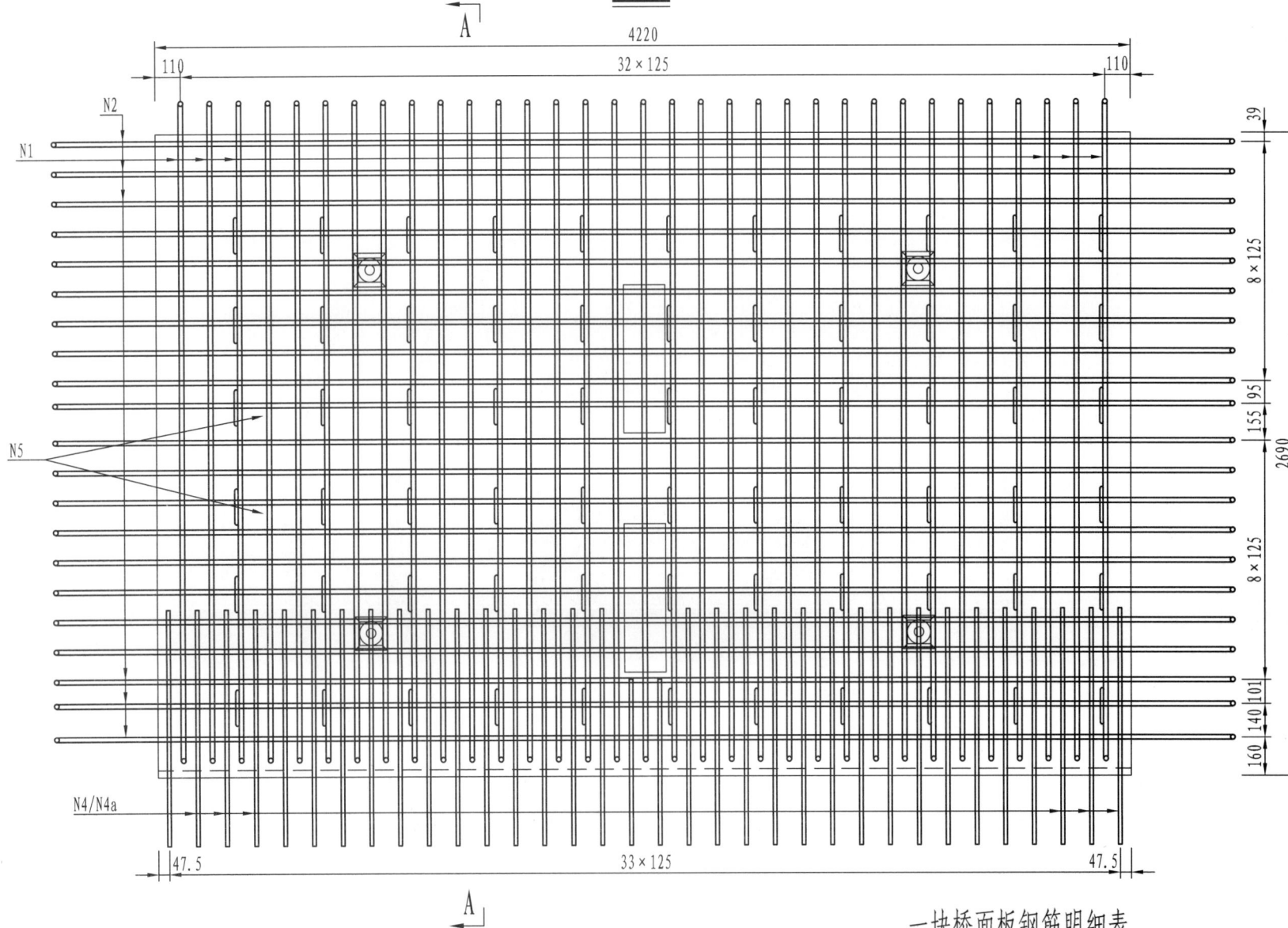

4220

110   32×125   110

N2

N1

N5

N4/N4a

47.5   33×125   47.5

8×125   155 95   2690   8×125   160 140 101   39

槽口加强钢筋大样

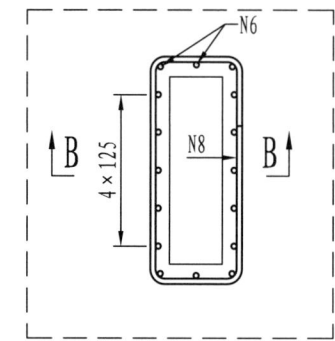

N6

N8

B   B

4×125

B-B

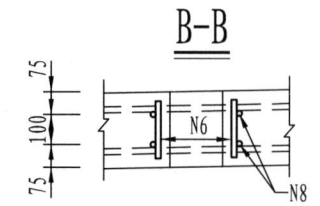

75 100 75

N6

N8

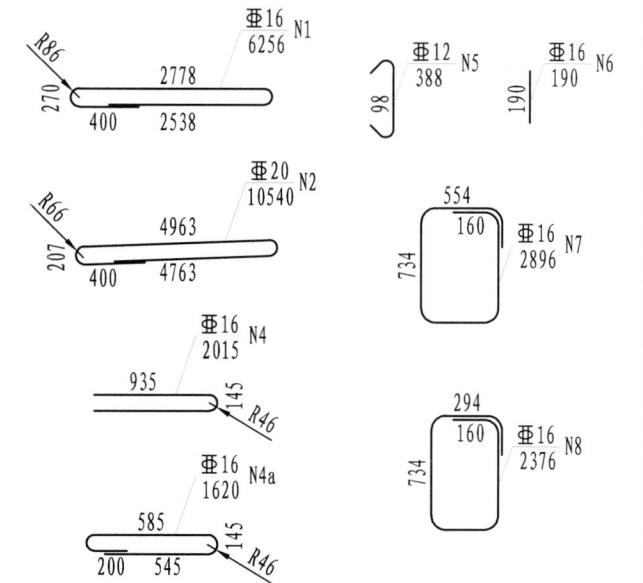

R86   Φ16 N1
270   2778   6256
400   2538

Φ12 N5
98   388

Φ16 N6
190   190

R66   Φ20 N2
207   4963   10540
400   4763

554   Φ16 N7
160   2896
734

Φ16 N4
935   2015   145
R46

294
160   Φ16 N8
734   2376

Φ16 N4a
585   1620   145
200   545   R46

A-A

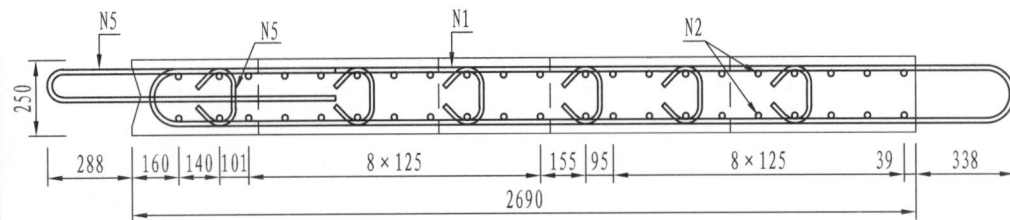

N5   N5   N1   N2

250

288   160 140 101   8×125   155 95   8×125   39   338

2690

一块桥面板钢筋明细表

编号	直径(mm)	单根长(mm)	根数	总长(m)	单位重(kg/m)	总重(kg)	小计(kg)	C55混凝土(m³)
N1	Φ16	6256	33	206.45	1.580	326.2		
N2	Φ20	10540	21	221.34	2.470	546.7		
N4	Φ16	2015	32	64.48	1.580	101.9		
N4a	Φ16	1620	2	3.24	1.580	5.1	1023.5	2.77
N5	Φ12	388	55	21.34	0.888	18.9		
N6	Φ16	190	32	6.08	1.580	9.6		
N8	Φ16	2376	4	9.50	1.580	15.0		

注
1. 本图尺寸均以毫米为单位。
2. 桥面板保护层厚度为3cm。
3. N1、N2、N4a钢筋均采用单面焊接,焊缝长度不小于5d。
4. 本图适用于P8板。

3×30m 双向六车道工字组合梁	汽车荷载等级: 公路—I级
	桥梁宽度: 2×16.5m
桥面板钢筋构造	图号: SG-14

平面

A-A

B-B

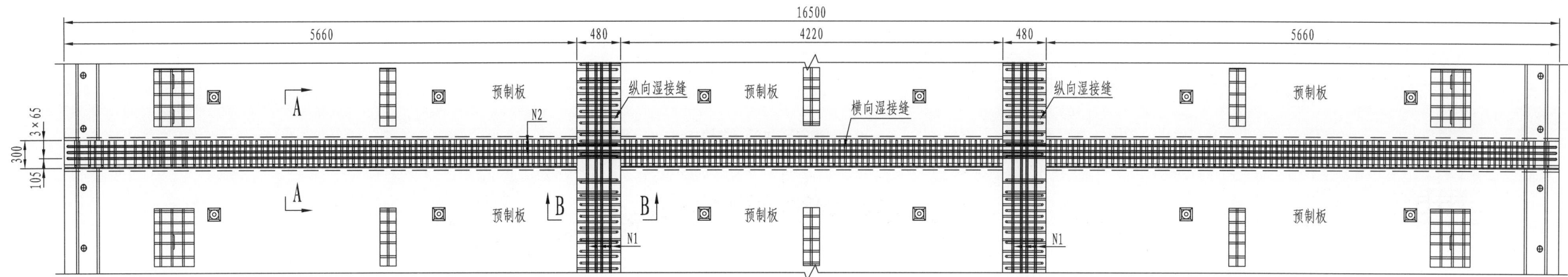

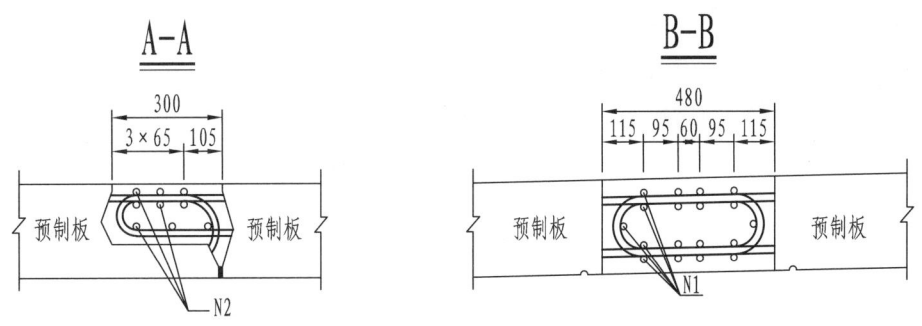

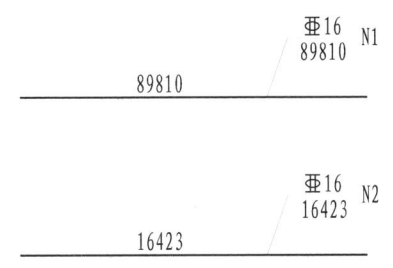

桥面板湿接缝钢筋明细表

编号	直径(mm)	单根长(mm)	根数	总长(m)	单位重(kg/m)	总重(kg)	全桥个数	全桥总重(kg)	全桥(kg)
N1	亚16	89810	18	1616.58	1.580	2554.2	4	10216.8	26094.8
N2	亚16	16423	9	147.81	1.580	233.5	68	15878.0	
C55自密实微膨胀混凝土(m³)		一道横向湿接缝			1.24		68	84.3	127.5
		一道纵向湿接缝			10.79		4	43.2	

亚16 N1
89810

亚16 N2
16423

注
1.本图尺寸均以毫米为单位。

3×30m 双向六车道工字组合梁	汽车荷载等级：公路—I级
	桥梁宽度：2×16.5m
桥面板湿接缝钢筋构造	图号：SG-15

平面

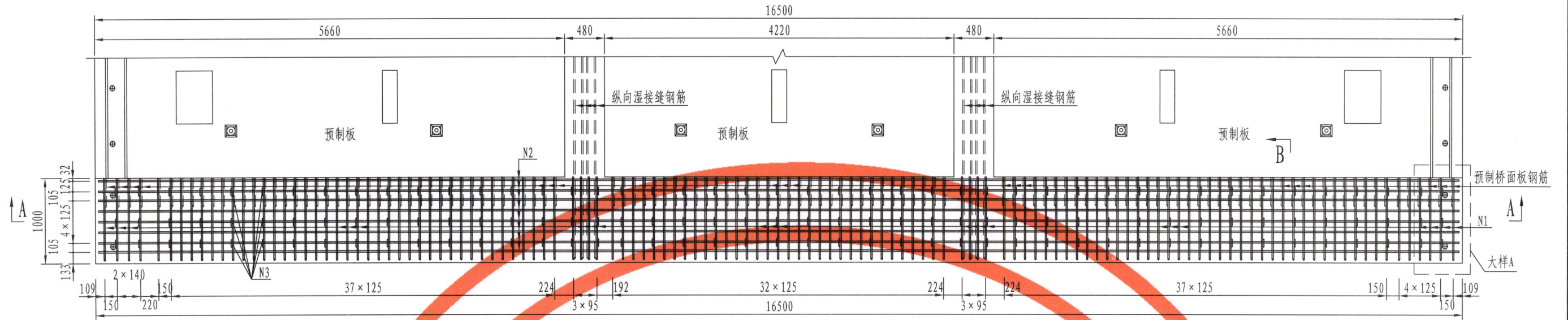

16500

5660 | 480 | 4220 | 480 | 5660

纵向湿接缝钢筋 纵向湿接缝钢筋

预制板 预制板 预制板

预制桥面板钢筋

N2

大样A

2×140 150 37×125 224 192 32×125 224 224 37×125 150 4×125 109
109 150 3×95 16500 3×95
220

A—A
16500

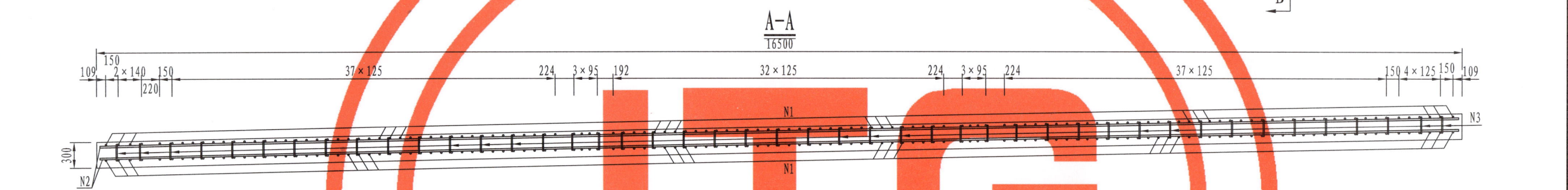

150 2×140 150 37×125 224 3×95 192 32×125 224 3×95 224 37×125 150 4×125 150 109
109 220 16500

N1

N3

N2 N1 300

大样A

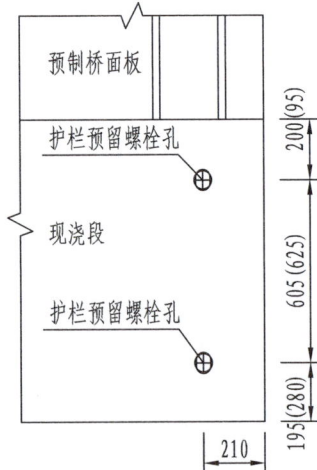

预制桥面板

护栏预留螺栓孔

现浇段

护栏预留螺栓孔

200(95)
605(625)
195(280)
210

B—B

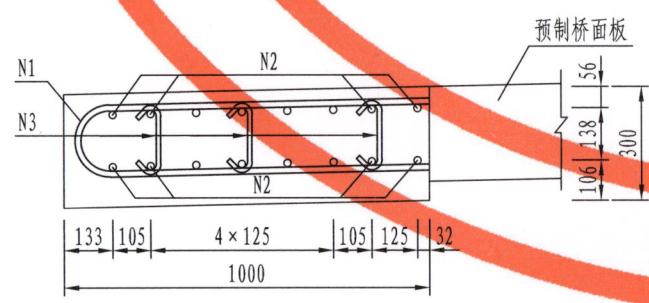

预制桥面板

N1 N2

N3

N2

133 105 4×125 105 125 32
1000

56
138 300
106

R87
273 875
Φ16 2023 N1

98
Φ12 388 N3

Φ20 16440 N2

16440

伸缩装置处现浇段钢筋数量表

编号	直径 (mm)	单根长 (mm)	根数	总长 (m)	单位重 (kg/m)	重量 (kg)	全桥(共4道) (kg)
N1	Φ16	2023	128	258.94	1.580	409.1	1636.4
N2	Φ20	16440	16	263.04	2.470	649.7	2598.8
N3	Φ12	388	135	52.38	0.888	48.0	192.0

注

1. 本图尺寸均以毫米为单位。
2. 现浇段采用C55钢纤维混凝土,其数量已计入伸缩装置构造图中。
3. N1钢筋与预制桥面板顺桥向钢筋对应布置。
4. 现浇段混凝土浇筑前应注意伸缩装置定位钢筋的预埋。
5. P1/P1a板侧现浇段预留螺栓孔采用括号外尺寸,P7/P7a板侧采用括号内尺寸。
6. 两侧护栏预留螺栓孔对称布置,本图仅示出一侧。

3×30m 双向六车道工字组合梁	汽车荷载等级: 公路—Ⅰ级
	桥梁宽度: 2×16.5m
伸缩装置处现浇段钢筋构造	图号: SG-16

灯柱底座横断面

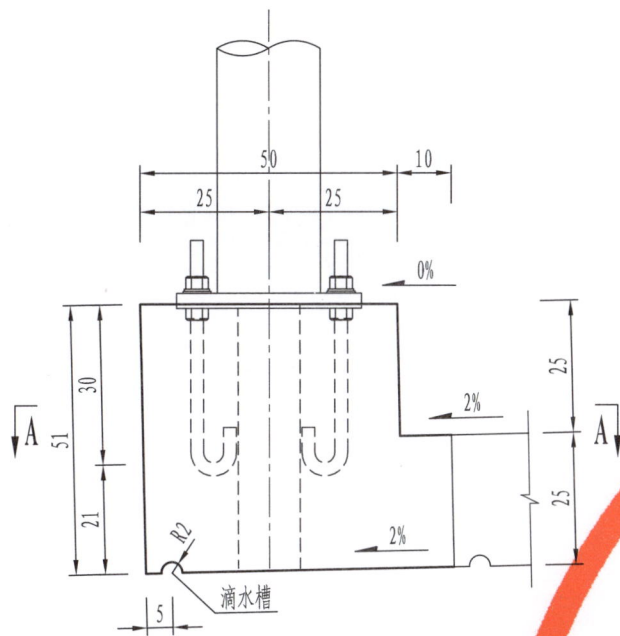

A-A

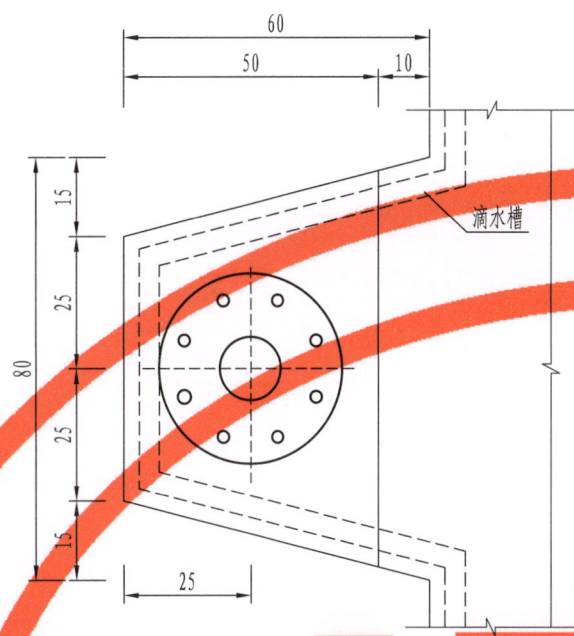

法兰盘大样

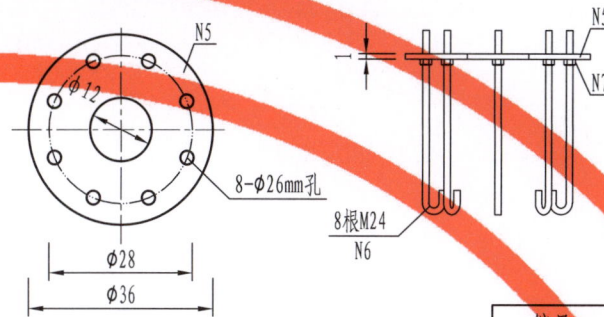

8-φ26mm孔
8根M24
N6

灯柱底座钢筋立面

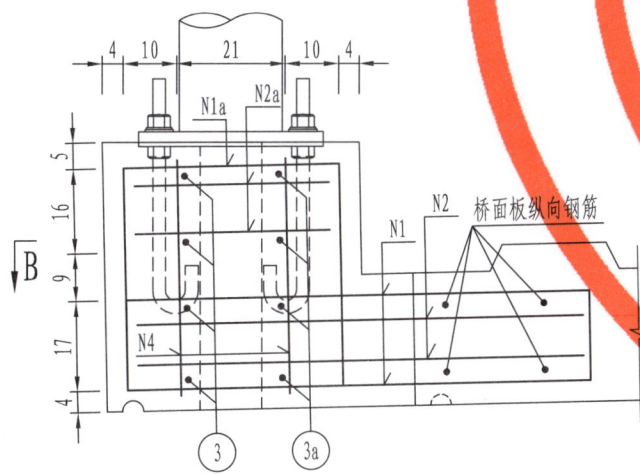

B-B

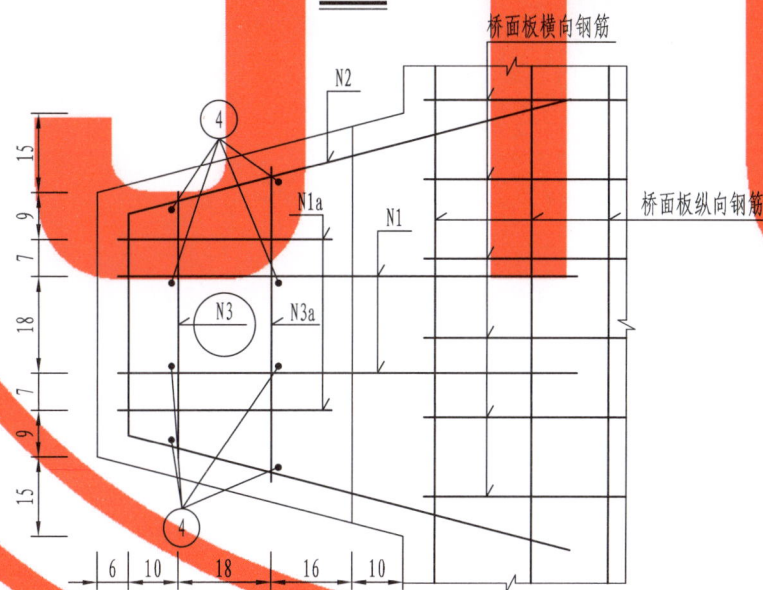

桥面板横向钢筋
桥面板纵向钢筋
桥面板纵向钢筋

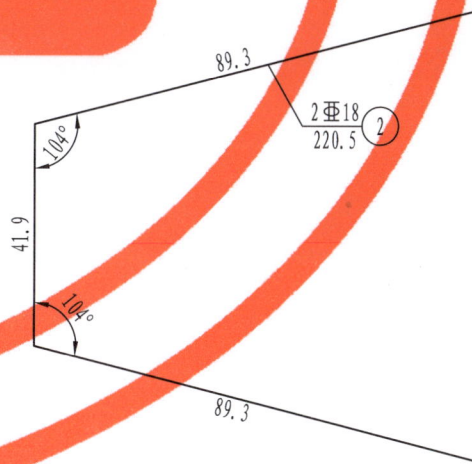

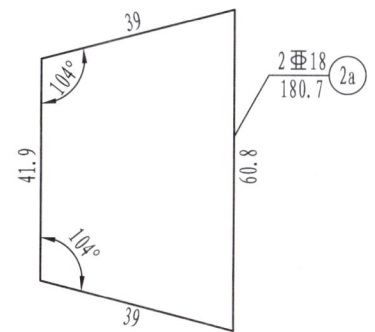

一个灯柱底座材料数量表（一）

编号	规格(mm)	单件重(kg)	数量	总重(kg)
N5	φ360×10	6.77	1	6.8
N6	M24×600	2.31	8	18.5
N7	M24定位螺母	0.01	8	0.1
合　计				25.4

一个灯柱底座材料数量表（二）

编号	直径(mm)	单根长(cm)	根数	总长(m)	单位重(kg/m)	总重(kg)
N1	Φ18	204.8	2	4.1	2.000	8.2
N1a	Φ18	158.8	2	3.2	2.000	6.4
N2	Φ18	220.5	2	4.4	2.000	8.8
N2a	Φ18	180.7	2	3.6	2.000	7.2
N3	Φ12	67.3	4	2.7	0.888	2.4
N3a	Φ12	76.5	4	3.1	0.888	2.7
N4	Φ12	61.5	8	4.9	0.888	4.4
C55混凝土(m³)						0.2

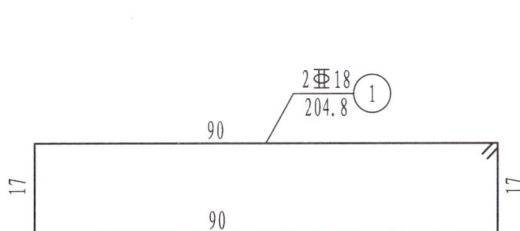

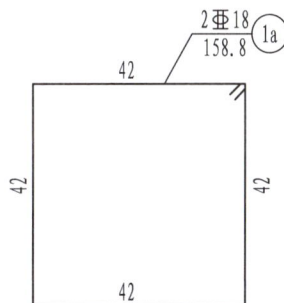

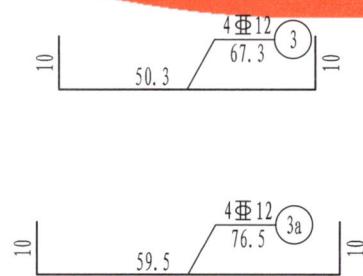

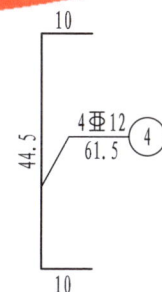

注：
1. 本图尺寸除钢筋直径以毫米计外，其余均以厘米为单位。
2. 地脚螺栓外露长度应不小于100mm。
3. 底座法兰盘和地脚螺栓的外露部分需进行热浸镀锌处理，厚度120μm。
4. 本图仅适用于设置有路灯的桥梁，路灯间距为25m。

3×30m 双向六车道工字组合梁	汽车荷载等级：公路-I级
	桥梁宽度：2×16.5m
桥面板灯柱底座钢筋构造	图号：SG-17

支座平面布置

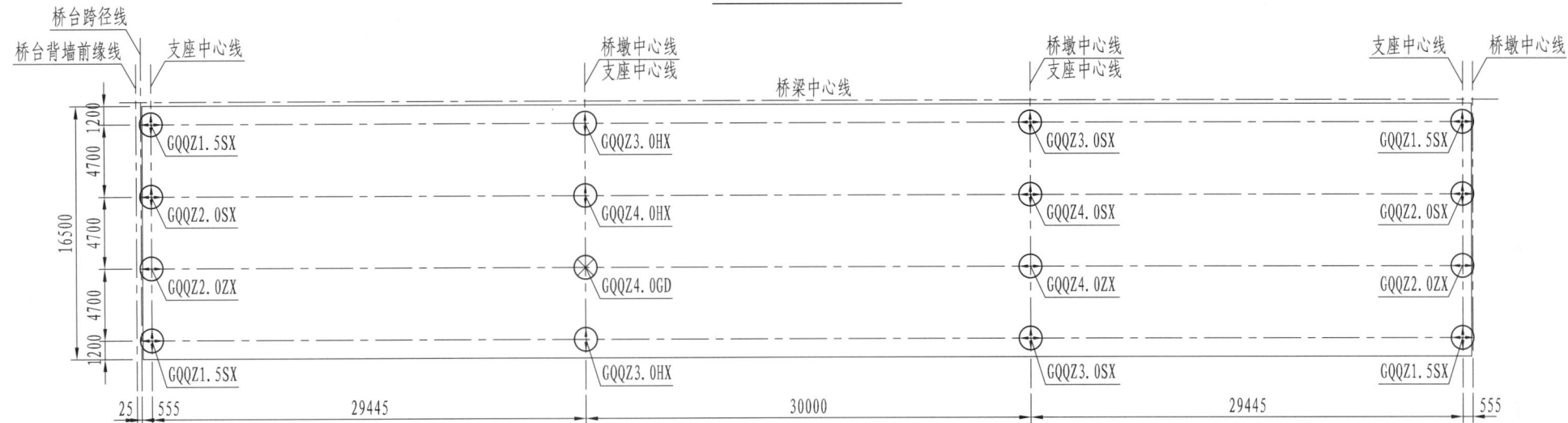

支座与主梁连接大样

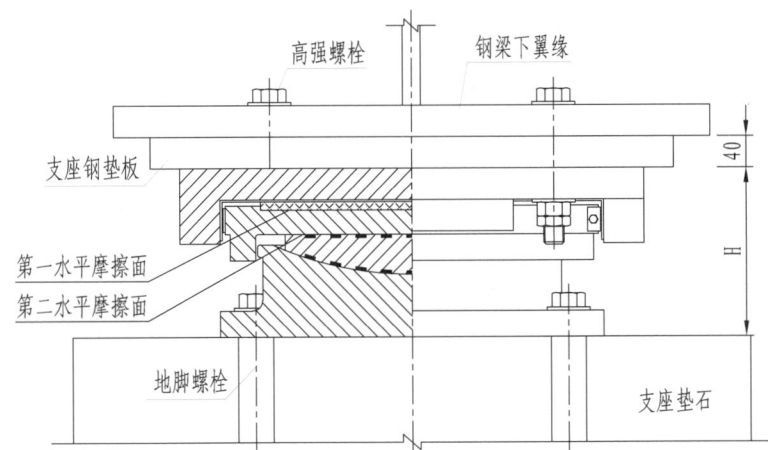

高强螺栓　　钢梁下翼缘

支座钢垫板

第一水平摩擦面
第二水平摩擦面

地脚螺栓　　　　支座垫石

全桥球型支座参数表

支座规格	转角 φ (rad)	位移量 e (mm)	竖向承载力 (MN)	主要尺寸(mm)									高强螺栓	个数
				A	A1	B	B1	C	C1	D	D1	H		
GQQZ1.5SX	0.02	±100	1.5	540	490	330	280	340	290	250	200	105	M16×H	8
GQQZ2.0SX	0.02	±100	2.0	570	510	370	310	370	310	290	230	110	M20×H	4
GQQZ3.0SX	0.02	±100	3.0	660	590	450	380	460	390	370	300	130	M24×H	4
GQQZ4.0SX	0.02	±100	4.0	730	660	510	440	530	460	430	360	150	M24×H	2
GQQZ2.0ZX	0.02	±100	2.0	570	510	350	290	370	310	290	230	110	M20×H	4
GQQZ4.0ZX	0.02	±100	4.0	730	660	510	440	530	460	430	360	150	M24×H	2
GQQZ3.0HX	0.02	±15	3.0	490	420	460	390	460	390	370	300	130	M24×H	4
GQQZ4.0HX	0.02	±15	4.0	560	490	510	440	530	460	430	360	150	M24×H	2
GQQZ4.0GD	0.02	—	4.0	400	330	400	330	530	460	430	360	130	M24×H	2

注
1. 本图尺寸均以毫米为单位。
2. 支座与桥梁的连接：支座与主梁下翼缘底面采用高强螺栓连接，与支座垫石采用
  地脚螺栓连接；高强螺栓长度由厂家根据支座位置及相应构造确定。
3. 安装要点：
  (1) 支座安装前应清理干净，并用丙酮或酒精清洗各滑移面；
  (2) 支座高程应符合设计要求，四角高差不大于2mm；
  (3) 支座安装时应考虑由于安装温度与设计基准温度不同引起的纵向错开距离；
  (4) 支座安装时上下导向挡块应保持平行，交叉角不得大于5°；
  (5) 支座中心线与钢梁中心线应重合；
  (6) 安装地脚螺栓时，其外露螺母顶面的高度不得大于螺母的厚度。
4. 支座处梁底应严格调平，消除受纵坡影响的高差。
5. 图中HX表示横向活动支座，ZX表示纵向活动支座，SX表示双向活动支座，GD表示固定支座。

支座构造

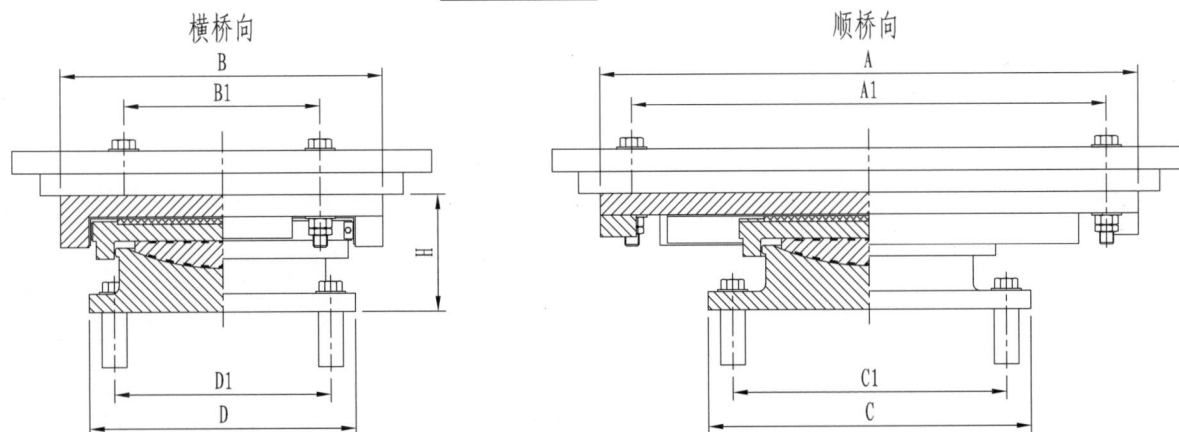

横桥向　　　　　　　顺桥向

3×30m 双向六车道工字组合梁	汽车荷载等级：公路－Ⅰ级
	桥梁宽度：2×16.5m
支座布置及构造	图号：SG-18

泄水管横向布置

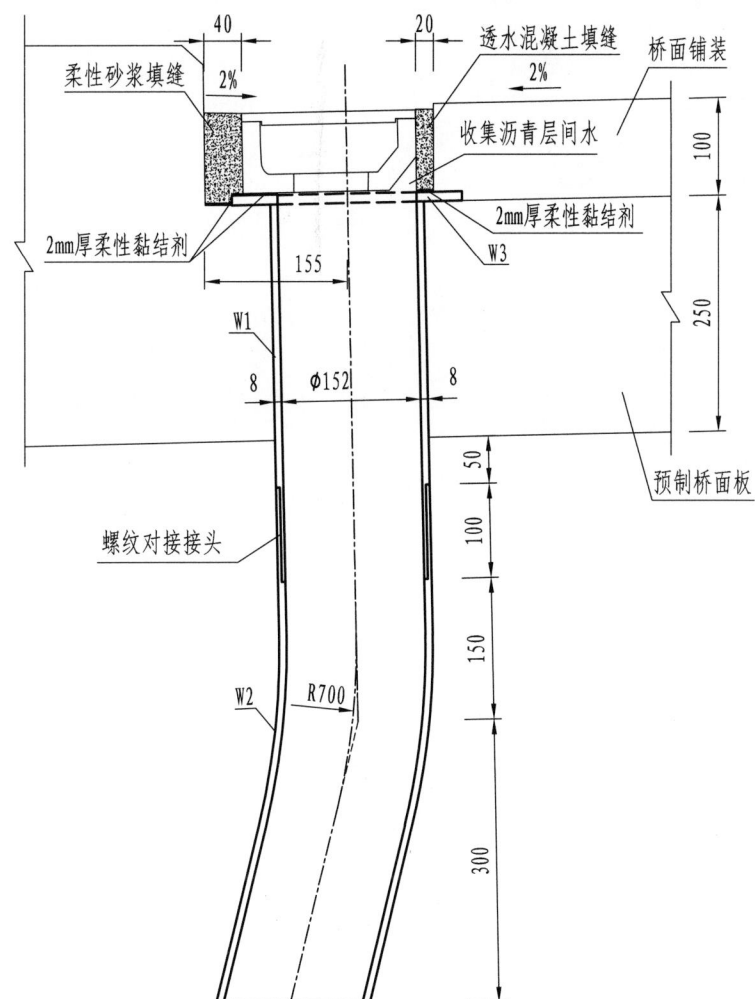

W1、W2大样

螺纹对接接头大样

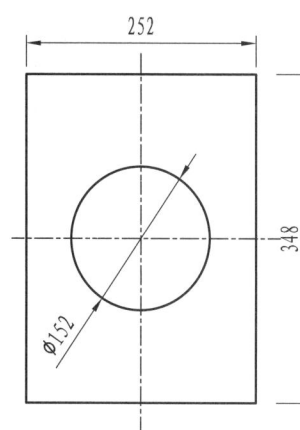

W1端部
外侧壁设螺纹

M162×3

W2端部
内侧壁设螺纹

M162×3

W3大样

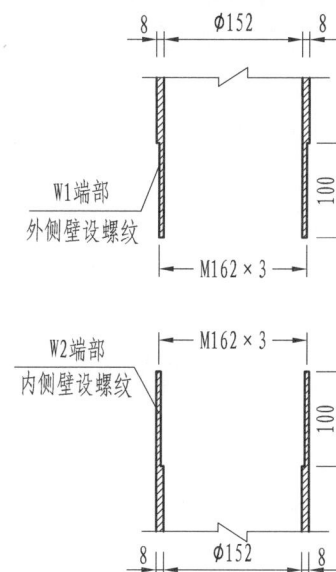

252

348

φ152

一个泄水管材料数量表

编号	代号	名称及规格 (mm)	数量	单件重 (kg)	总重 (kg)
1	W1	φ168×8×400	1	12.63	12.63
2	W2	φ168×8×560	1	17.68	17.68
3	W3	□348×252×10	1	5.46	5.46

注
1. 本图尺寸均以毫米为单位。
2. 泄水管构件W1、W2、W3采用S31603不锈钢材质。
3. 泄水管安装就位后，出水口应朝远离钢梁一端。
4. 预制排水沟与护栏底座内侧预留间隙为40mm，采用柔性砂浆填缝；
预制排水沟与桥面铺装间预留间隙为20mm，采用透水混凝土填缝。
5. 如需采用集中排水方案，应进行专项设计。

3×30m 双向六车道工字组合梁	汽车荷载等级：公路—I级
	桥梁宽度：2×16.5m
桥面排水构造	图号：SG-19

排水沟敷设剖面

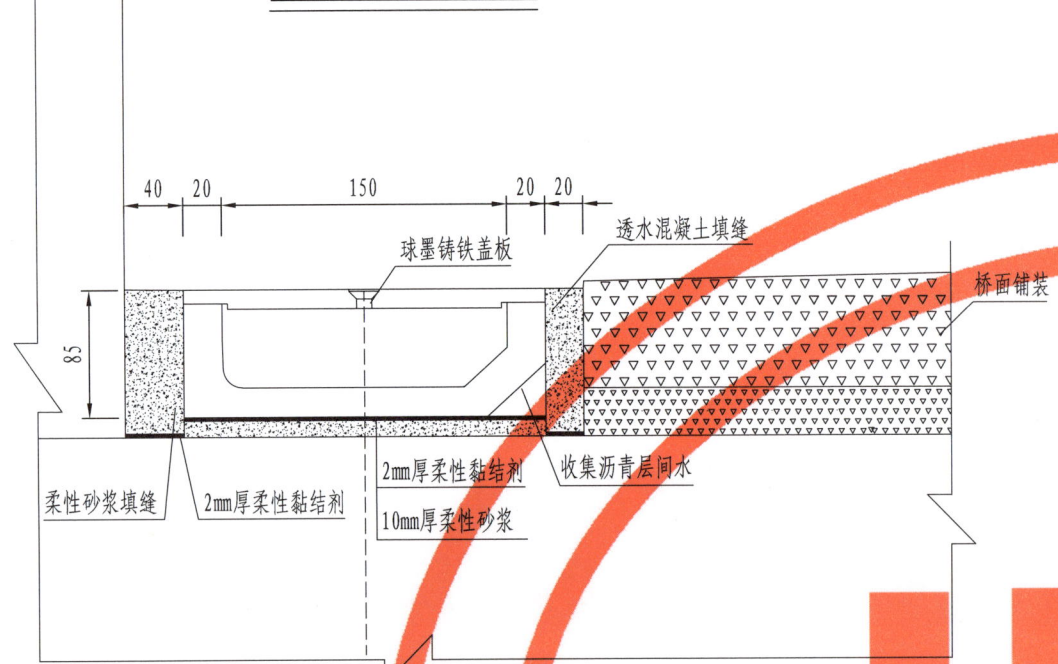

40 20 150 20 20

球墨铸铁盖板
透水混凝土填缝
桥面铺装

85

柔性砂浆填缝
2mm厚柔性黏结剂
10mm厚柔性砂浆
收集沥青层间水

泄水口处剖面

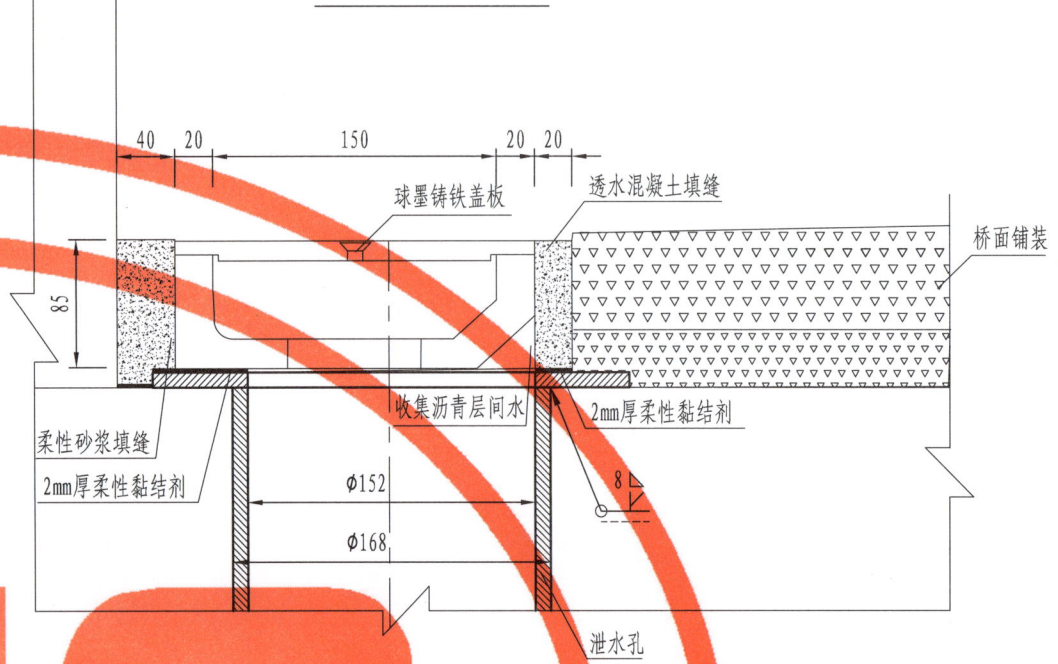

40 20 150 20 20

球墨铸铁盖板
透水混凝土填缝
桥面铺装

85

柔性砂浆填缝
2mm厚柔性黏结剂
收集沥青层间水
2mm厚柔性黏结剂
φ152
φ168
8
泄水孔

泄水口处纵剖面

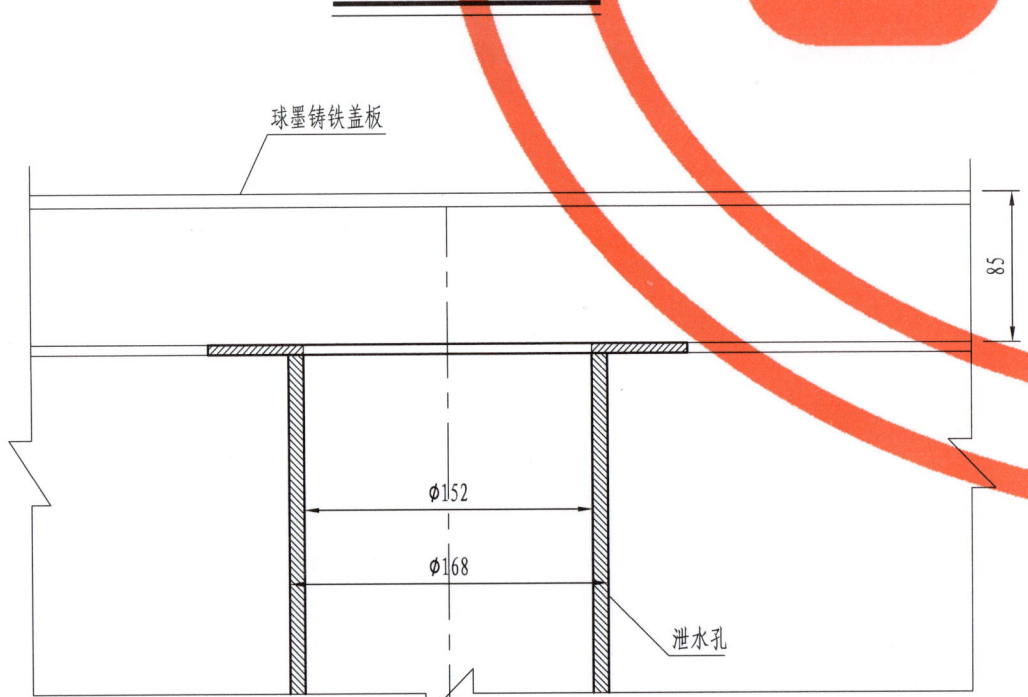

球墨铸铁盖板

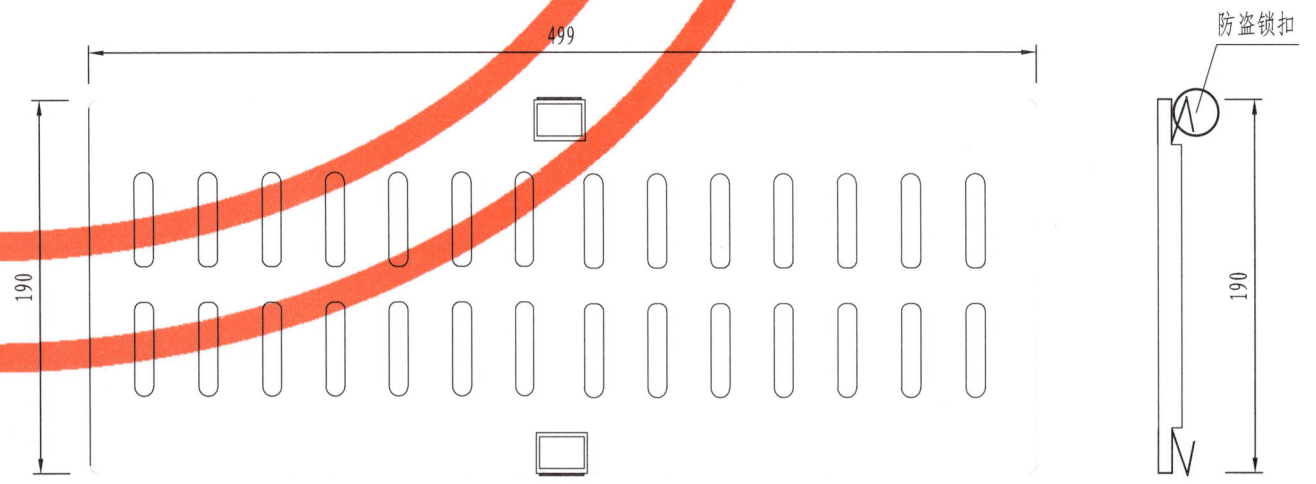

85

φ152
φ168
泄水孔

球墨铸铁盖板

防盗锁扣

499

190

190

注
1.本图尺寸均以毫米为单位。

3×30m 双向六车道工字组合梁	汽车荷载等级: 公路—I级
	桥梁宽度: 2×16.5m
桥面排水构造	图号: SG-19

预制树脂混凝土排水沟

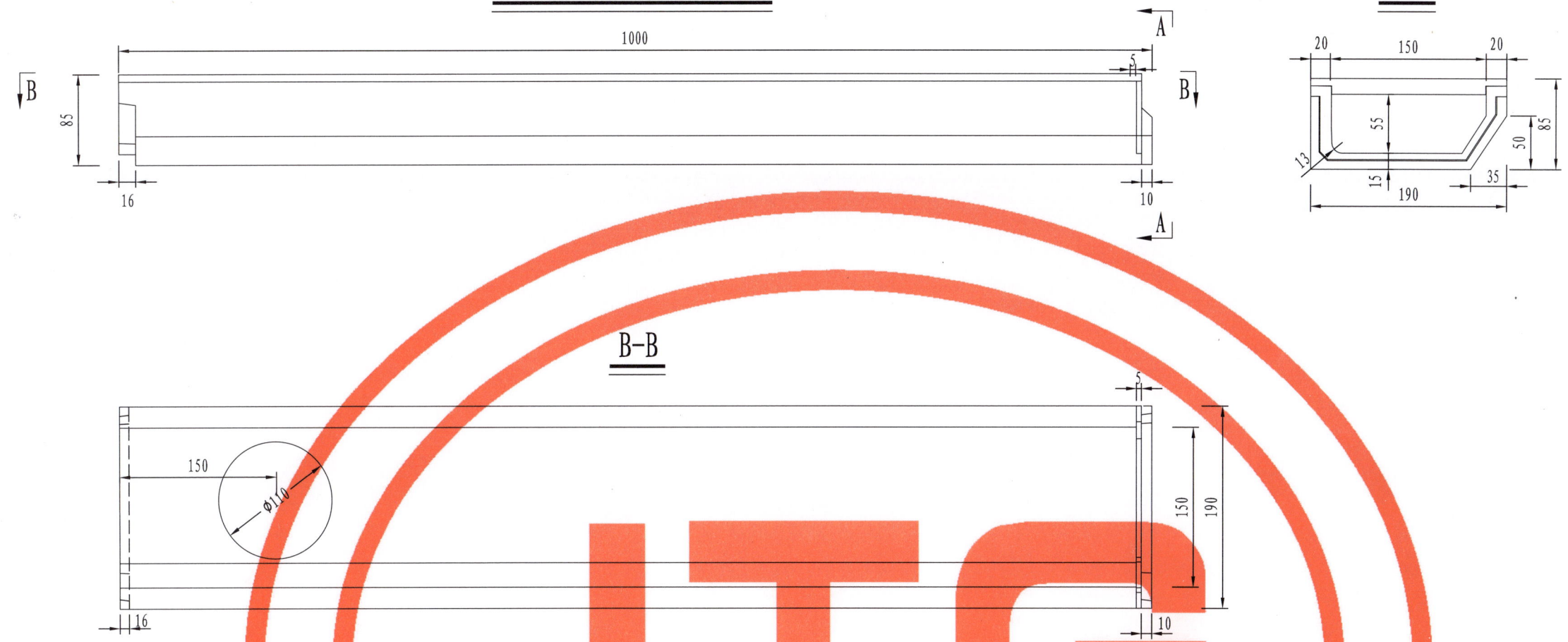

1000

A—A

85

16

10

20 150 20

55

13

15

50

85

35

190

B—B

150

Ø110

150

190

16

10

5

普通型水泥胶结剂技术要求

性　能	指　标
拉伸胶黏原强度	≥0.5MPa
浸水后的拉伸胶黏强度	≥0.5MPa
热老化后的拉伸胶黏强度	≥0.5MPa
冻融循环后的拉伸胶黏强度	≥0.5MPa
晾晒20min后的拉伸胶黏强度	≥0.5MPa

柔性砂浆技术要求

性　能	指　标
抗折强度（28d）	>6MPa
抗压强度（28d）	>18MPa
柔韧性（横向变形能力）	>1mm
黏结强度（28d）	>1MPa

注

1. 本图尺寸均以毫米为单位。
2. 排水槽采用预制树脂混凝土排水沟，沟体单元采用公母扣承插连接。
3. 预制树脂混凝土排水沟采用的材料，要求其抗压强度＞90MPa、抗折强度＞22MPa、密度2.1～2.3kg/dm³。
4. 排水沟盖板的材质为QT500-7球墨铸铁，应符合《检查井盖》（GB/T 23858-2009）的规定；沟体与盖板采用防盗卡扣连接固定；盖板采用环氧富锌底漆和改性乙烯基黑色面漆进行防腐涂装，油漆涂层厚度为60μm；该排水系统承压能力为静荷载C250。
5. 排水沟盖板顶面高程低于完成的桥面铺装层顶面3～5mm，使排水顺畅。
6. 预制排水沟、盖板、填缝料的外观颜色为黑色。
7. 黏结剂采用普通型水泥基胶结剂（C1），其性能应满足《陶瓷砖胶粘剂》（JC/T 547-2017）的要求。
8. 透水混凝土性能指标应符合《透水混凝土》（JC/T 2558-2020）的规定，且宜满足抗压强度≥40MPa，抗折强度≥3.5MPa，透水系数≥8mm/s。

3×30m 双向六车道工字组合梁	汽车荷载等级：公路—I级
	桥梁宽度：2×16.5m
桥面排水构造	图号：SG-19

单幅护栏布置

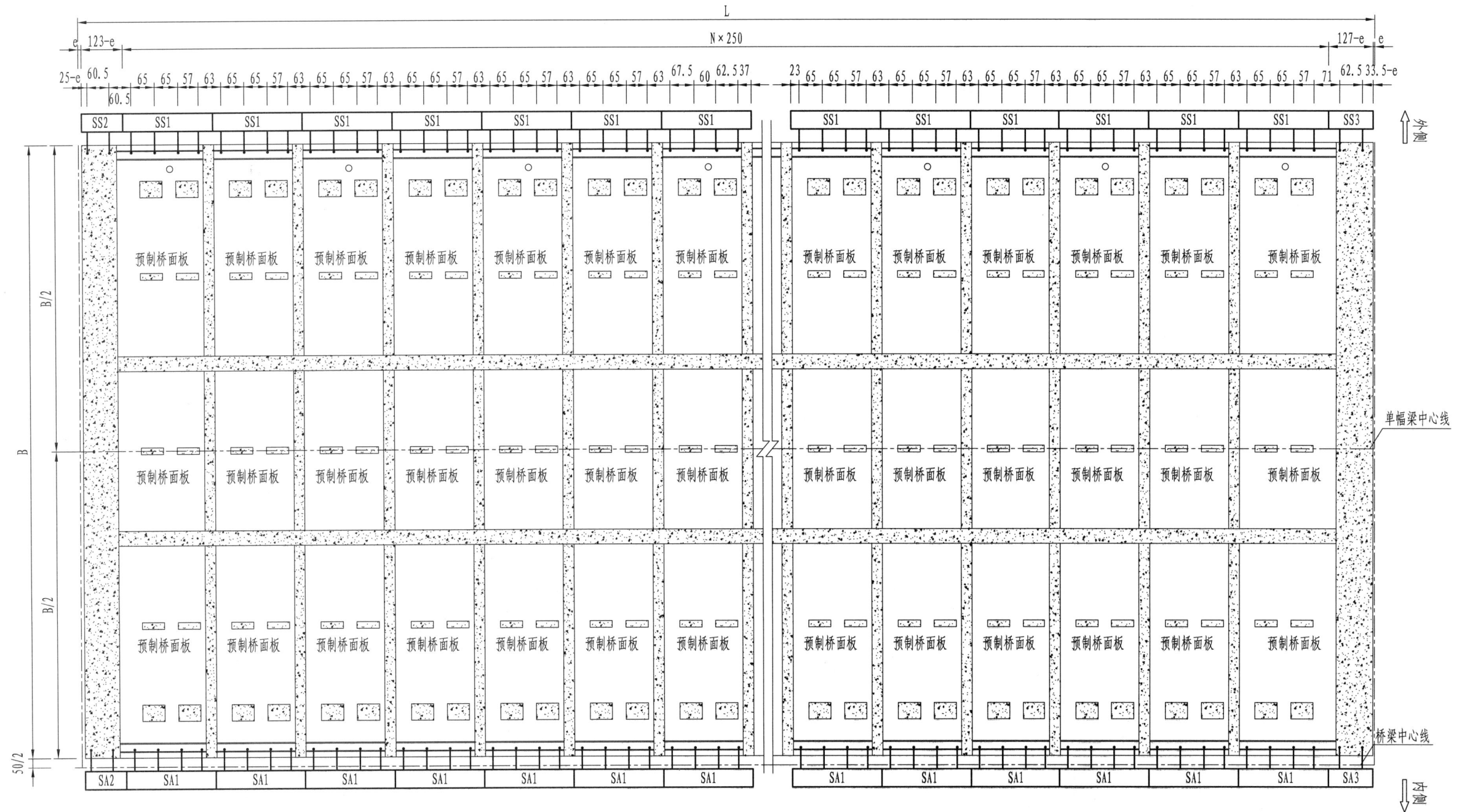

L

N×250

e | 123-e | 127-e | e

25-e 60.5 65 65 57 63 65 65 57 63 65 65 57 63 65 65 57 63 67.5 60 62.5 37   23 65 65 57 63 65 65 57 63 65 65 57 63 65 65 57 63 65 65 57 62.5 33.5-e

60.5 71

SS2 | SS1 | SS1 | SS1 | SS1 | SS1 | SS1 | SS1 | SS1 | SS1 | SS1 | SS1 | SS1 | SS3

↑字意

预制桥面板

B/2

B

单幅梁中心线

B/2

桥梁中心线

50/2

SA2 | SA1 | SA1 | SA1 | SA1 | SA1 | SA1 | SA1 | SA1 | SA1 | SA1 | SA1 | SA1 | SA3

↓字意

护栏参数表

桥型	B (cm)	L (cm)	N
3×30m连续	1650	9000	35

注
1. 本图尺寸均以厘米为单位。
2. SSi表示护栏等级为SS级；SAi表示护栏等级为SA级。
3. 外侧护栏采用SS级，内侧护栏采用SA级。
4. e为梁端距墩中心线(桥台跨径线)距离，具体数值见相关图纸。
5. 本图桥面板布置仅为示意。

3×30m 双向六车道工字组合梁	汽车荷载等级: 公路—I级
	桥梁宽度: 2×16.5m
预制混凝土护栏总体布置	图号: SG-20

护栏横断面

立面

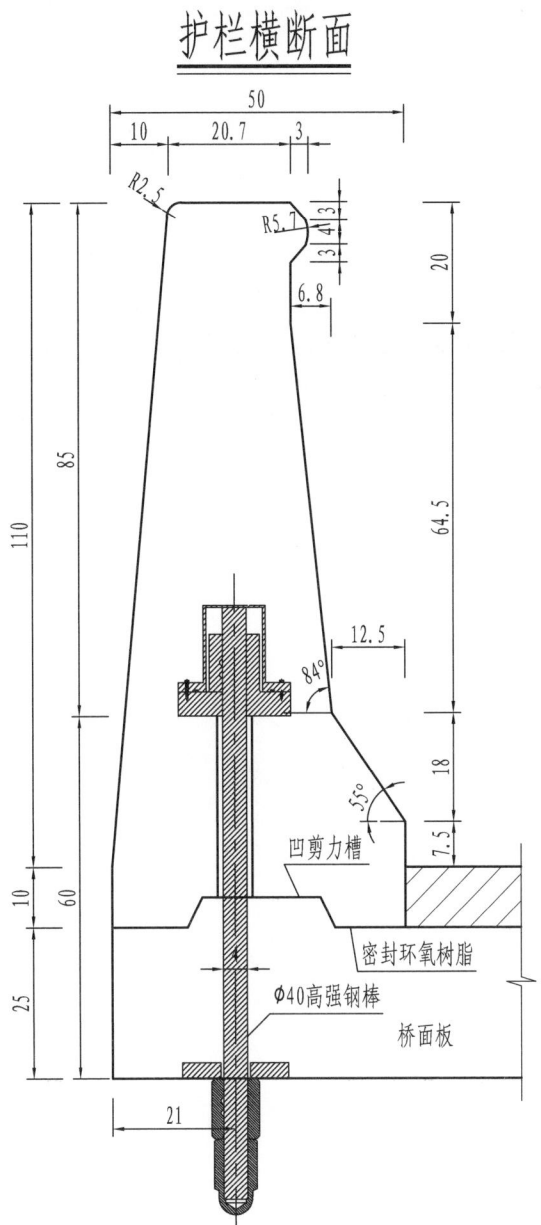

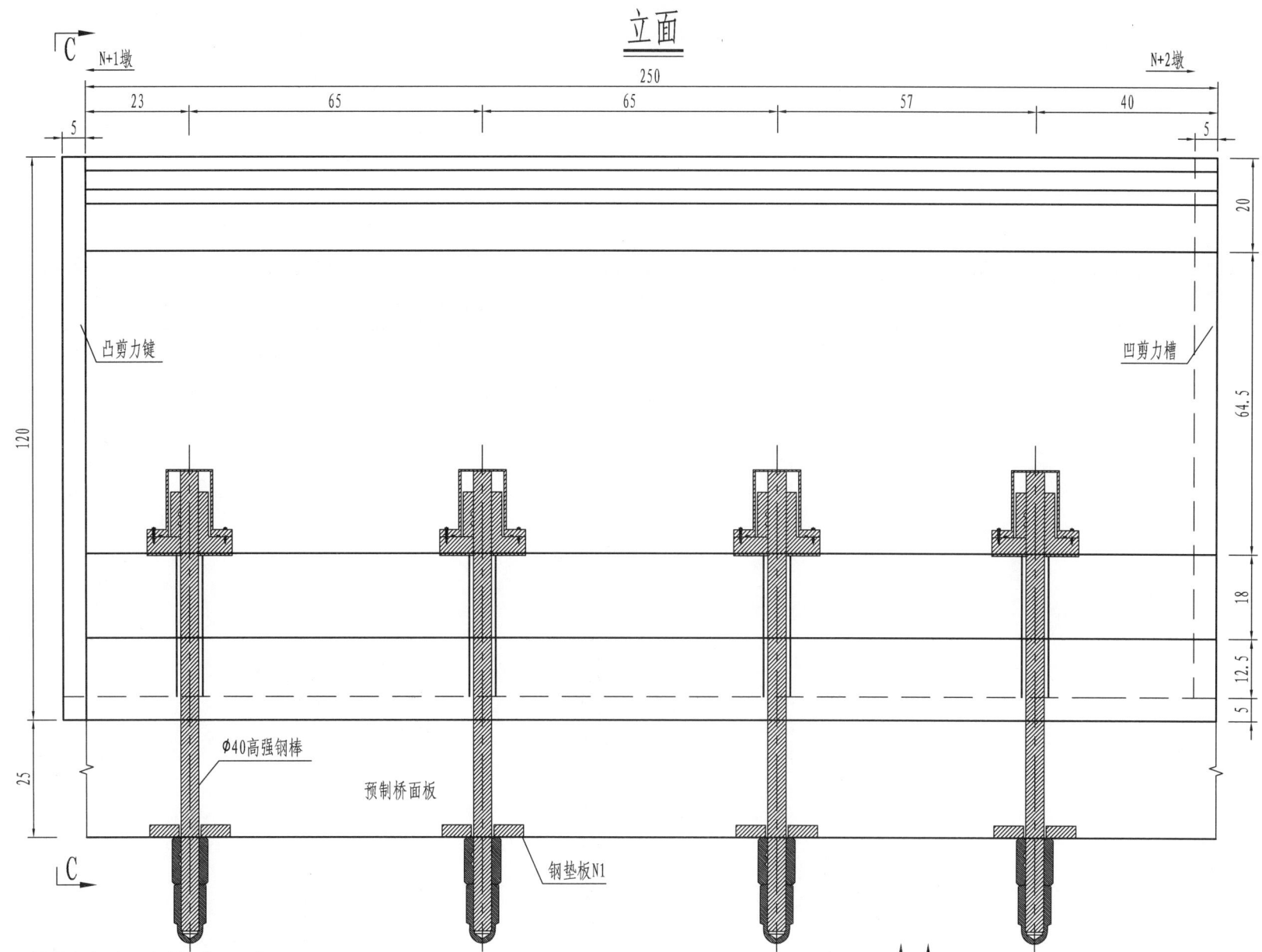

护栏端部连接处示意(C-C)

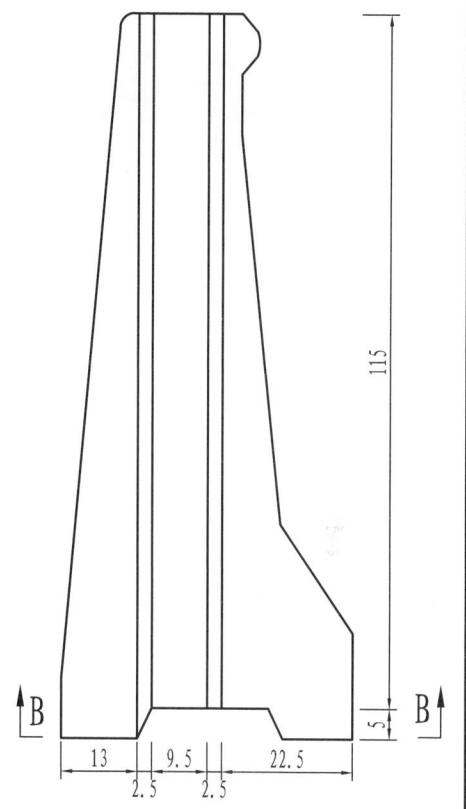

凸剪力键

凹剪力槽

凹剪力槽

密封环氧树脂

φ40高强钢棒

桥面板

φ40高强钢棒

预制桥面板

钢垫板N1

护栏底部连接处示意(B-B)

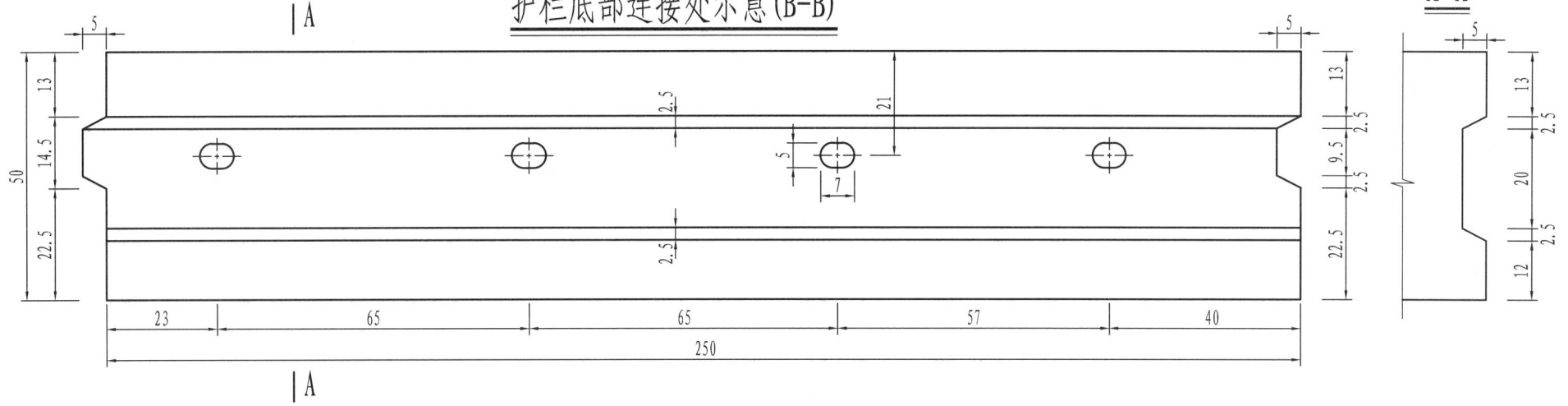

A-A

钢垫板N1大样

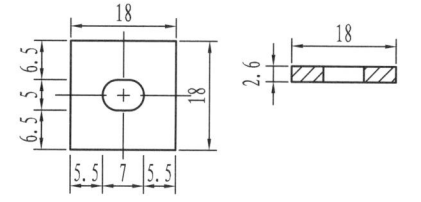

注

1. 本图尺寸均以厘米为单位。
2. 相邻预制护栏的剪力槽应一个为凸面,另一个为凹面,本图仅为示意,预制施工时根据护栏的实际位置调整凹凸面形式。
3. 相邻预制护栏间、护栏与桥面板间匹配面环氧树脂作为密封黏结材料。
4. 高强螺纹钢棒及其连接构造详见"预制护栏连接构造"。
5. 护栏预制时注意吊点的预埋,吊点设置详见"预制护栏吊点构造"。
6. 本图适用于SS1型预制护栏,用于桥面板宽度2.5m区段外侧预制护栏,护栏编号见"预制混凝土护栏总体布置"。

单个2.5m预制护栏工程量

名称	规格	单位重	数量	总重(kg)
高强螺纹钢棒(φ40×980mm)	42CrMo		4套	
钢垫板N1	45号钢	6.008kg/个	4个	24.032
钢管(φ60×1.5mm L=30cm)	S31603不锈钢	0.707kg/根	4根	2.828
钢管(φ60×1.5mm L=27.4cm)	S31603不锈钢	0.645kg/根	4根	2.580

3×30m 双向六车道工字组合梁

汽车荷载等级: 公路—I 级

桥梁宽度: 2×16.5m

外侧预制护栏一般构造

图号: SG-21

护栏横断面

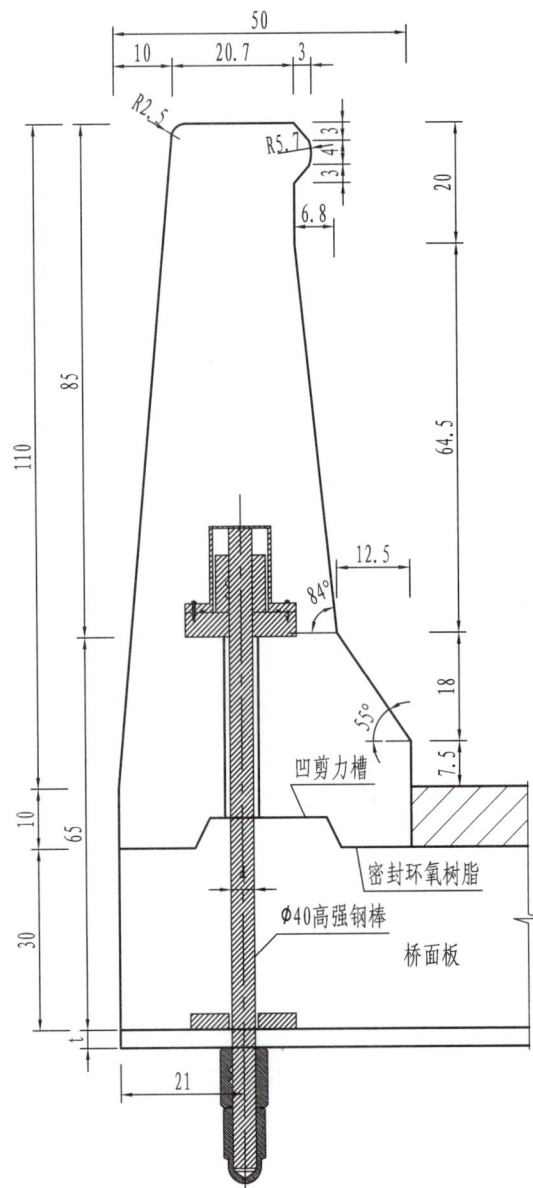

立面

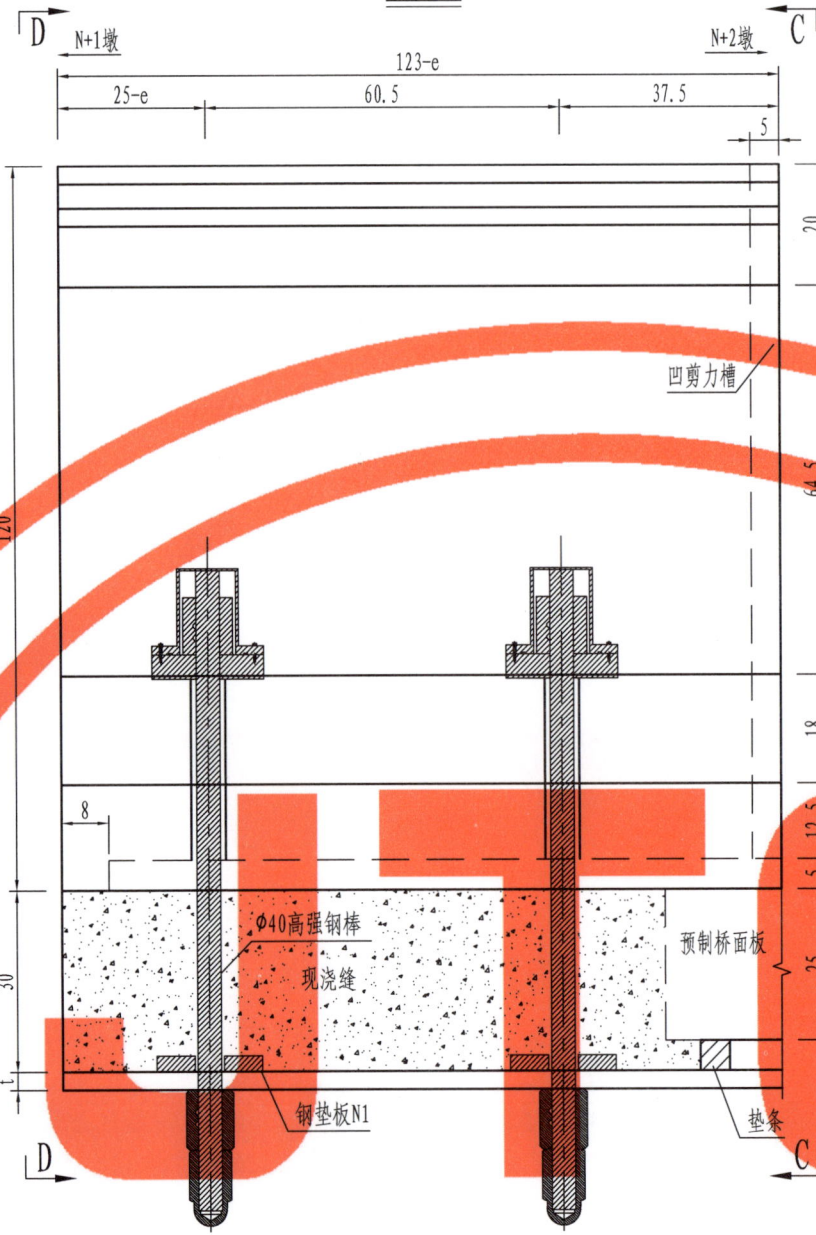

护栏端部连接处示意(D-D)

护栏端部连接处示意(C-C)

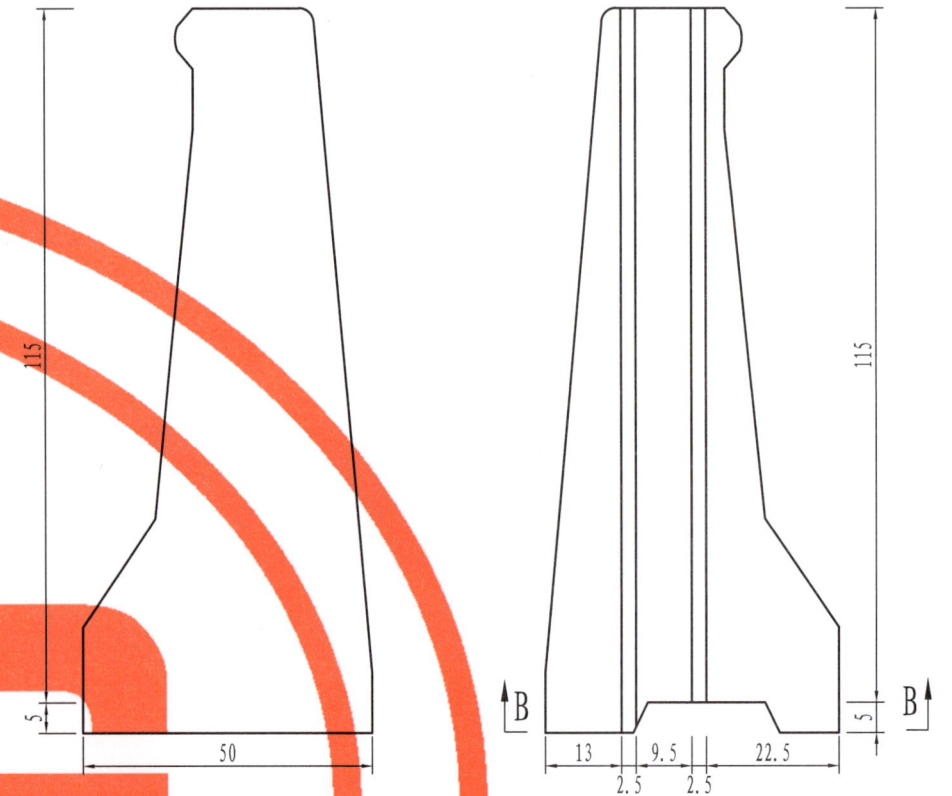

单个(123-e)m预制护栏工程量

名称	规格	单位重	数量	总重(kg)
高强螺纹钢棒[φ40×(1030+t)mm]	42CrMo		2套	
钢垫板N1	45号钢	6.008kg/个	2个	12.016
钢管(φ60×1.5mm L=30cm)	S31603不锈钢	0.707kg/根	2根	1.414
钢管(φ60×1.5mm L=32.4cm)	S31603不锈钢	0.645kg/根	2根	1.290

护栏底部连接处示意(B-B)

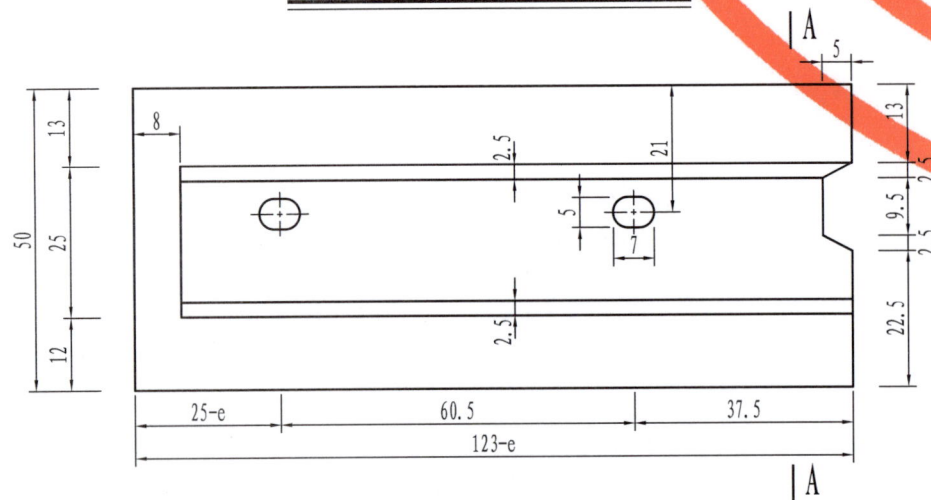

A-A

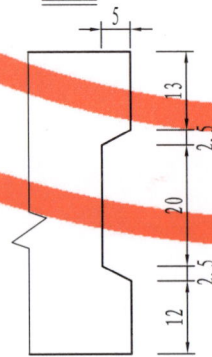

钢垫板N1大样

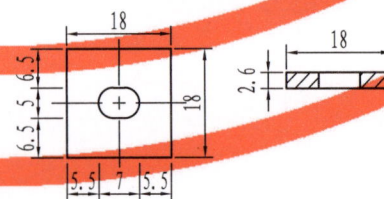

注

1. 本图尺寸均以厘米为单位。
2. 相邻预制护栏的剪力槽应一个为凸面,另一个为凹面,本图仅为示意,预制施工时根据护栏的实际位置调整凹凸面形式。
3. 相邻预制护栏间、护栏与桥面板间匹配面环氧树脂作为密封黏结材料。
4. 高强螺纹钢棒及其连接构造详见"预制护栏连接构造"。
5. 护栏预制时注意吊点的预埋,吊点设置详见"预制护栏吊点构造"。
6. e为梁端距墩中心线(桥台台背线)距离,具体数值见相关图纸。
7. 本图适用于SS2型预制护栏,用于伸缩装置处外侧预制护栏,护栏编号见"预制混凝土护栏总体布置"。

3×30m 双向六车道工字组合梁	汽车荷载等级: 公路—I级
	桥梁宽度: 2×16.5m
外侧预制护栏一般构造	图号: SG-21

护栏横断面

立面

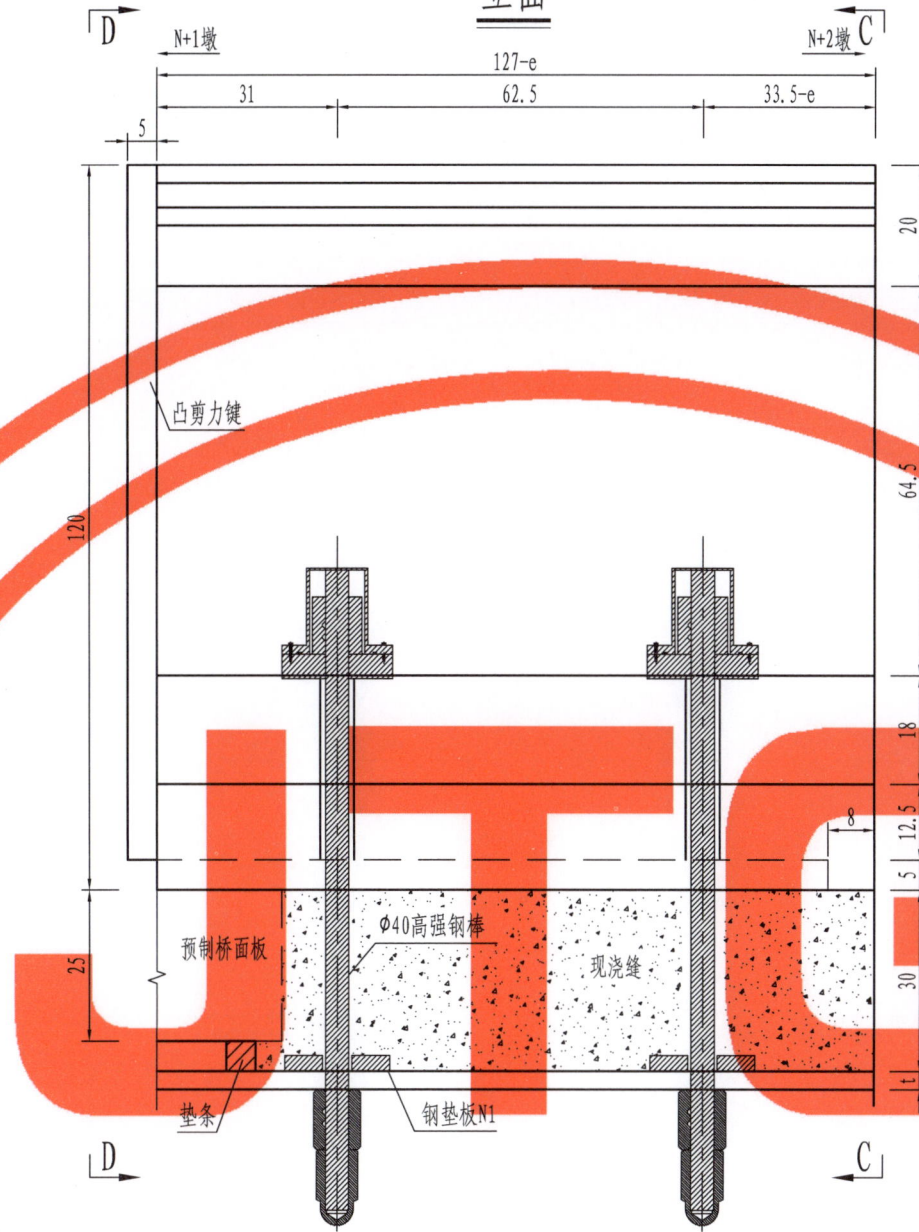

护栏端部连接处示意(C-C)

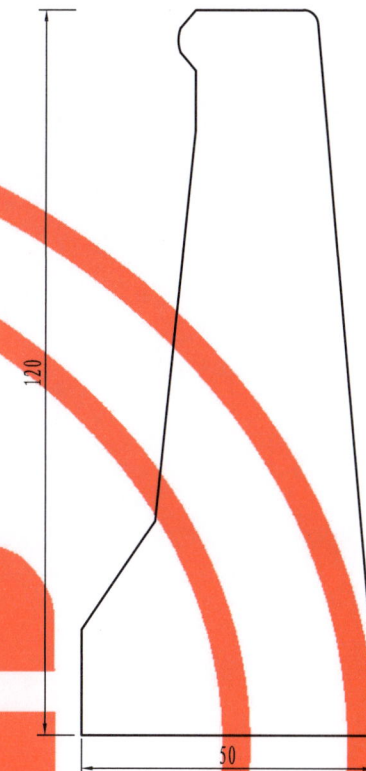

护栏端部连接处示意(D-D)

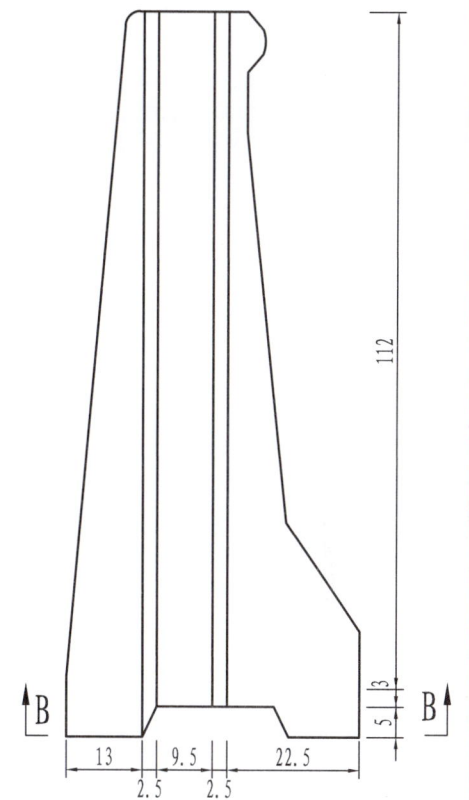

凸剪力键

凹剪力槽

密封环氧树脂

φ40高强钢棒

桥面板

预制桥面板

φ40高强钢棒

现浇缝

垫条

钢垫板N1

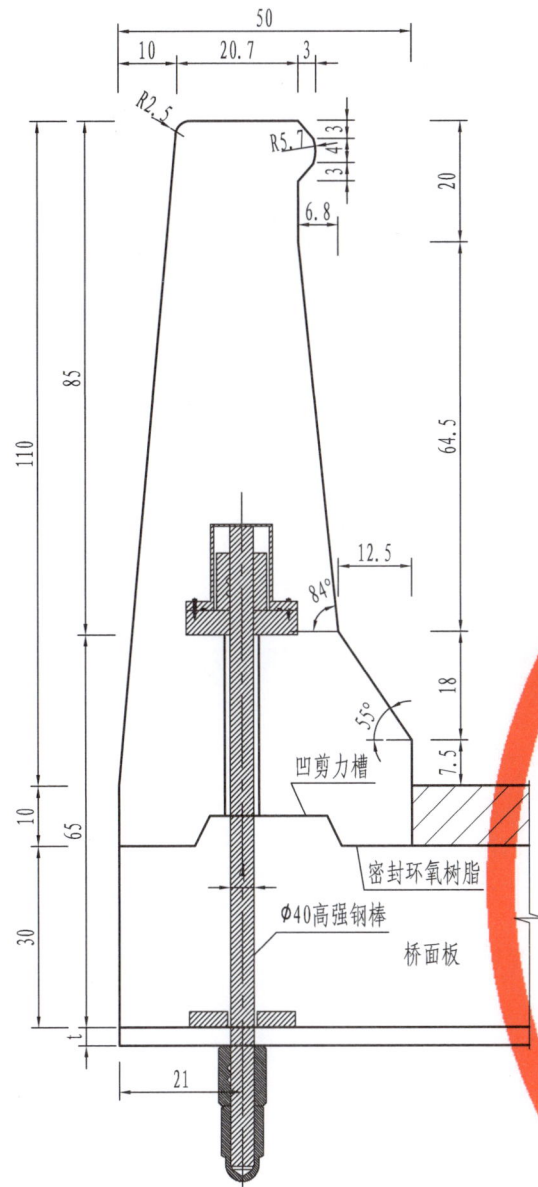

护栏底部连接处示意(B-B)

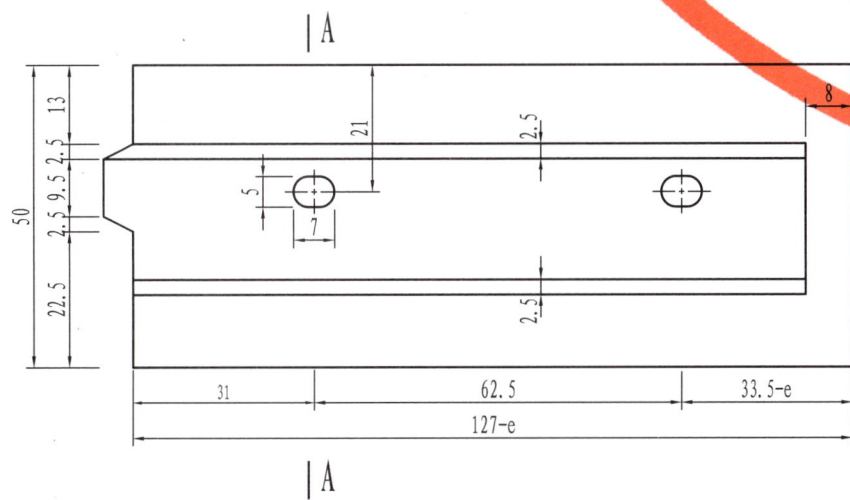

A-A

钢垫板N1大样

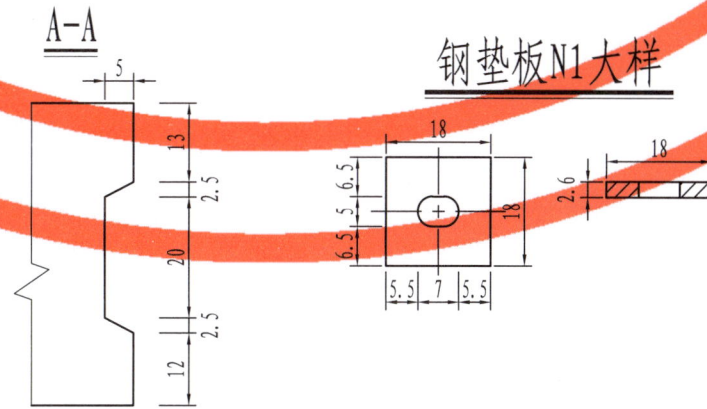

单个(127-e)m预制护栏工程量

名称	规格	单位重	数量	总重(kg)
高强螺纹钢棒[φ40×(1030+t)mm]	42CrMo		2套	
钢垫板N1	45号钢	6.008kg/个	2个	12.016
钢管(φ60×1.5mm L=30cm)	S31603不锈钢	0.707kg/根	2根	1.414
钢管(φ60×1.5mm L=32.4cm)	S31603不锈钢	0.645kg/根	2根	1.290

注

1. 本图尺寸均以厘米为单位。
2. 相邻预制护栏的剪力槽应一个为凸面,另一个为凹面,本图仅为示意,预制施工时根据护栏的实际位置调整凹凸面形式。
3. 相邻预制护栏间、护栏与桥面板间匹配面环氧树脂作为密封黏结材料。
4. 高强螺纹钢棒及其连接构造详见"预制护栏连接构造"。
5. 护栏预制时注意吊点的预埋,吊点设置详见"预制护栏吊点构造"。
6. e为梁端距墩中心线(桥台背线)距离,具体数值见相关图纸。
7. 本图适用于SS3型预制护栏,用于伸缩装置处外侧预制护栏,护栏编号见"预制混凝土护栏总体布置"。

3×30m 双向六车道工字组合梁	汽车荷载等级: 公路-I级
	桥梁宽度: 2×16.5m
外侧预制护栏一般构造	图号: SG-21

护栏横断面

立面

护栏端部连接处示意(C-C)

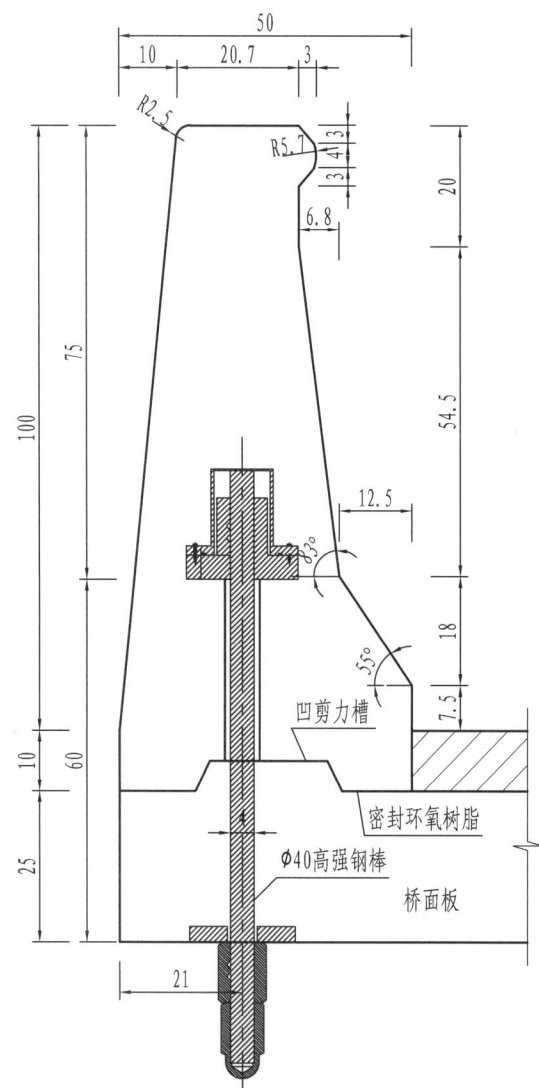

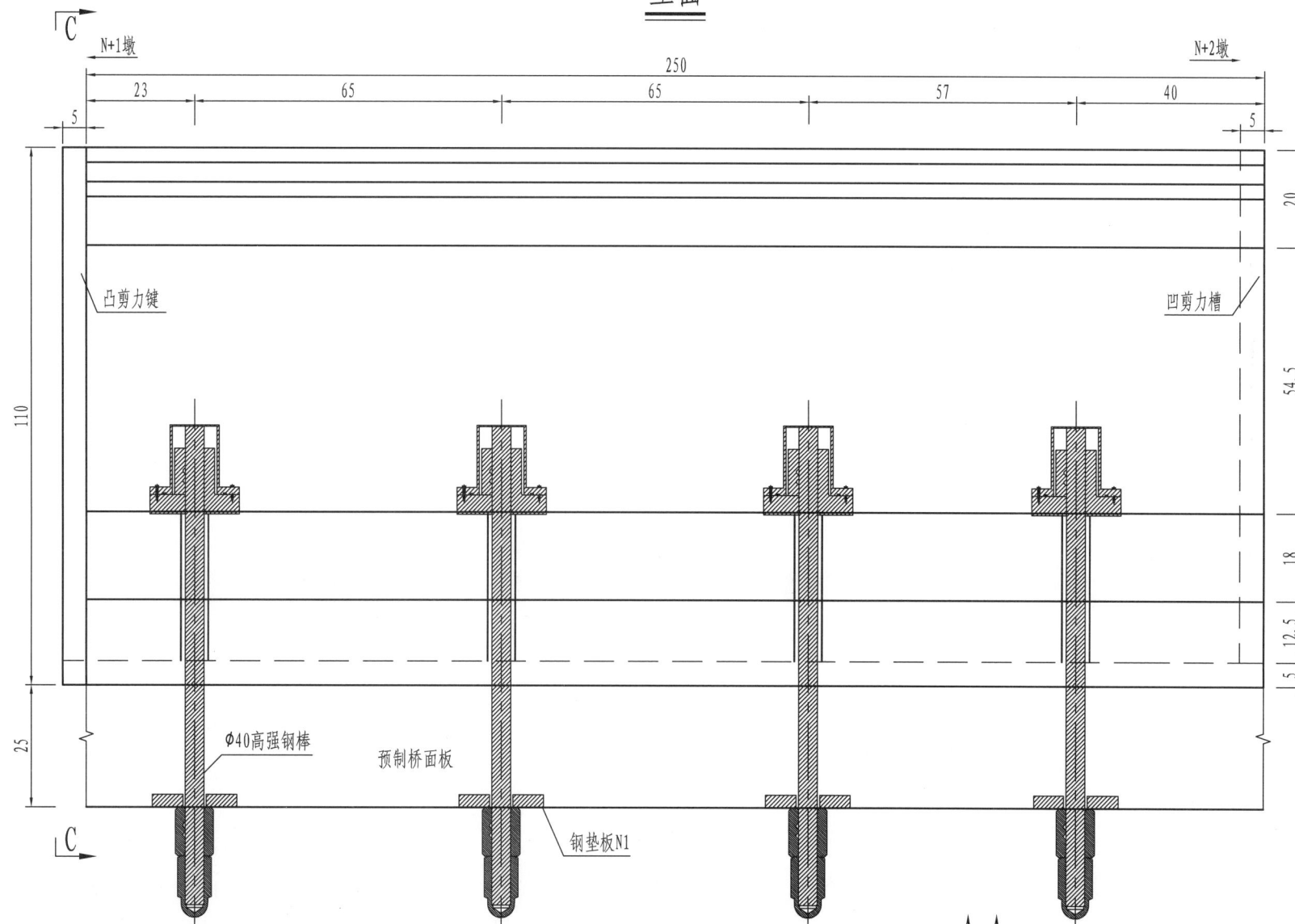

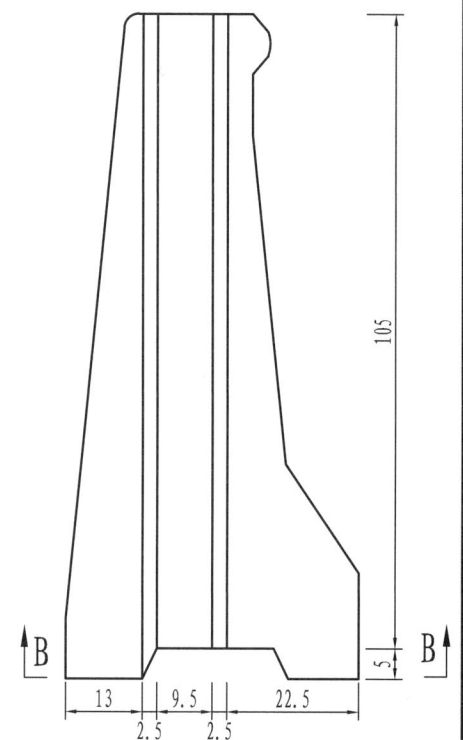

护栏底部连接处示意(B-B)

A-A

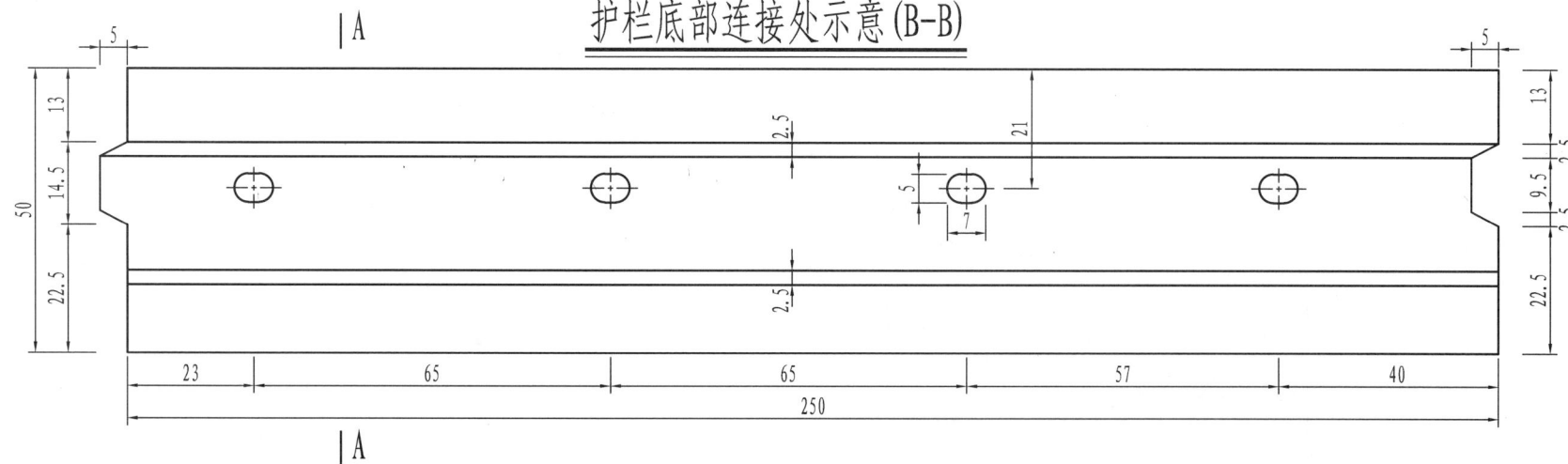

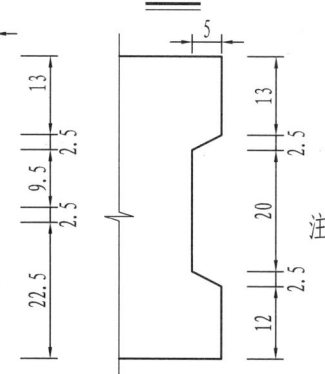

钢垫板N1大样

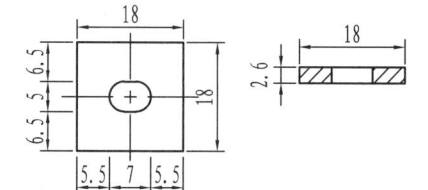

注

1. 本图尺寸均以厘米为单位。
2. 相邻预制护栏的剪力槽应一个为凸面,另一个为凹面,本图仅为示意,预制施工时根据护栏的实际位置调整凹凸面形式。
3. 相邻预制护栏间、护栏与桥面板间匹配面环氧树脂作为密封黏结材料。
4. 高强螺纹钢棒及其连接构造详见"预制护栏连接构造"。
5. 护栏预制时注意吊点的预埋,吊点设置详见"预制护栏吊点构造"。
6. 本图适用于SA1型预制护栏,用于桥面板宽度2.5m段区内侧预制护栏,护栏编号见"预制混凝土护栏总体布置"。

单个2.5m预制护栏工程量

名称	规格	单位重	数量	总重(kg)
高强螺纹钢棒(φ40×980mm)	42CrMo		4套	
钢垫板N1	45号钢	6.008kg/个	4个	24.032
钢管(φ60×1.5mm L=30cm)	S31603不锈钢	0.707kg/根	4根	2.828
钢管(φ60×1.5mm L=27.4cm)	S31603不锈钢	0.645kg/根	4根	2.580

3×30m 双向六车道工字组合梁

汽车荷载等级: 公路—I 级

桥梁宽度: 2×16.5m

内侧预制护栏一般构造

图号: SG-22

护栏横断面

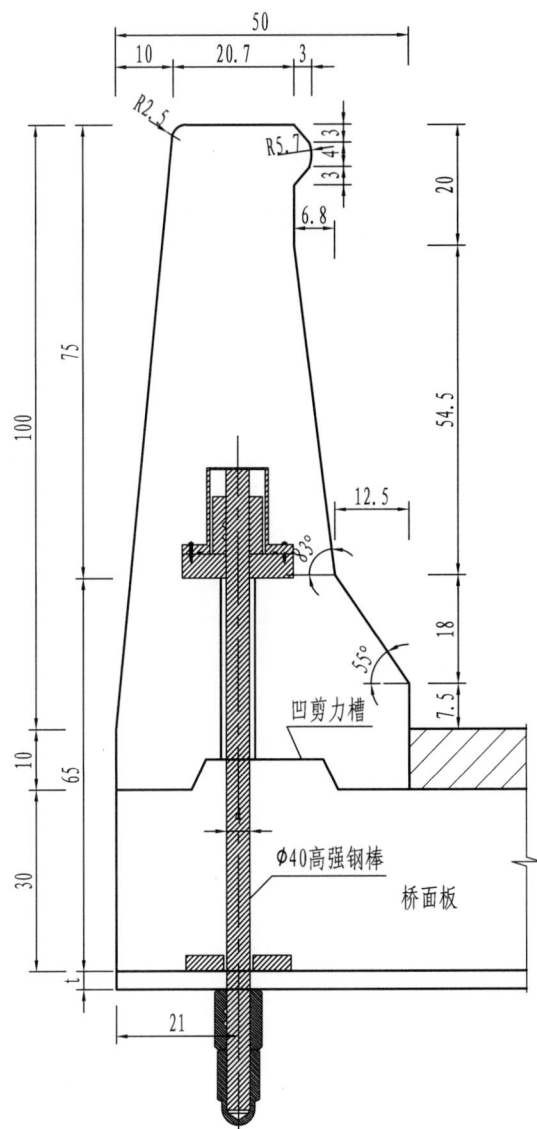

立面

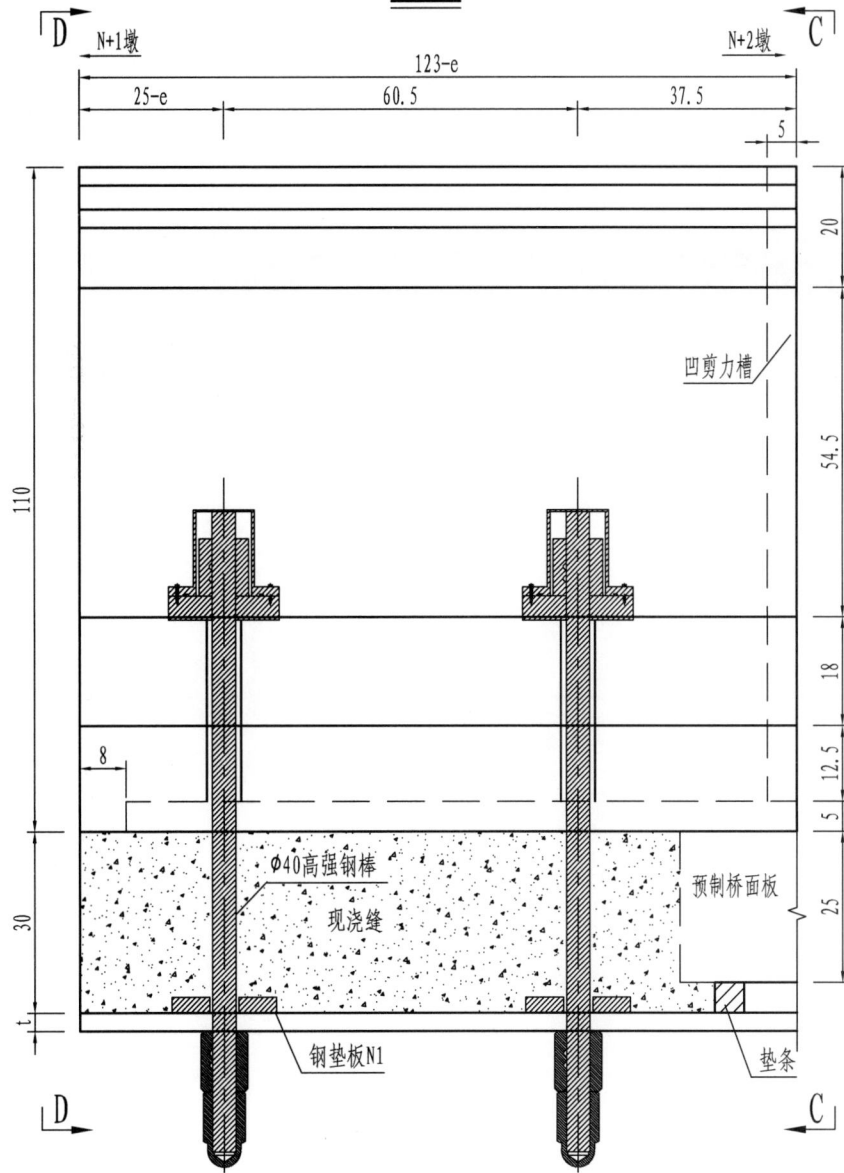

护栏端部连接处示意(D-D)

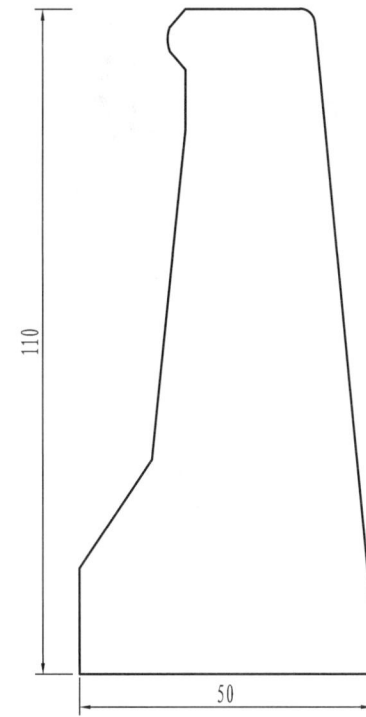

护栏端部连接处示意(C-C)

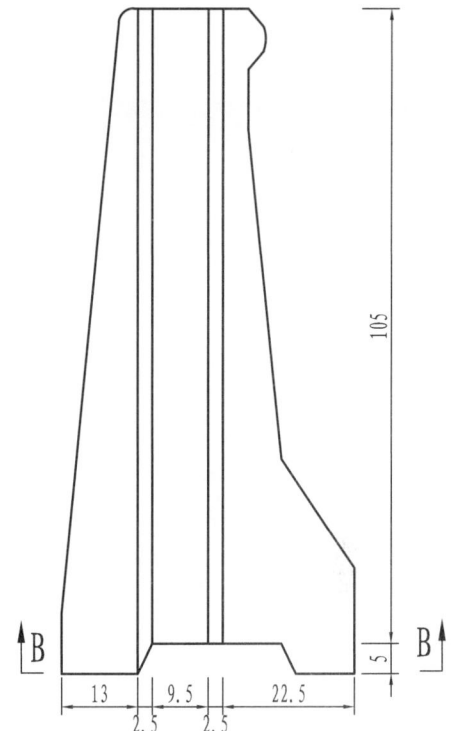

单个(123-e)m预制护栏工程量

名称	规格	单位重	数量	总重(kg)
高强螺纹钢棒[Φ40×(1030+t)mm]	42CrMo		2套	
钢垫板N1	45号钢	6.008kg/个	2个	12.016
钢管(Φ60×1.5mm L=30cm)	S31603不锈钢	0.707kg/根	2根	1.414
钢管(Φ60×1.5mm L=32.4cm)	S31603不锈钢	0.645kg/根	2根	1.290

护栏底部连接处示意(B-B)

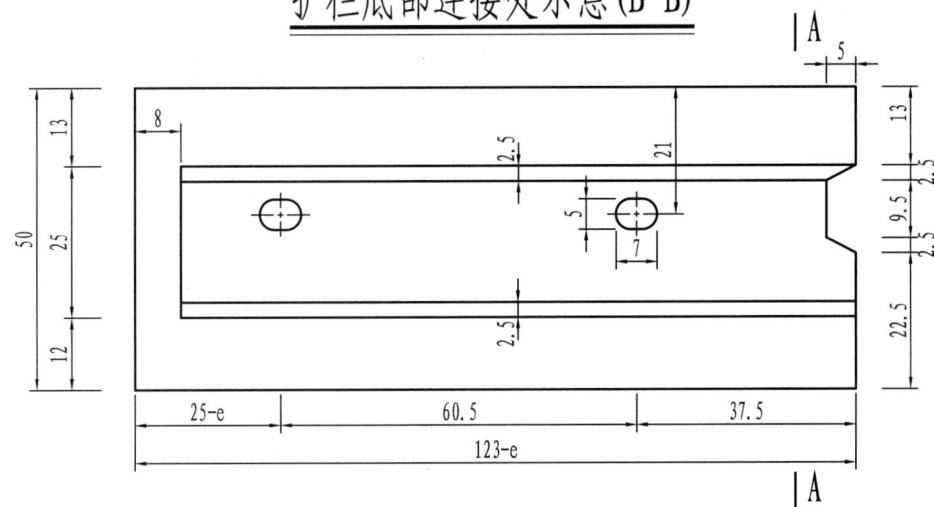

A-A

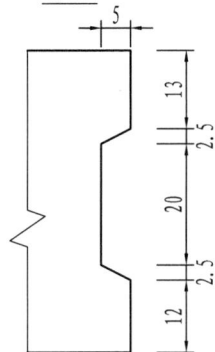

钢垫板N1大样

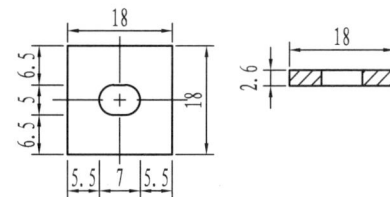

注
1. 本图尺寸均以厘米为单位。
2. 相邻预制护栏的剪力槽应一个为凸面,另一个为凹面,本图仅为示意,预制施工时根据护栏的实际位置调整凹凸面形式。
3. 相邻预制护栏间、护栏与桥面板间匹配面环氧树脂作为密封黏结材料。
4. 高强螺纹钢棒及其连接构造详见"预制护栏连接构造"。
5. 护栏预制时注意吊点的预埋,吊点设置详见"预制护栏吊点构造"。
6. e为梁端距中心线(桥台台背线)距离,具体数值见相关图纸。
7. 本图适用于SA2型预制护栏,用于伸缩装置处内侧预制护栏,护栏编号见"预制混凝土护栏总体布置"。

3×30m 双向六车道工字组合梁	汽车荷载等级: 公路—I级
	桥梁宽度: 2×16.5m
内侧预制护栏一般构造	图号: SG-22

护栏横断面

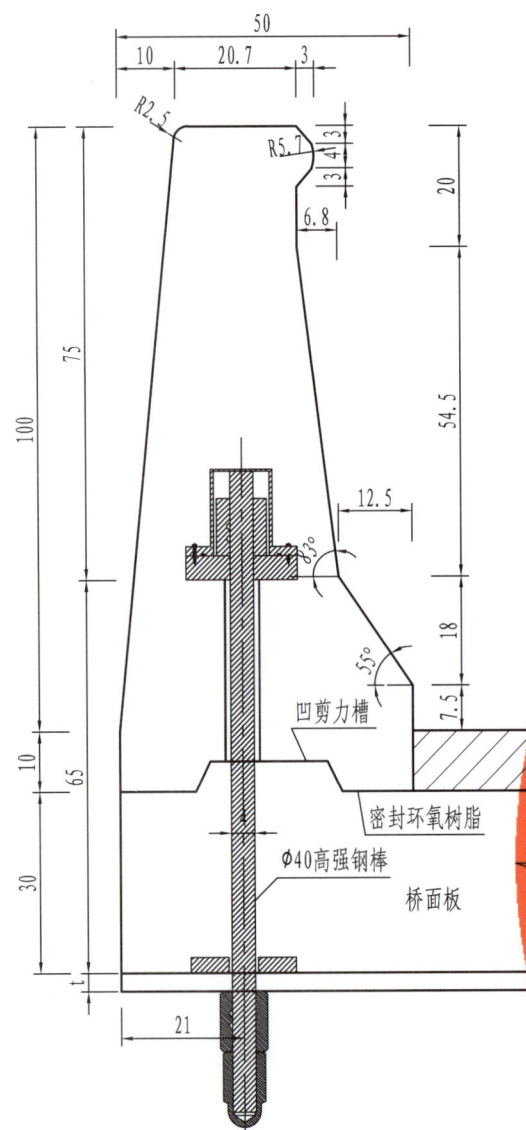

立面

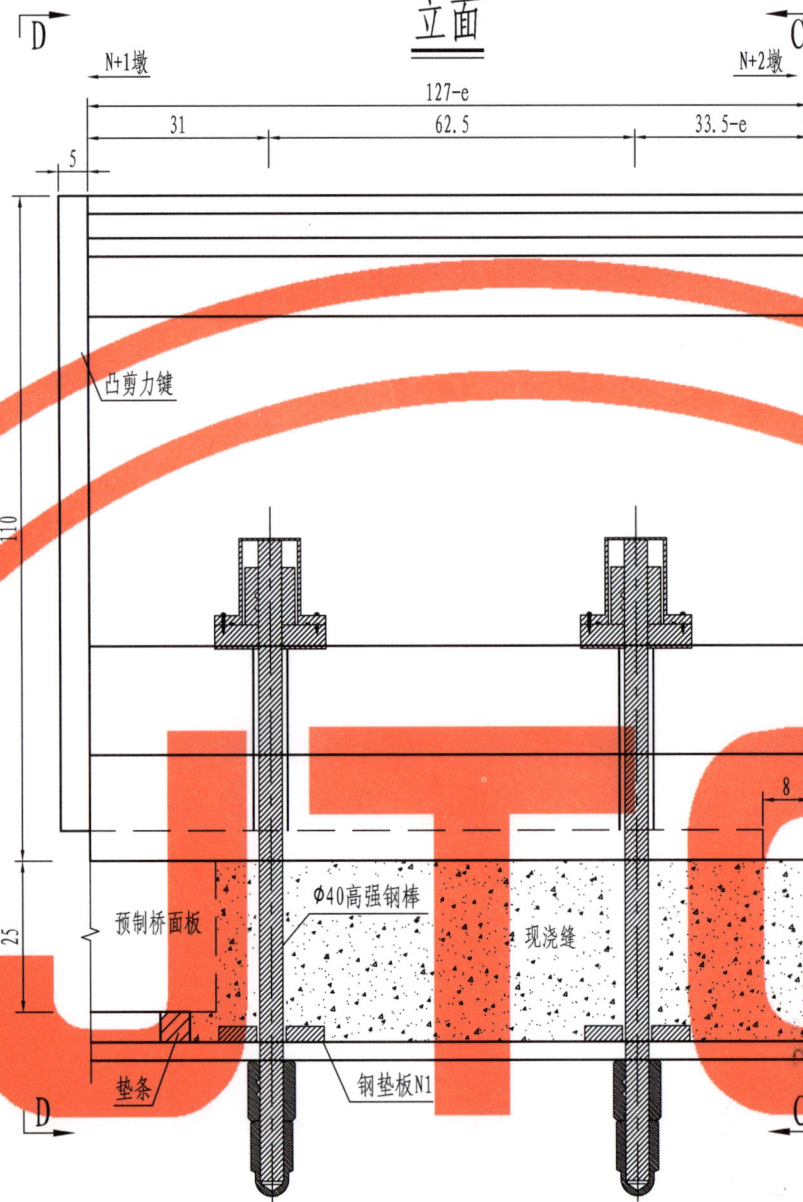

凸剪力键

预制桥面板

φ40高强钢棒

现浇缝

垫条

钢垫板N1

凹剪力槽

密封环氧树脂

φ40高强钢棒

桥面板

护栏端部连接处示意(C-C)

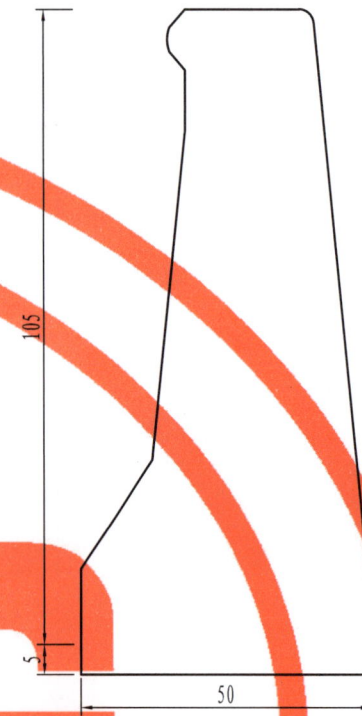

护栏端部连接处示意(D-D)

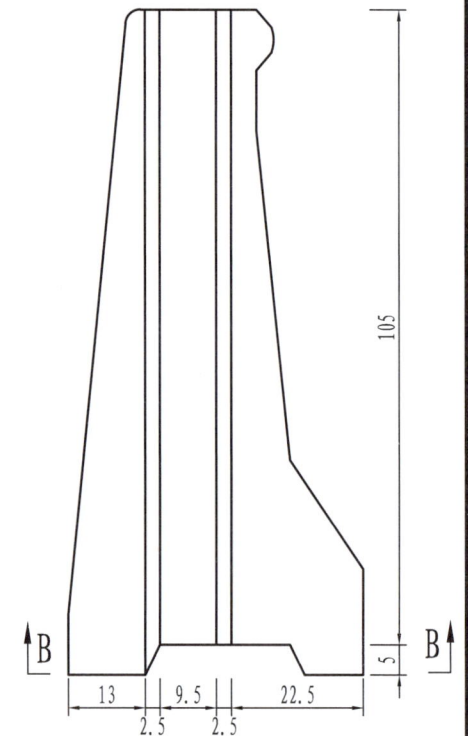

护栏底部连接处示意(B-B)

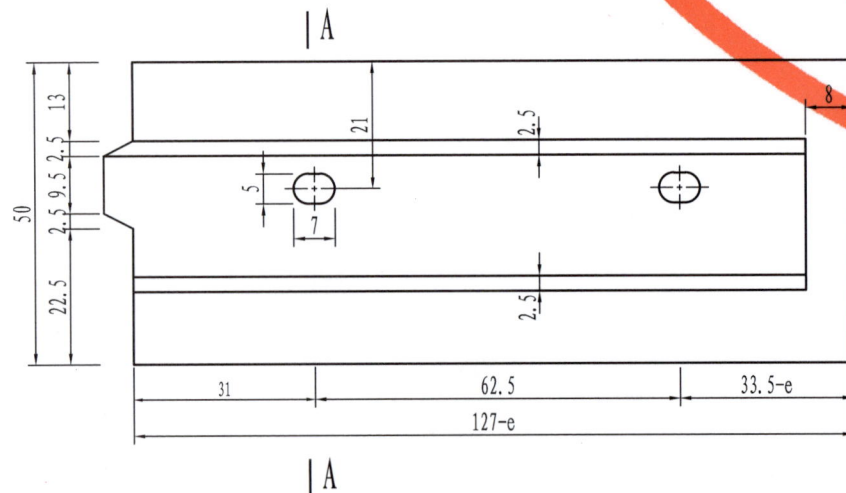

A-A

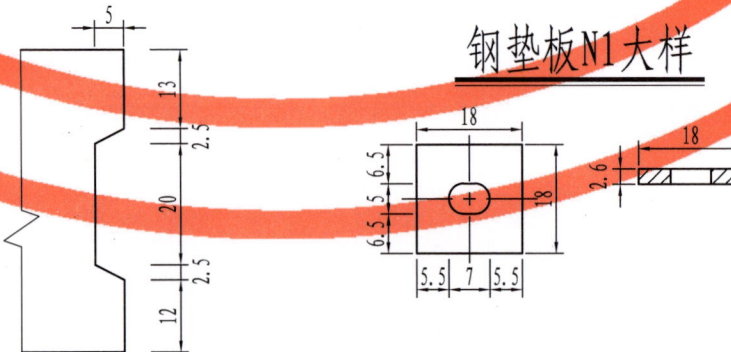

钢垫板N1大样

单个(127-e)m预制护栏工程量

名称	规格	单位重	数量	总重(kg)
高强螺纹钢棒[φ40×(1030+t)mm]	42CrMo		2套	
钢垫板N1	45号钢	6.008kg/个	2个	12.016
钢管(φ60×1.5mm L=30cm)	S31603不锈钢	0.707kg/根	2根	1.414
钢管(φ60×1.5mm L=32.4cm)	S31603不锈钢	0.645kg/根	2根	1.290

注
1. 本图尺寸均以厘米为单位。
2. 相邻预制护栏的剪力槽应一个为凸面,另一个为凹面,本图仅为示意,预制施工时根据护栏的实际位置调整凹凸面形式。
3. 相邻预制护栏间、护栏与桥面板间匹配面环氧树脂作为密封黏结材料。
4. 高强螺纹钢棒及其连接构造详见"预制护栏连接构造"。
5. 护栏预制时注意吊点的预埋,吊点设置详见"预制护栏吊点构造"。
6. e为梁端距墩(桥台台背线)距离,具体数值见相关图纸。
7. 本图适用于SA3型预制护栏,用于伸缩装置处内侧预制护栏,护栏编号见"预制混凝土护栏总体布置"。

3×30m 双向六车道工字组合梁	汽车荷载等级:公路－I级
	桥梁宽度:2×16.5m
内侧预制护栏一般构造	图号:SG-22

SS1型预制护栏钢筋立面（一节段）

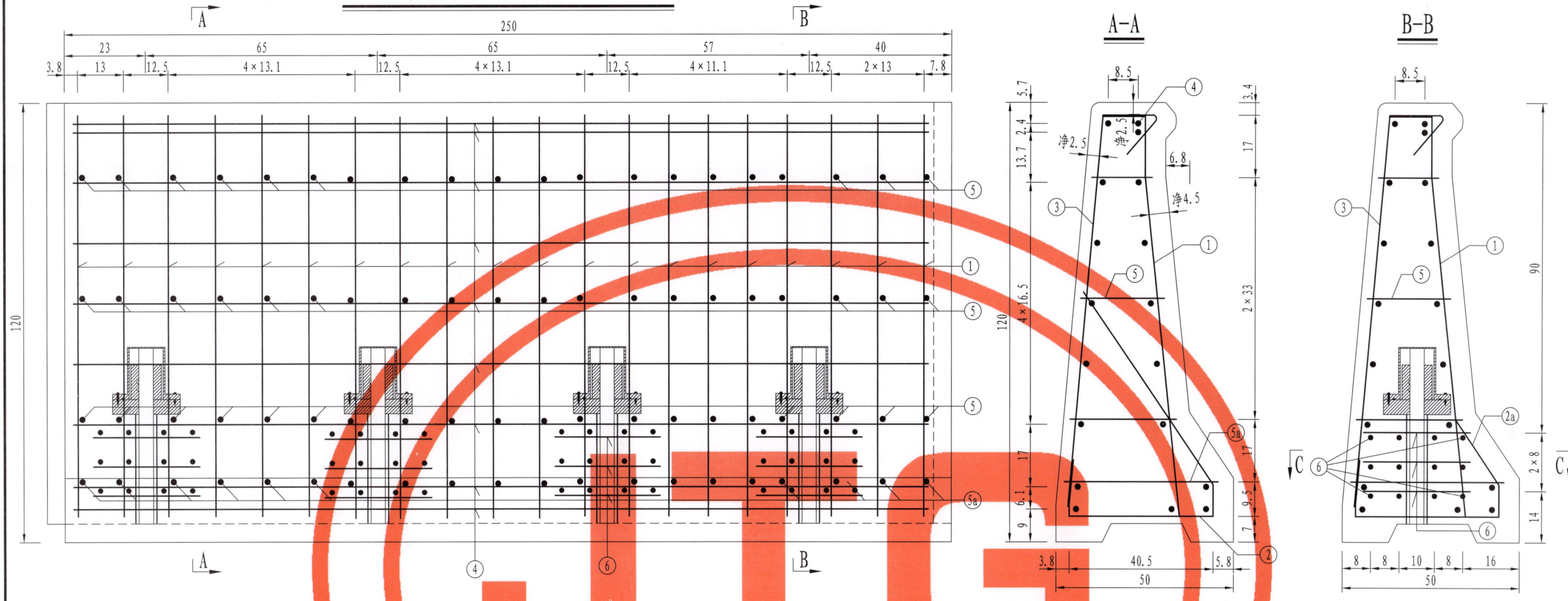

A-A

B-B

C-C

预制护栏材料数量表（一节段）

编号	直径(mm)	单根长(cm)	根数	总长(m)	单位重(kg/m)	总重(kg)	合计(kg)
1	Φ22	126.1	20	25.22	2.980	75.2	
2	Φ22	123.0	12	14.76	2.980	44.0	
2a	Φ22	102.6	8	8.21	2.980	24.5	
3	Φ16	133.4	20	26.68	1.580	42.2	
4	Φ12	263.4	18	47.41	0.888	42.1	288.7
5	Φ12	均44.4	60	26.64	0.888	23.7	
5a	Φ12	64.2	20	12.84	0.888	11.4	
6	Φ12	30	96	28.80	0.888	25.6	
C50混凝土（m³）							0.99

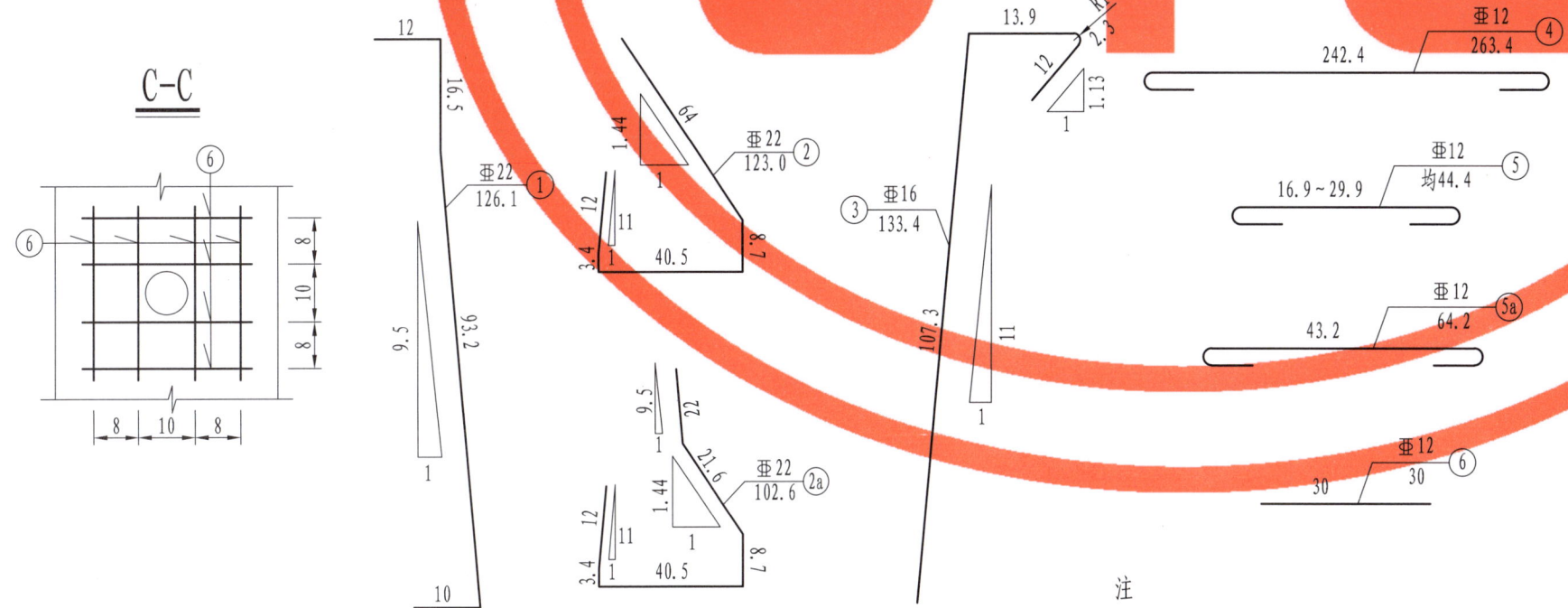

注
1. 本图尺寸除钢筋直径以毫米计外，其余均以厘米为单位。
2. 本图适用于SS1型护栏。
3. N1与N2、N3之间相互绑扎，N2a与N1单面焊接。
4. 图中未示出剪力键构造。
5. 本图混凝土量含剪力键工程量。

3×30m 双向六车道工字组合梁	汽车荷载等级：公路—Ⅰ级
	桥梁宽度：2×16.5m
外侧预制护栏钢筋构造	图号：SG-23

SS2型预制护栏钢筋立面（一节段）

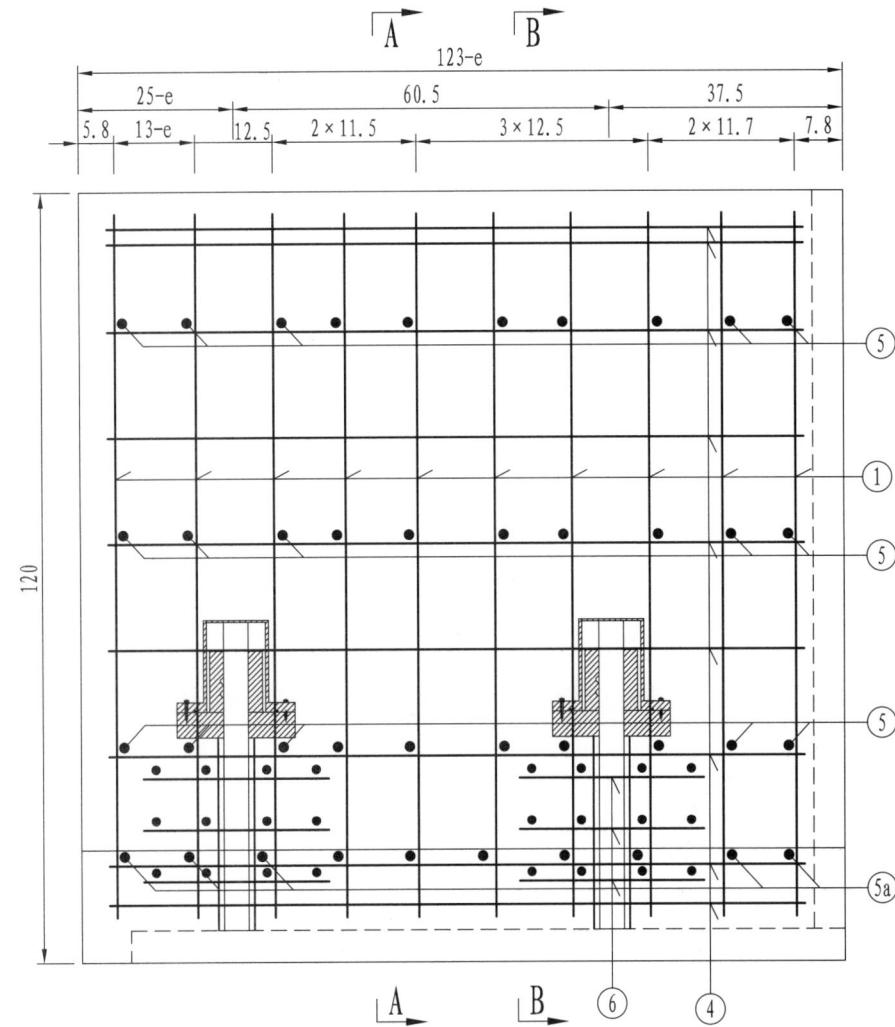

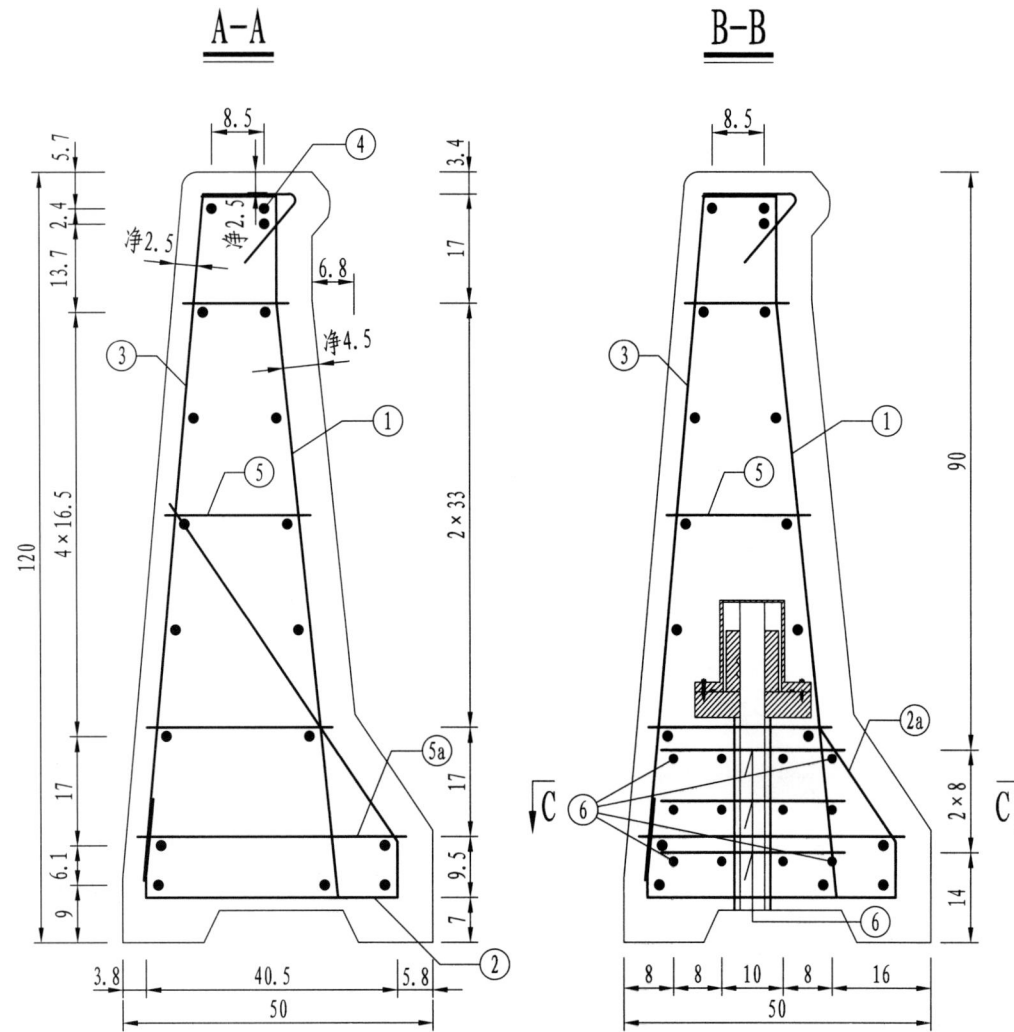

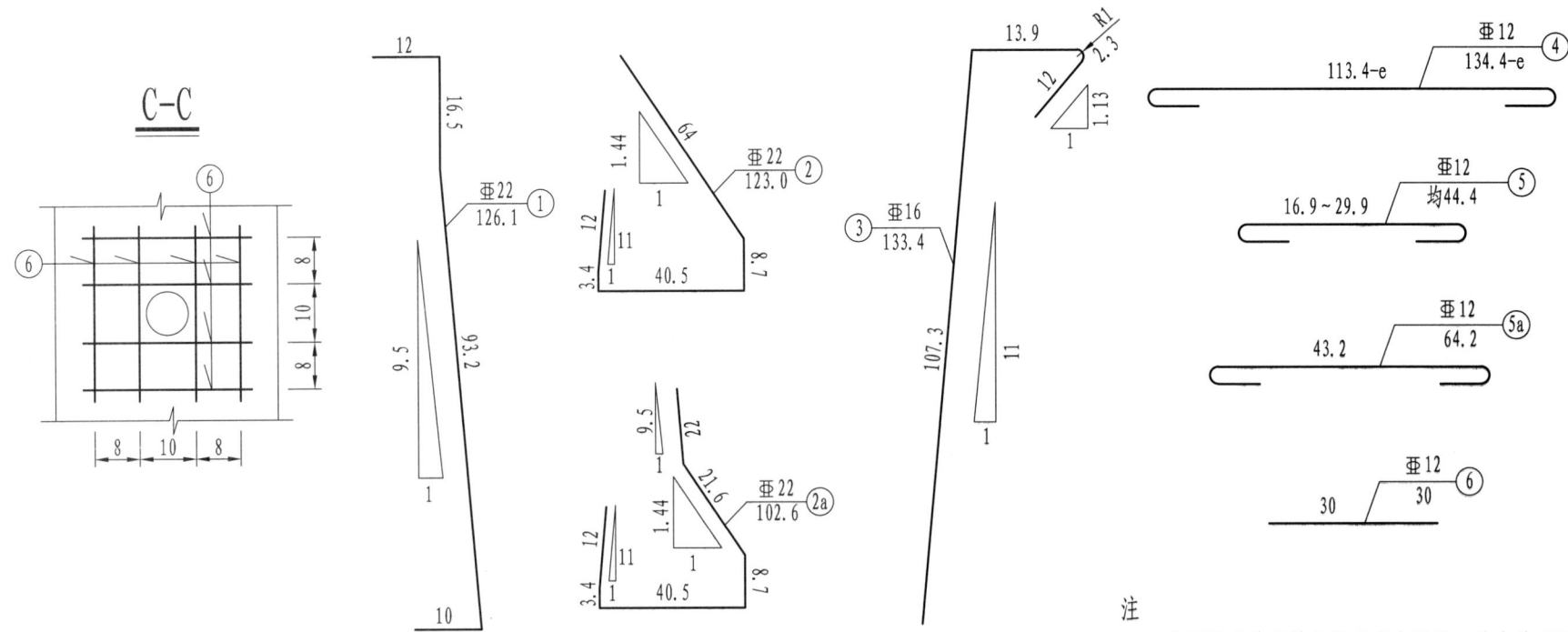

A-A

B-B

C-C

预制护栏材料数量表（一节段）

编号	直径 (mm)	单根长 (cm)	根数	总长 (m)	单位重 (kg/m)	总重 (kg)	合计 (kg)
1	亚22	126.1	10	12.61	2.980	37.6	
2	亚22	123.0	6	7.38	2.980	22.0	
2a	亚22	102.6	4	4.10	2.980	12.2	
3	亚16	133.4	10	13.34	1.580	21.1	
4	亚12	134.4-e	18	24.19	0.888	21.5	144.7
5	亚12	均44.4	30	13.32	0.888	11.8	
5a	亚12	64.2	10	6.42	0.888	5.7	
6	亚12	30	48	14.40	0.888	12.8	
C50混凝土(m³)							0.49

注
1. 本图尺寸除钢筋直径以毫米计外，其余均以厘米为单位。
2. 本图适用于SS2型护栏。
3. N1与N2、N3之间相互绑扎，N2a与N1单面焊接。
4. 图中未示出剪力键构造。
5. 本图混凝土量含剪力键工程量。

3×30m 双向六车道工字组合梁	汽车荷载等级：公路—I级
	桥梁宽度：2×16.5m
外侧预制护栏钢筋构造	图号：SG-23

SS3型预制护栏钢筋立面（一节段）

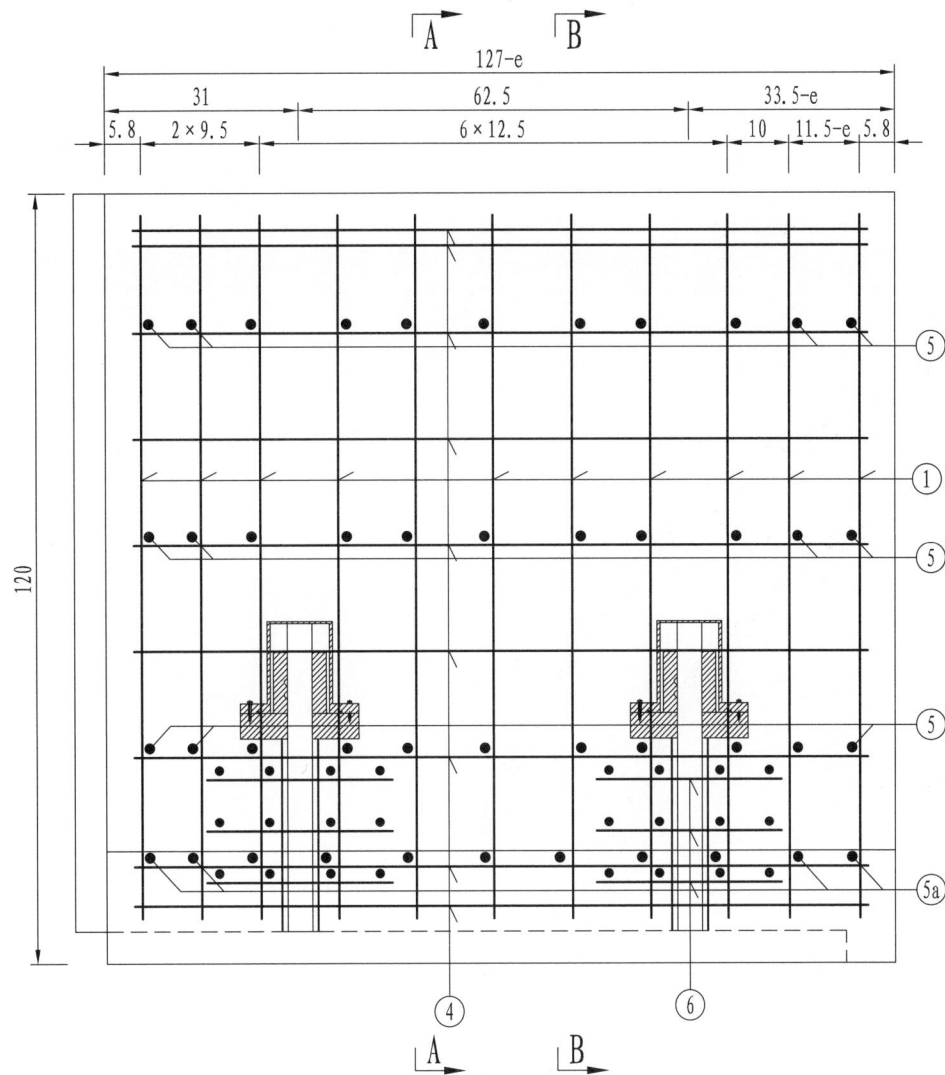

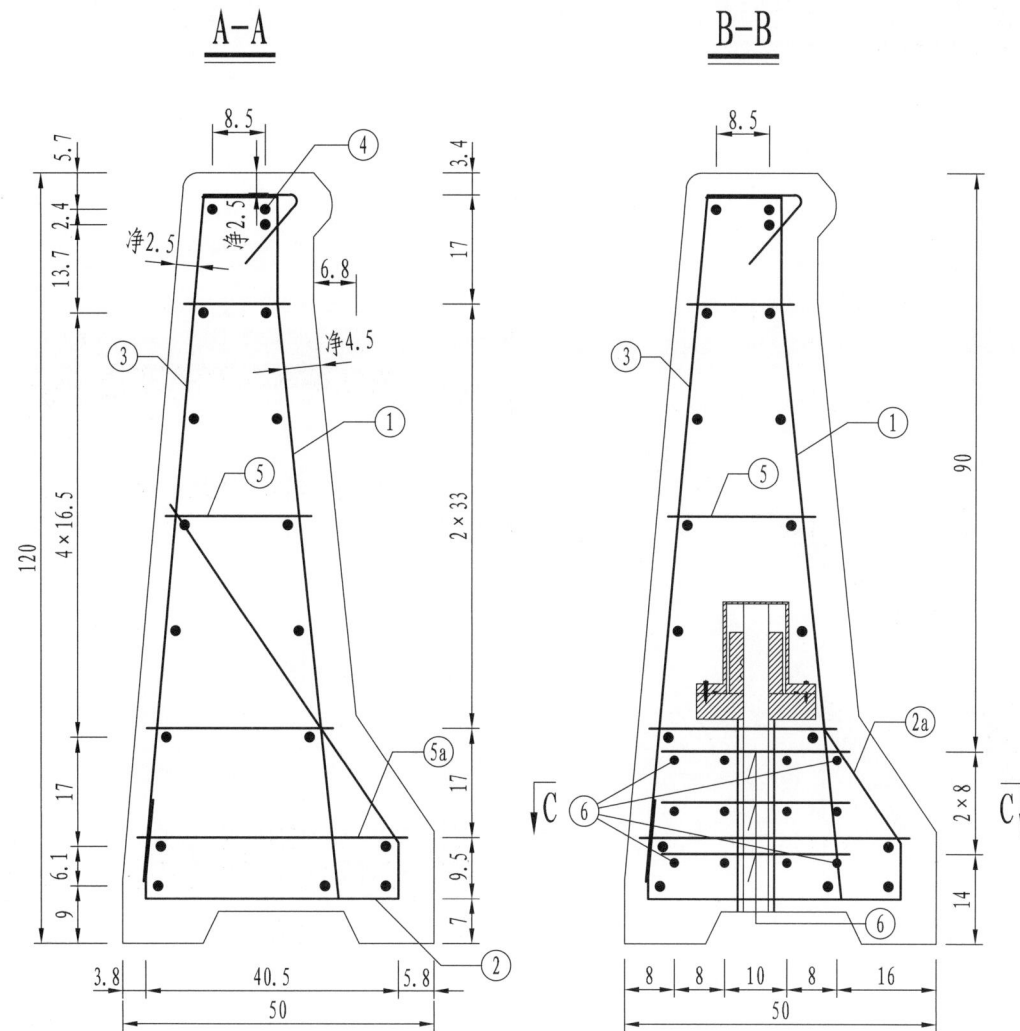

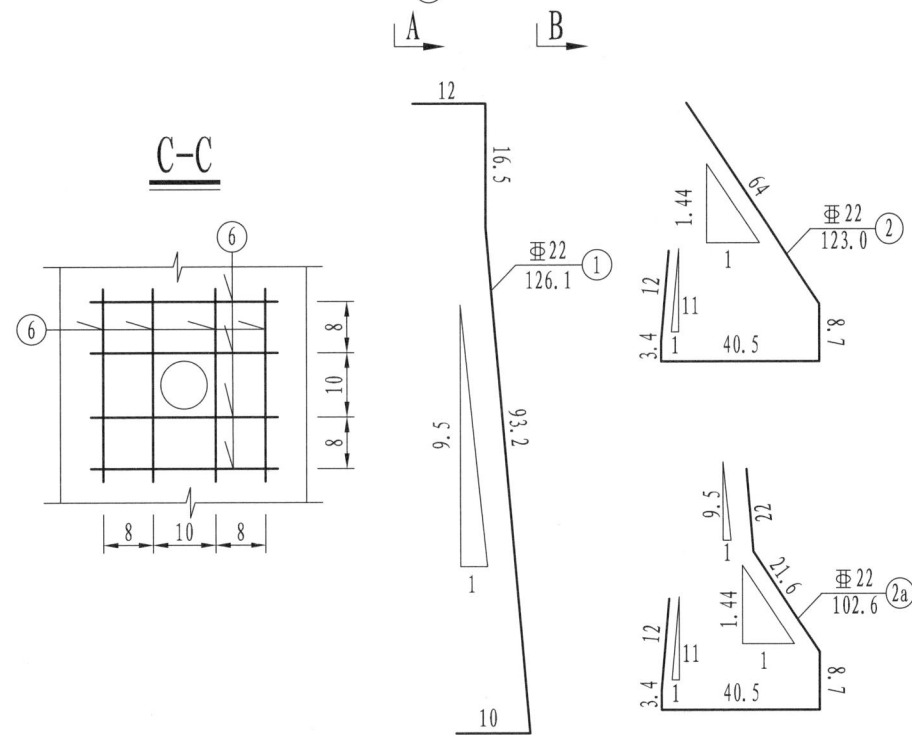

A-A

B-B

C-C

预制护栏材料数量表（一节段）

编号	直径(mm)	单根长(cm)	根数	总长(m)	单位重(kg/m)	总重(kg)	合计(kg)
1	Φ22	126.1	11	13.87	2.980	41.3	
2	Φ22	123.0	7	8.61	2.980	25.7	
2a	Φ22	102.6	4	4.10	2.980	12.2	
3	Φ16	133.4	11	14.67	1.580	23.2	156.9
4	Φ12	140.4-e	18	25.27	0.888	22.4	
5	Φ12	均44.4	33	14.65	0.888	13.0	
5a	Φ12	64.2	11	7.06	0.888	6.3	
6	Φ12	30	48	14.40	0.888	12.8	
C50混凝土(m³)							0.50

注
1. 本图尺寸除钢筋直径以毫米计外，其余均以厘米为单位。
2. 本图适用于SS3型护栏。
3. N1与N2、N3之间相互绑扎，N2a与N1单面焊接。
4. 图中未示出剪力键构造。
5. 本图混凝土量含剪力键工程量。

3×30m 双向六车道工字组合梁	汽车荷载等级：公路一I级
	桥梁宽度：2×16.5m
外侧预制护栏钢筋构造	图号：SG-23

SA1型预制护栏钢筋立面（一节段）

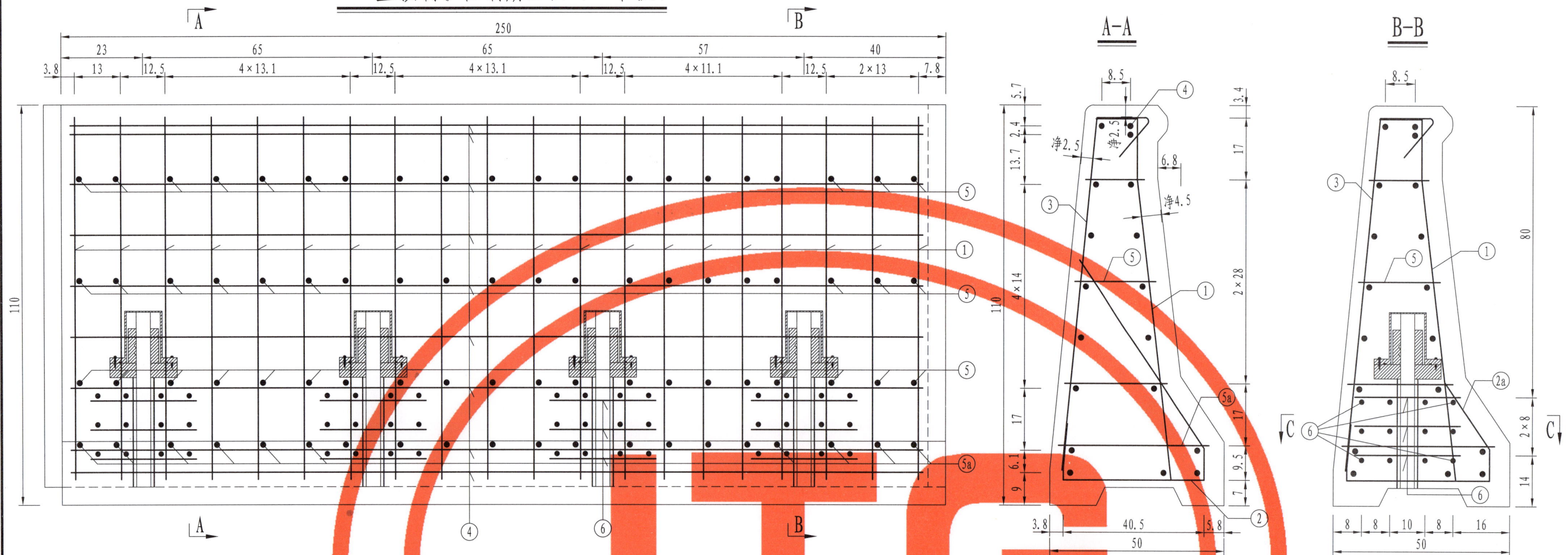

A-A   B-B

C-C

注
1. 本图尺寸除钢筋直径以毫米计外，其余均以厘米为单位。
2. 本图适用于SA1型护栏。
3. N1与N2、N3之间相互绑扎，N2a与N1单面焊接。
4. 图中未示出剪力键构造。
5. 本图混凝土量含剪力键工程量。

预制护栏材料数量表（一节段）

编号	直径(mm)	单根长(cm)	根数	总长(m)	单位重(kg/m)	总重(kg)	合计(kg)
1	Φ22	116.2	20	23.24	2.980	69.3	
2	Φ22	122.0	12	14.64	2.980	43.6	
2a	Φ22	102.6	8	8.21	2.980	24.5	
3	Φ16	123.5	20	24.70	1.580	39.0	279.1
4	Φ12	263.4	18	47.41	0.888	42.1	
5	Φ12	均44.2	60	26.52	0.888	23.6	
5a	Φ12	64.2	20	12.84	0.888	11.4	
6	Φ12	30	96	28.80	0.888	25.6	
C50混凝土(m³)							0.91

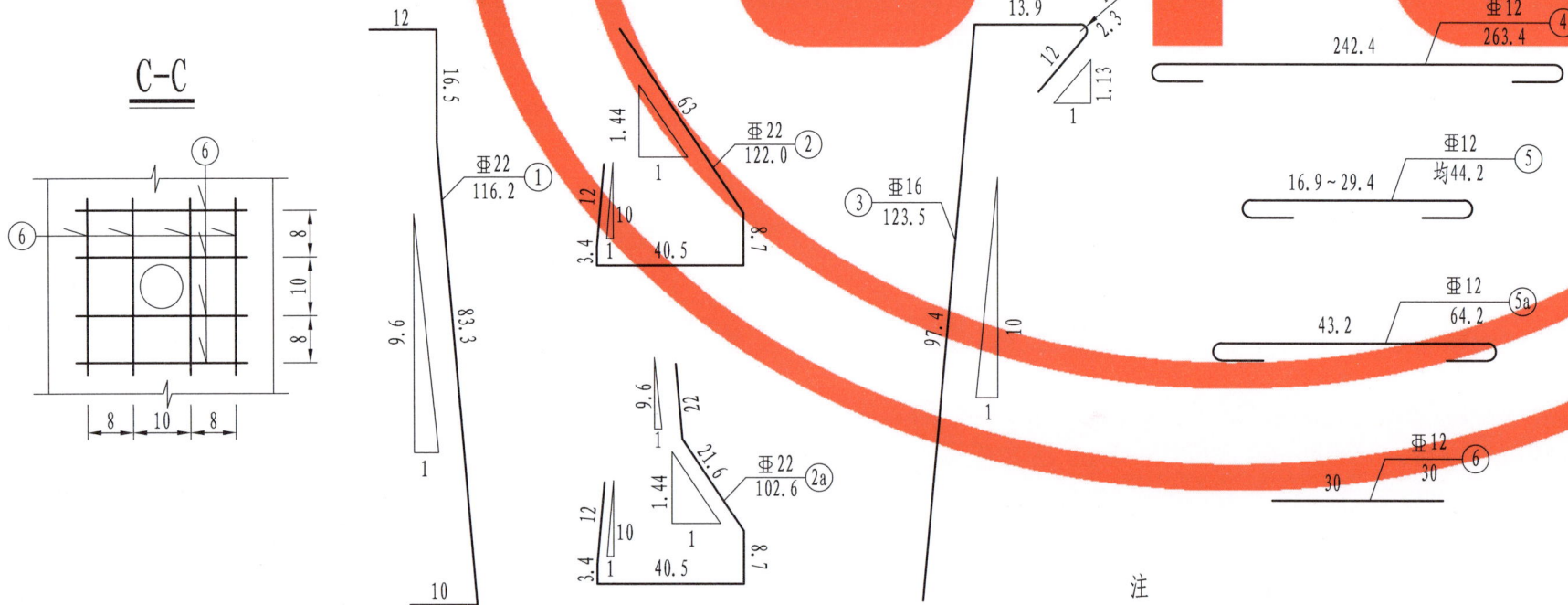

3×30m 双向六车道工字组合梁

汽车荷载等级：公路—I级

桥梁宽度：2×16.5m

内侧预制护栏钢筋构造

图号：SG-24

SA2型预制护栏钢筋立面（一节段）

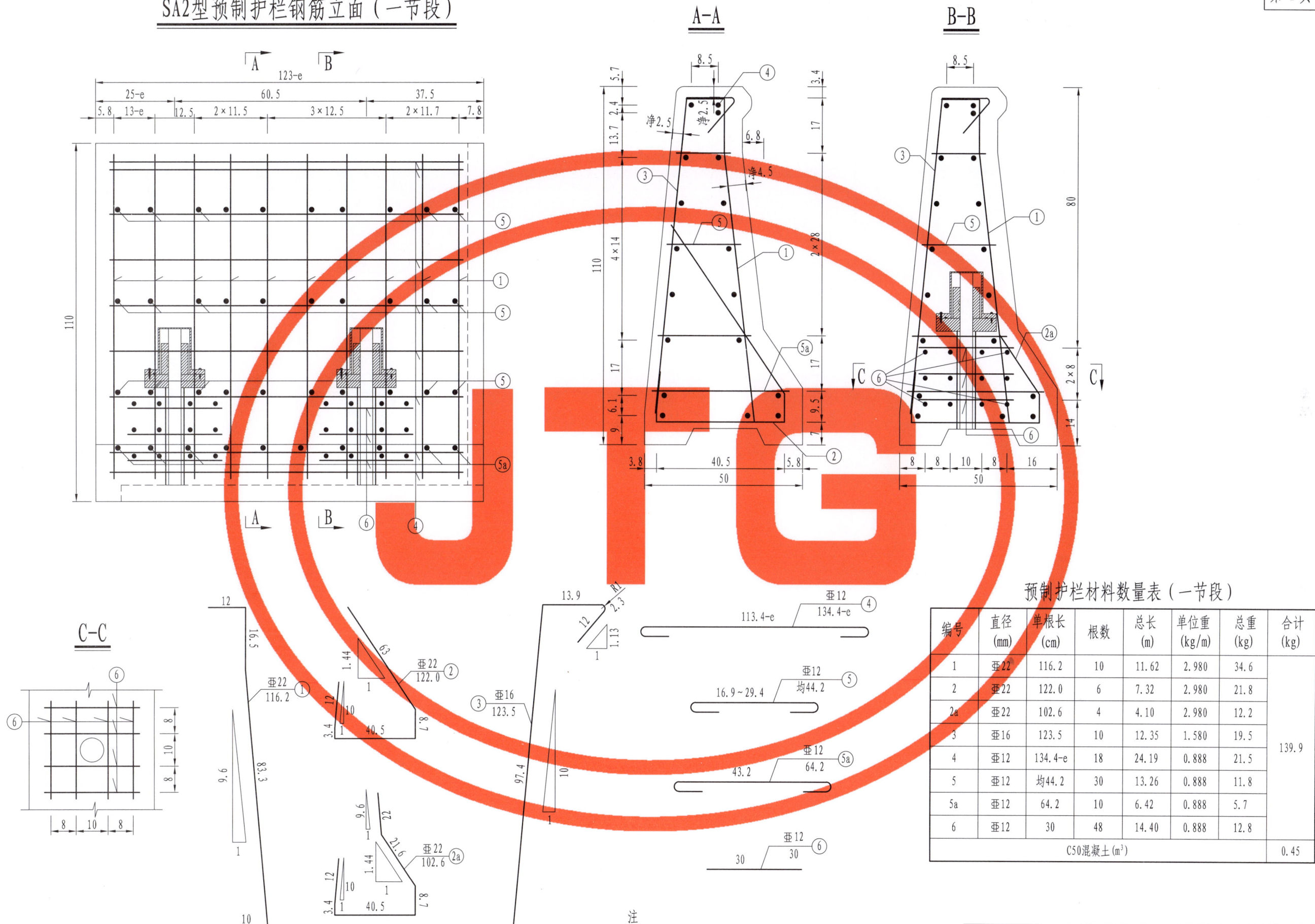

A-A

B-B

C-C

预制护栏材料数量表（一节段）

编号	直径(mm)	单根长(cm)	根数	总长(m)	单位重(kg/m)	总重(kg)	合计(kg)
1	Φ22	116.2	10	11.62	2.980	34.6	
2	Φ22	122.0	6	7.32	2.980	21.8	
2a	Φ22	102.6	4	4.10	2.980	12.2	
3	Φ16	123.5	10	12.35	1.580	19.5	139.9
4	Φ12	134.4-e	18	24.19	0.888	21.5	
5	Φ12	均44.2	30	13.26	0.888	11.8	
5a	Φ12	64.2	10	6.42	0.888	5.7	
6	Φ12	30	48	14.40	0.888	12.8	
C50混凝土(m³)							0.45

注
1. 本图尺寸除钢筋直径以毫米计外，其余均以厘米为单位。
2. 本图适用于SA2型护栏。
3. N1与N2、N3之间相互绑扎，N2a与N1单面焊接。
4. 图中未示出剪力键构造。
5. 本图混凝土量含剪力键工程量。

3×30m 双向六车道工字组合梁

汽车荷载等级：公路—Ⅰ级

桥梁宽度：2×16.5m

内侧预制护栏钢筋构造

图号：SG-24

SA3型预制护栏钢筋立面（一节段）

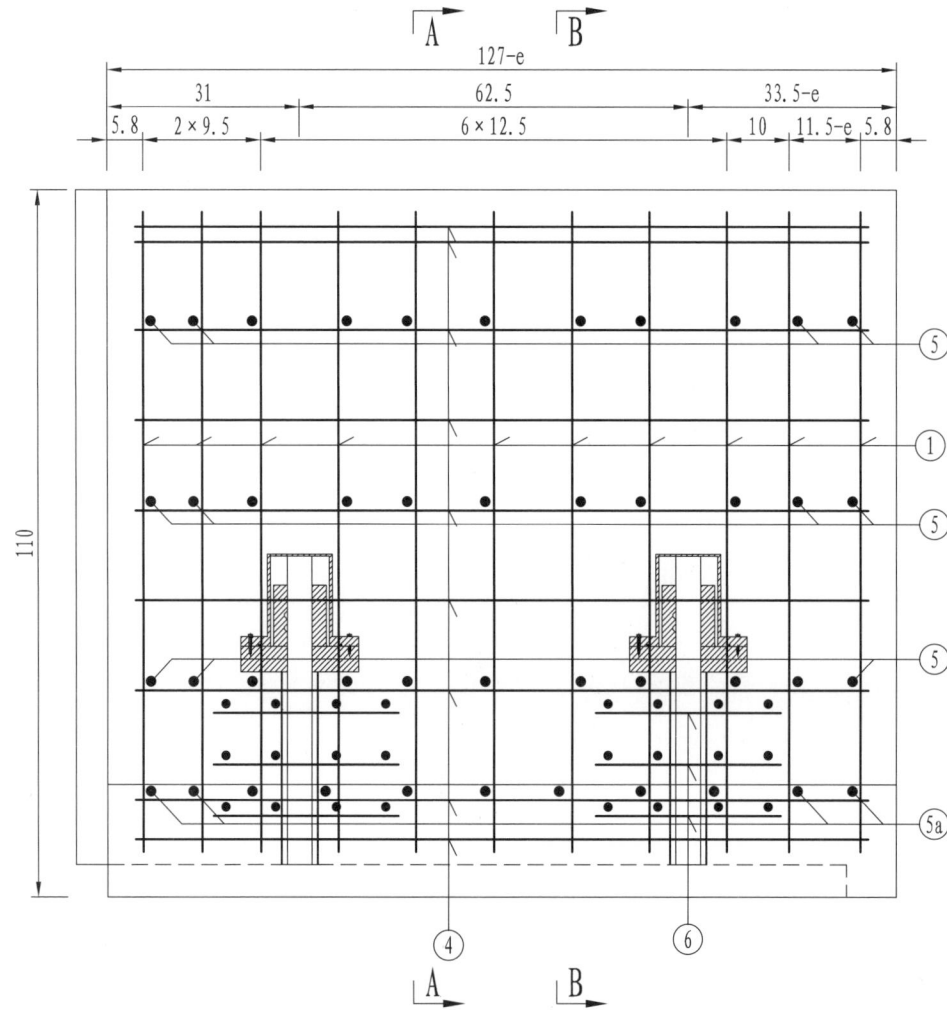

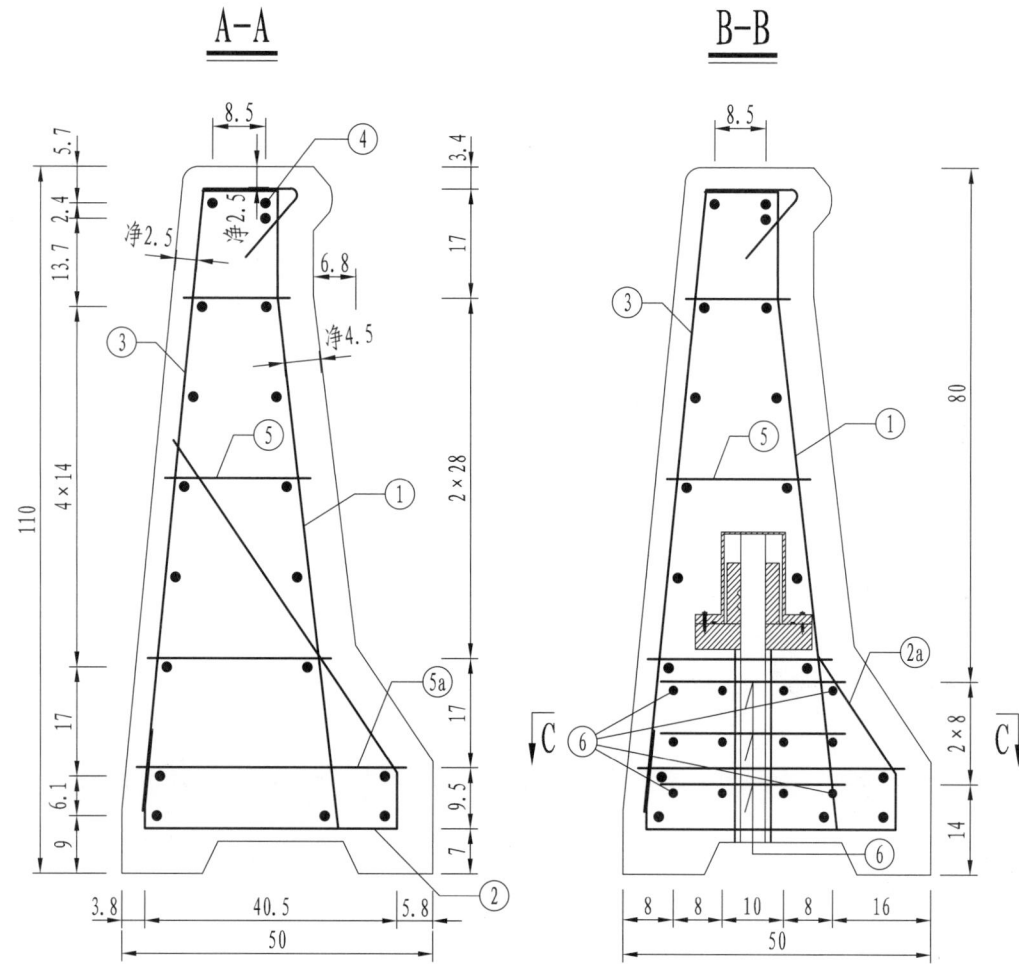

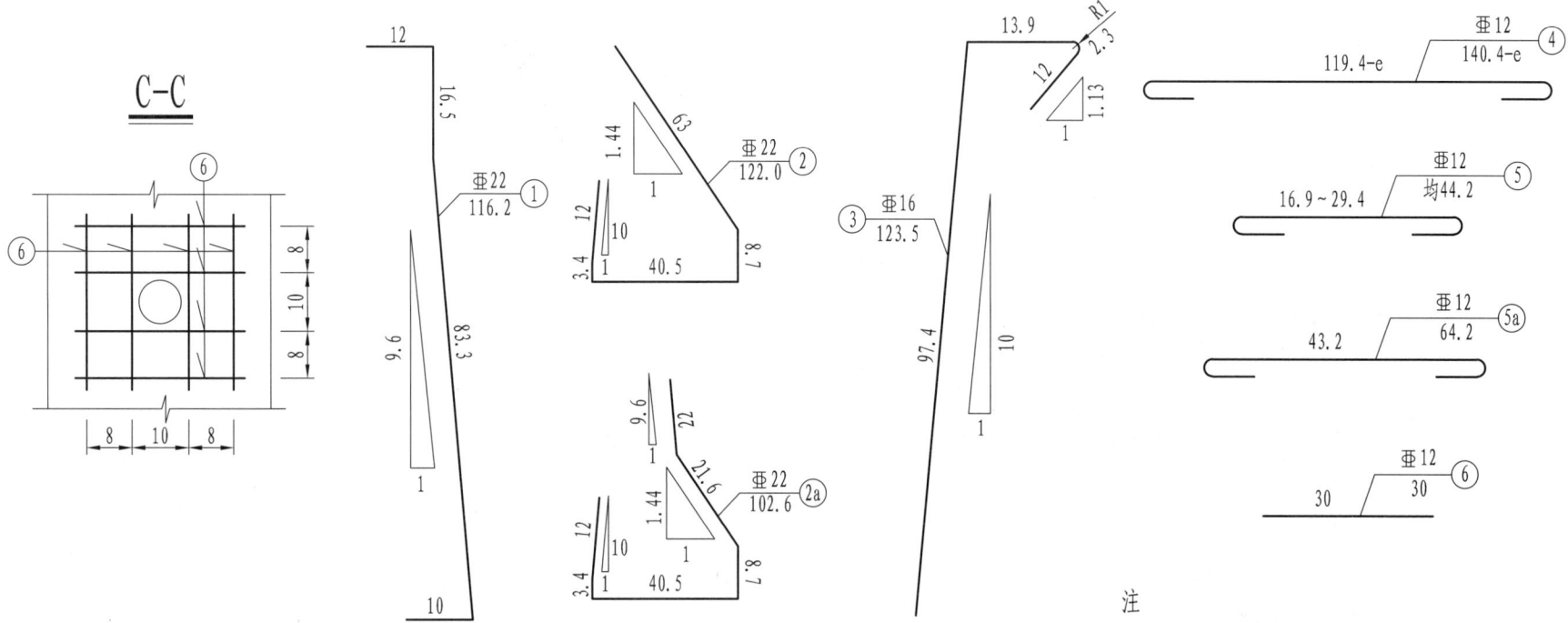

A-A

B-B

C-C

预制护栏材料数量表（一节段）

编号	直径 (mm)	单根长 (cm)	根数	总长 (m)	单位重 (kg/m)	总重 (kg)	合计 (kg)
1	⏀22	116.2	11	12.78	2.980	38.1	
2	⏀22	122.0	7	8.54	2.980	25.4	
2a	⏀22	102.6	4	4.10	2.980	12.2	
3	⏀16	123.5	11	13.59	1.580	21.5	151.7
4	⏀12	140.4-e	18	25.27	0.888	22.4	
5	⏀12	均44.2	33	14.59	0.888	13.0	
5a	⏀12	64.2	11	7.06	0.888	6.3	
6	⏀12	30	48	14.40	0.888	12.8	
C50混凝土（m³）							0.46

注
1. 本图尺寸除钢筋直径以毫米计外，其余均以厘米为单位。
2. 本图适用于SA3型护栏。
3. N1与N2、N3之间相互绑扎，N2a与N1单面焊接。
4. 图中未示出剪力键构造。
5. 本图混凝土量含剪力键工程量。

3×30m 双向六车道工字组合梁	汽车荷载等级：公路—Ⅰ级
	桥梁宽度：2×16.5m
内侧预制护栏钢筋构造	图号：SG-24

预制护栏横断面

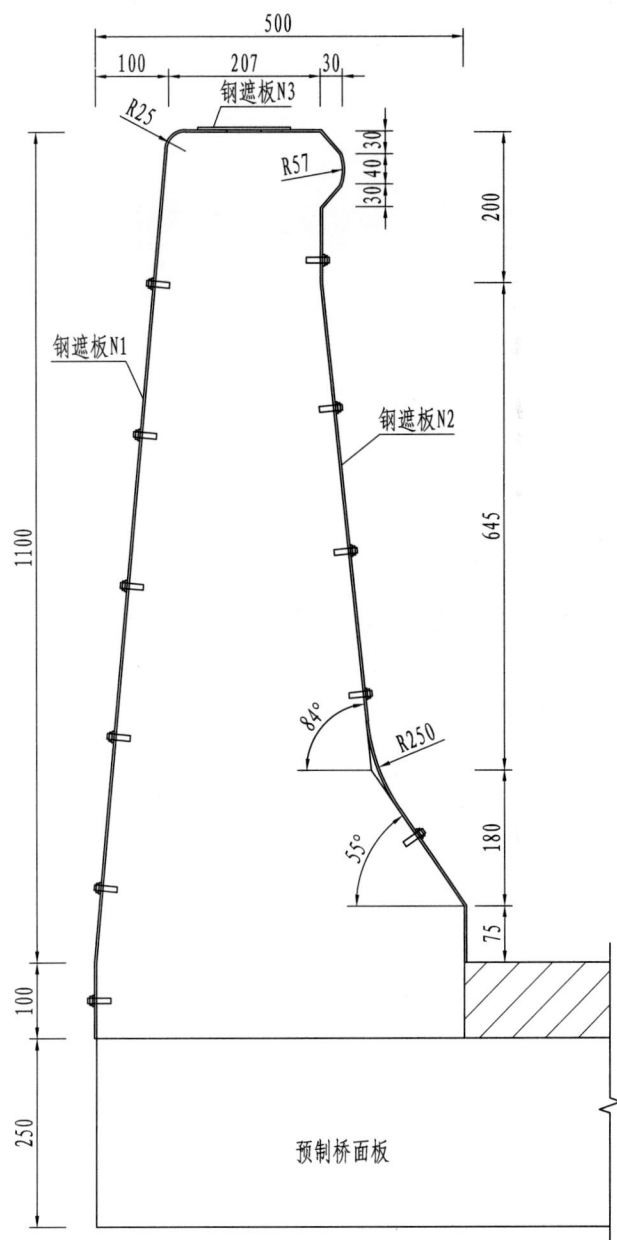

伸缩装置钢遮板N1

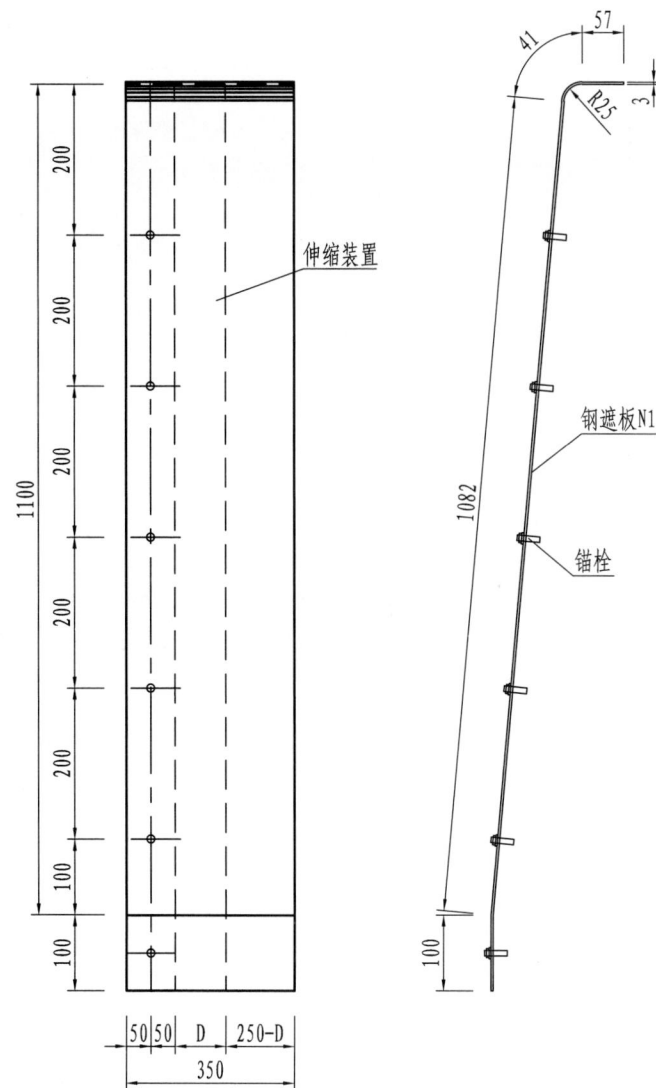

伸缩装置钢遮板N2

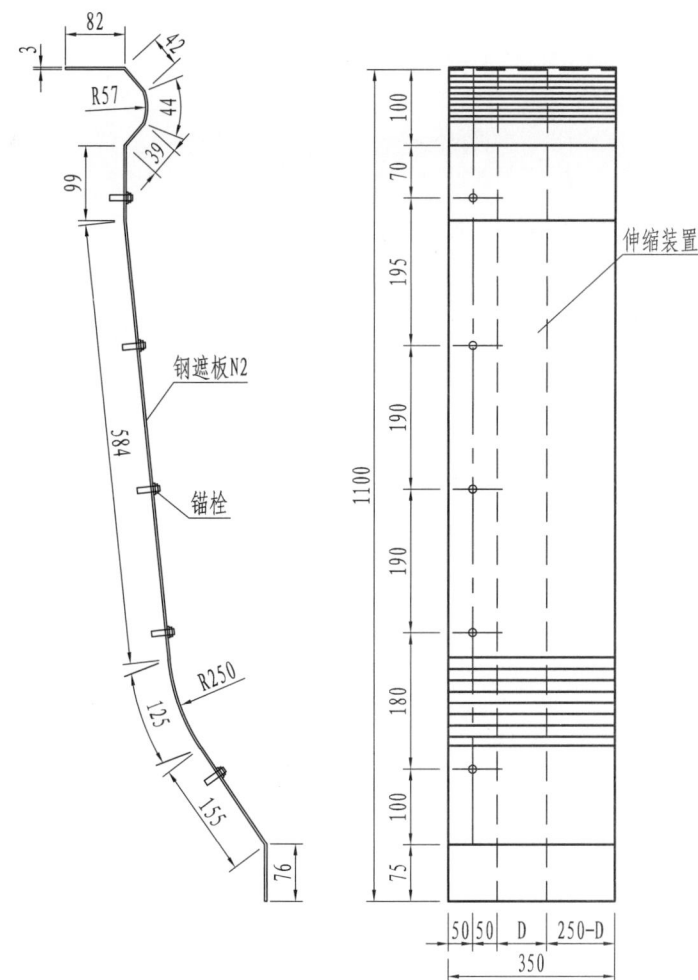

一道伸缩装置钢遮板材料用量表

钢板重量(kg)	21.8
锚栓(个)	10

伸缩装置钢遮板N3

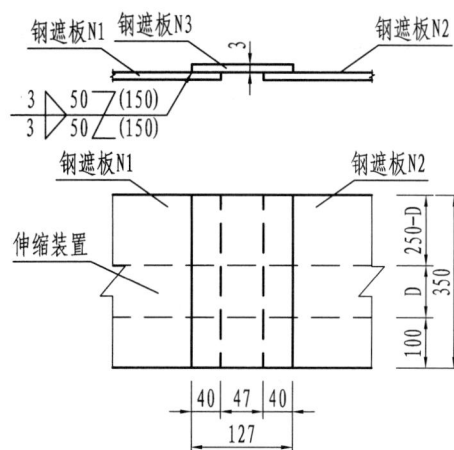

注

1.本图尺寸均以毫米为单位。

2.钢遮板只在伸缩装置处设置，安装时先在护栏中预埋螺栓，安装钢板后用螺母紧固。

3.所有钢板均采用S31603不锈钢，外露部分须涂装。

4.锚栓及垫圈采用性能等级为A4-70和A4的不锈钢材料，应尽量减少螺栓外露长度。

5.D为梁端的间隙宽度。

6.钢遮板涂料颜色应与混凝土颜色保持一致。

3×30m 双向六车道工字组合梁	汽车荷载等级: 公路—I级
	桥梁宽度: 2×16.5m
外侧预制护栏钢遮板构造	图号: SG-25

预制护栏横断面

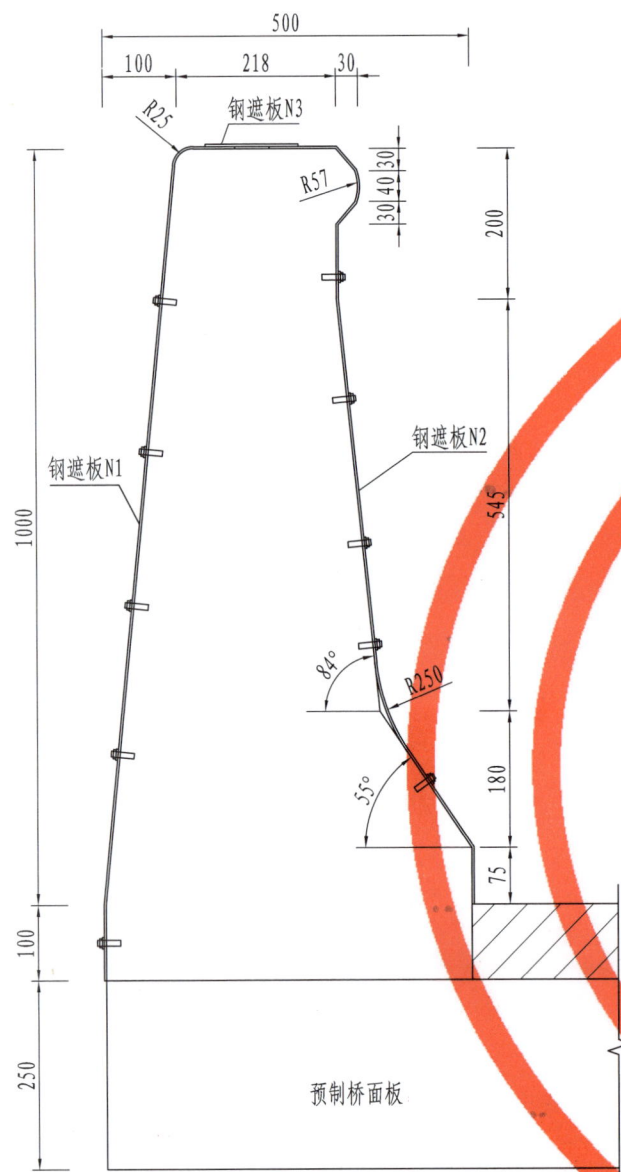

伸缩装置钢遮板N1

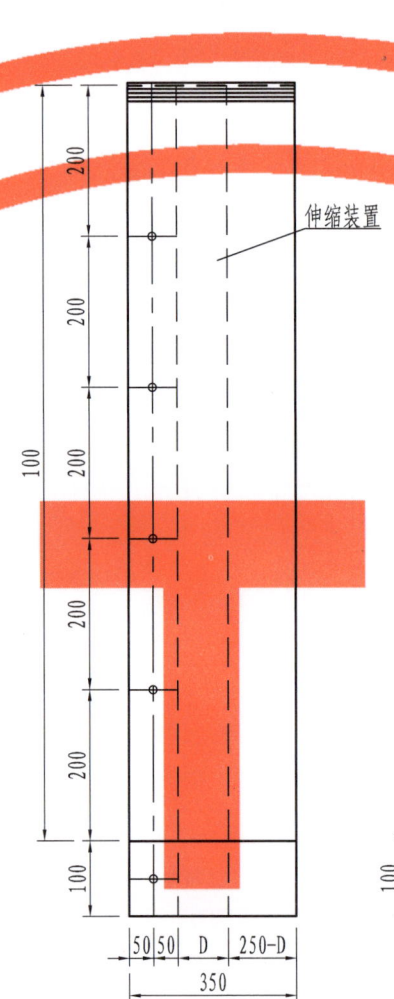

伸缩装置钢遮板N2

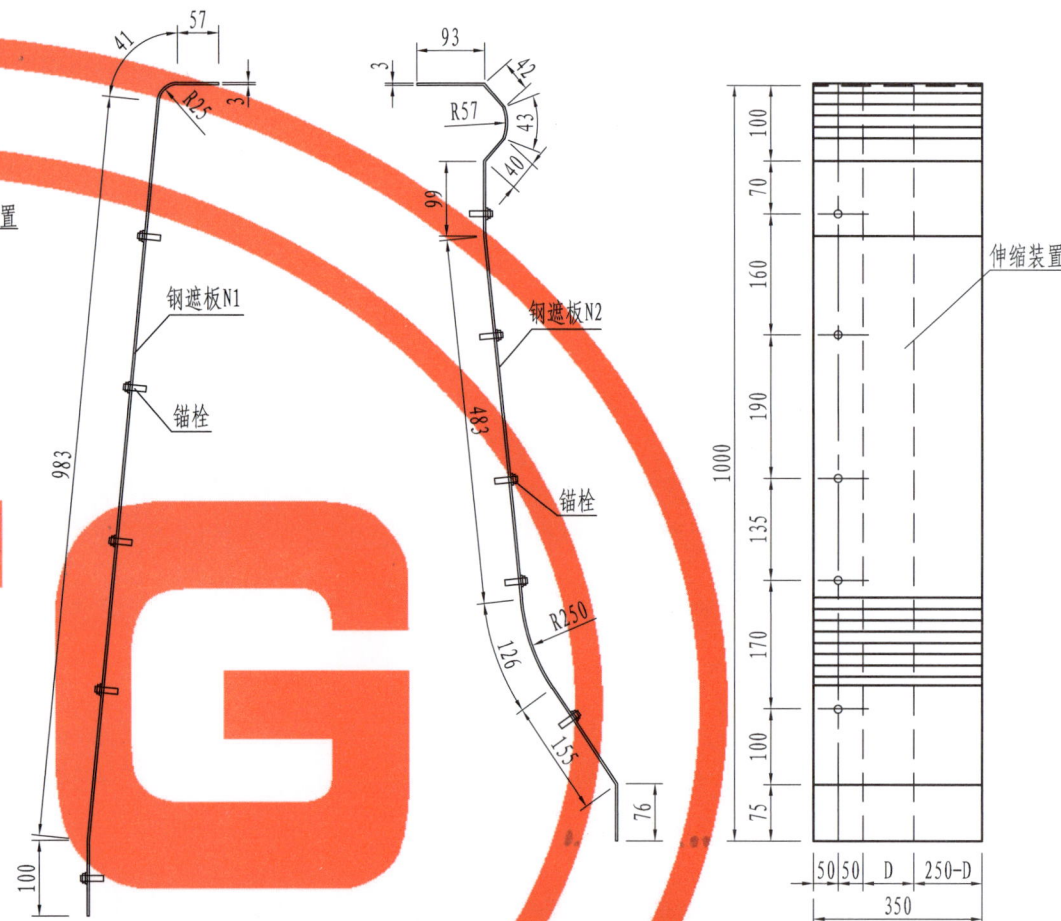

钢遮板N3

钢遮板N2

钢遮板N1

钢遮板N1

钢遮板N2

预制桥面板

伸缩装置钢遮板N3

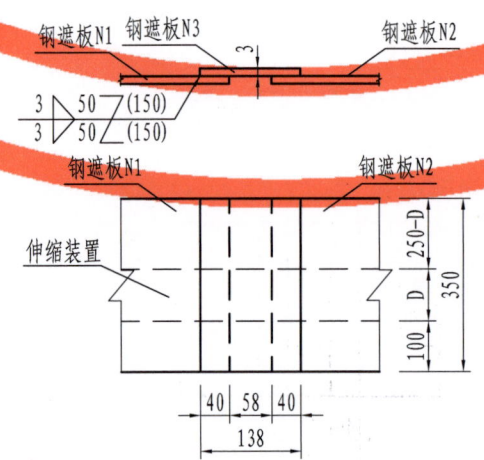

钢遮板N1 钢遮板N3

钢遮板N2

钢遮板N1

钢遮板N2

伸缩装置

一道伸缩装置钢遮板材料用量表

钢板重量(kg)	20.9
锚栓(个)	10

注
1.本图尺寸均以毫米为单位。
2.钢遮板只在伸缩装置处设置，安装时先在护栏中预埋螺栓，安装钢板后用螺母紧固。
3.所有钢板均采用S31603不锈钢，外露部分须涂装。
4.锚栓及垫圈采用性能等级为A4-70和A4的不锈钢材料，应尽量减少螺栓外露长度。
5.D为梁端的间隙宽度。
6.钢遮板涂料颜色应与混凝土颜色保持一致。

3×30m 双向六车道工字组合梁	汽车荷载等级: 公路—I级
	桥梁宽度: 2×16.5m
内侧预制护栏钢遮板构造	图号: SG-26

预制护栏吊点立面（一节段）

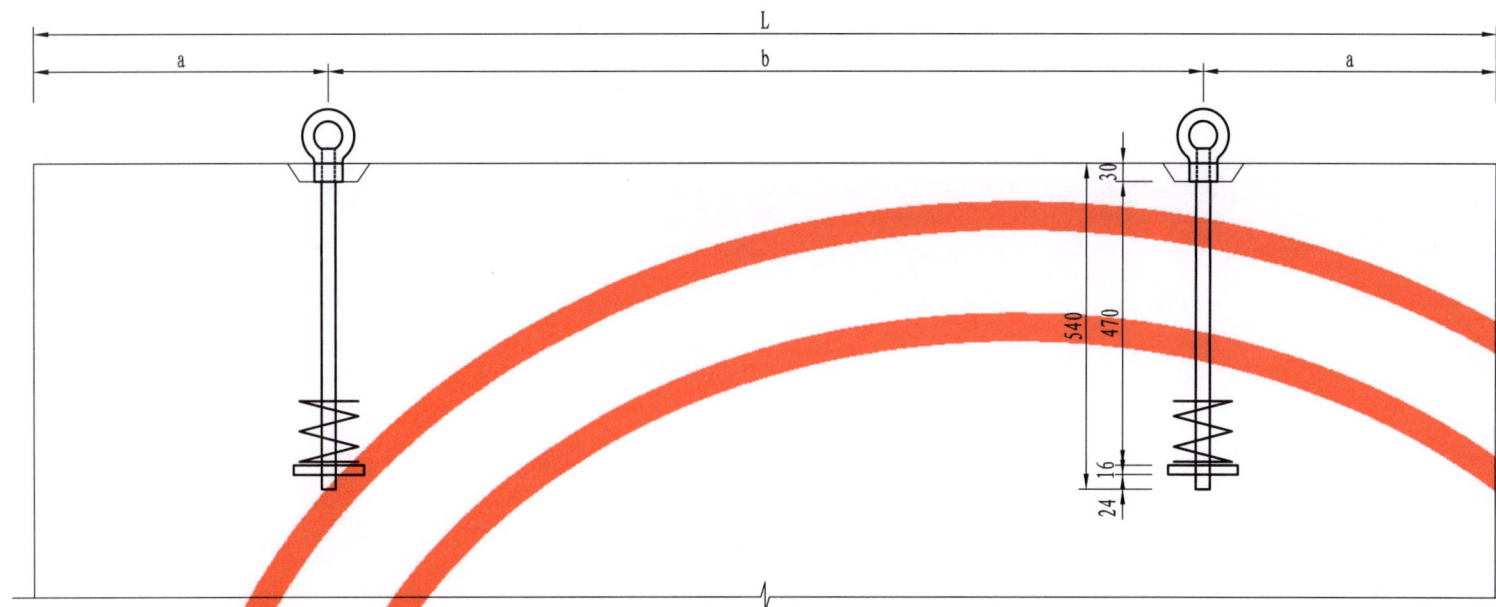

预制护栏吊点断面

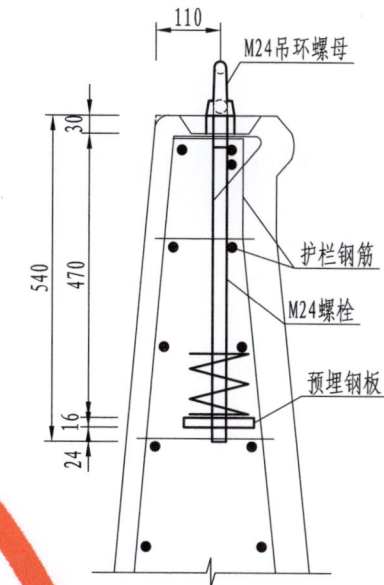

预制钢板大样

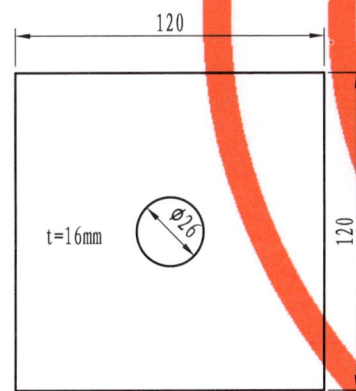

预埋螺旋钢筋大样

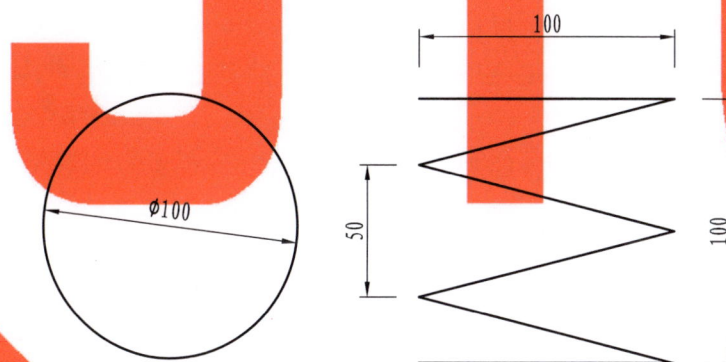

M24吊环螺母大样

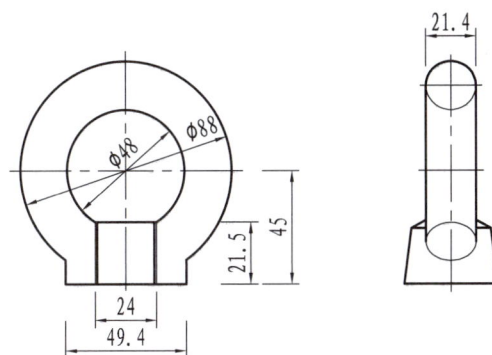

PE螺纹帽大样

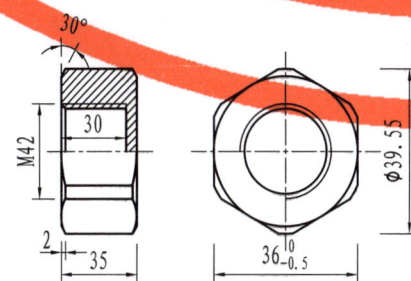

参数表

护栏名称	L (mm)	a (mm)	b (mm)
SS1、SA1	2500	525	1450
SS2、SA2	1230-e	250	730-e
SS3、SA3	1270-e	250	770-e

护栏吊点预埋板数量表

名称	规格(mm)	材料	数量	单件重(kg)	重量(kg)	全桥个数	全桥合计
预埋钢板	□120×16×120	Q355C	2	1.63	3.3	148	488.4kg
螺栓	M24×540		2套			148	296套
吊环螺母	M24		2套			15	30套
螺旋钢筋	直径(mm)	单根长(mm)	根数	总长(m)	单位重(kg/m)	共重(kg)	全桥个数	总重(kg)
	Φ10	1265	2	2.53	0.617	1.56	148	230.9

注
1. 本图尺寸均以毫米为单位。
2. 吊点孔处M24螺栓与预埋钢板之间采用焊接连接，预埋于预制护栏中，吊装时旋拧M24吊环螺母与螺栓对接，吊装后再拆除M24吊环螺母，该螺母可周转使用。
3. 预制护栏浇筑前，吊点孔处的螺栓应安装定制的PE螺纹帽予以防护，该防护帽在吊装前拆除，可周转使用。

3×30m 双向六车道工字组合梁
汽车荷载等级：公路—I级
桥梁宽度：2×16.5m
预制护栏吊点构造
图号：SG-27

立面

护栏

预埋固定端保护罩
预埋固定端螺母
$\phi60\times1.5mm$预埋管
$\phi40$高强钢棒

剪力槽
桥面板

梁端现浇桥面板挑臂钢顶板（预制桥面板无此板）
螺旋钢筋
张拉端垫板
张拉端螺母
PE保护帽

预埋固定端保护罩大样

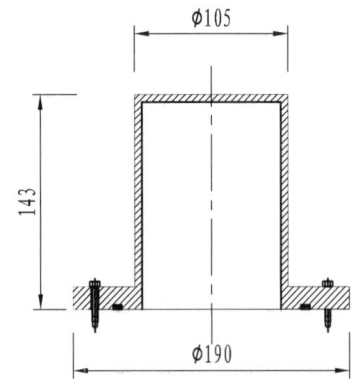

预埋固定端螺母大样

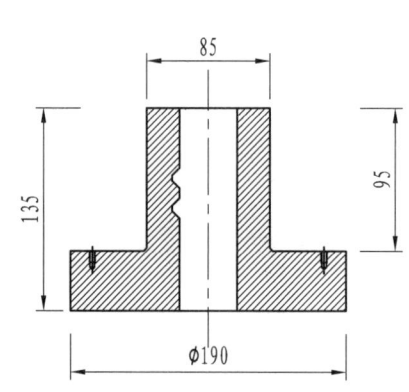

张拉端垫板大样

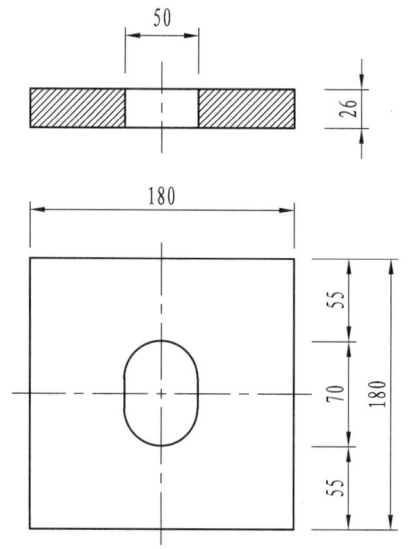

$\phi40$高强螺纹钢棒大样

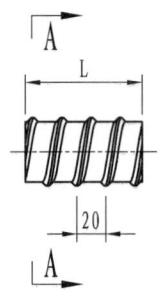

A-A

$\phi40$高强螺纹钢棒牙形大样

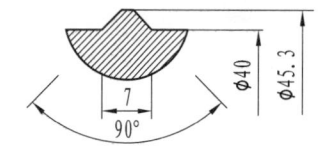

张拉端螺母大样

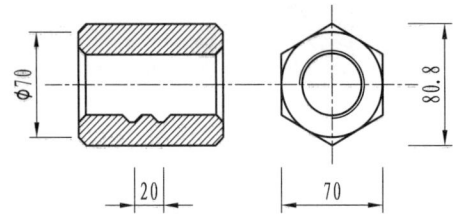

螺旋筋大样

注

1. 本图尺寸均以毫米为单位。

2. 高强螺纹钢棒、预埋固定端螺母、张拉端螺母材料为42CrMo，张拉端垫板材料为45号钢。

3. 高强螺纹钢棒屈服强度≥930MPa，抗拉强度≥1080MPa。

4. 高强螺纹钢棒螺纹采用冷挤压的加工方式，螺纹为连续滚压全螺纹形式。

5. 高强螺纹钢棒、螺母应按GB/T 4162的要求进行超声波探伤，A级合格；螺纹处应按NB/T 47013.5的要求进行渗透探伤，I级合格。

6. 高强螺纹钢棒、螺母进行达克罗防护处理，厚度10μm；垫板、保护罩和外露钢结构表面进行涂装；下端张拉锚固后，在螺纹处涂密封胶，然后安装PE保护帽防护。涂装方案、PE保护帽颜色与钢主梁相同。

7. 安装时，要求张拉端钢棒露出垫板外长度为200mm，高强钢棒单根总长45+135+600+200=980mm（适用于预制桥面板连接用）/ 45+135+650+200+t=1030+t mm（适用于现浇桥面板连接用），张拉结束后，安装保护帽。

8. 钢棒的运输、安装过程中应避免受横向冲击或碰撞。

9. 本锚固系统配套使用专业张拉机具；控制张拉力为500kN；适用于受轴向拉伸体系。

10. 固定端预埋件控制偏差不得超过10mm。

11. 固定端螺母及保护罩预埋于护栏内，张拉端垫板及锚下钢筋网预埋于桥面板内；本图仅给出单个钢棒桥面板锚下钢筋网工程量；钢棒及配套螺母、保护罩按套数计量，其具体数量及张拉端垫板、预埋管工程量详见"外侧、内侧预制护栏一般构造"。

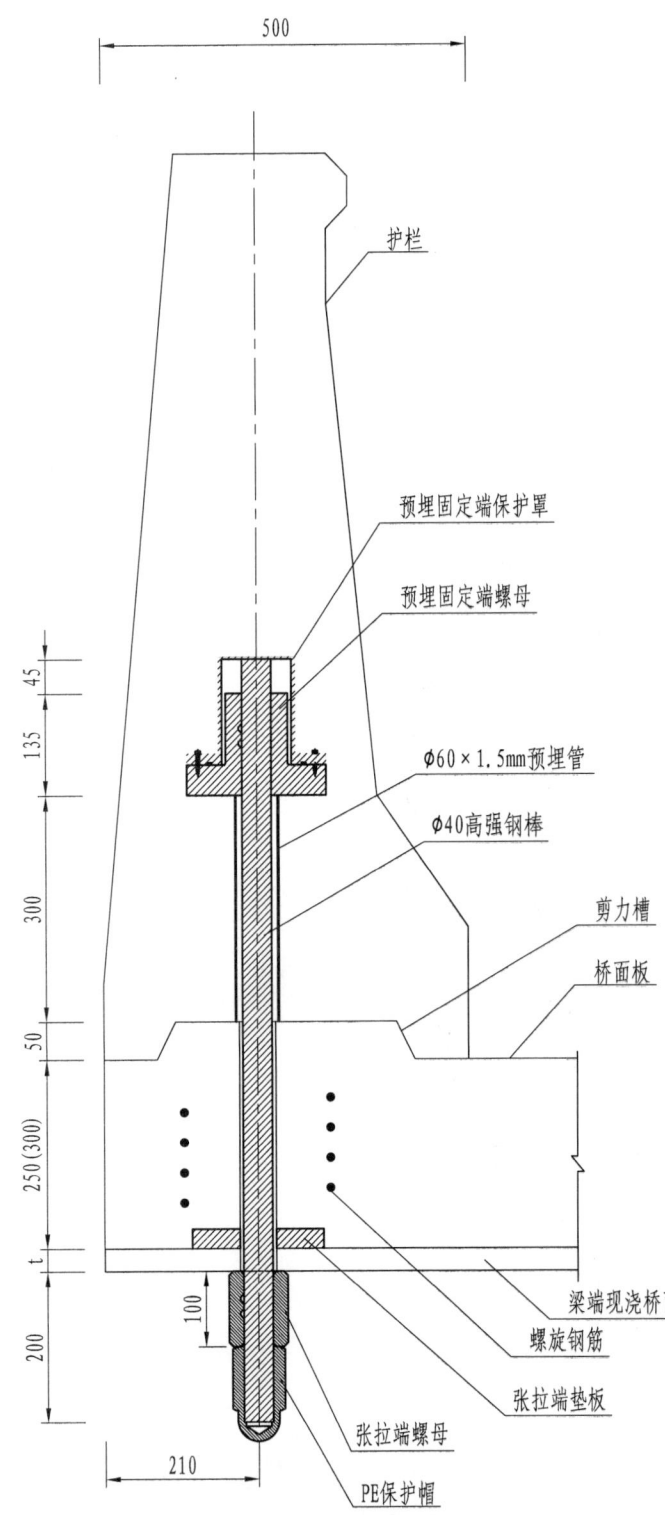

预制护栏连接材料数量表

螺旋筋	直径 (mm)	单根长 (mm)	根数	总长 (m)	单位重 (kg/m)	总重 (kg)
	Φ10	3145	1	3.1	0.617	1.9

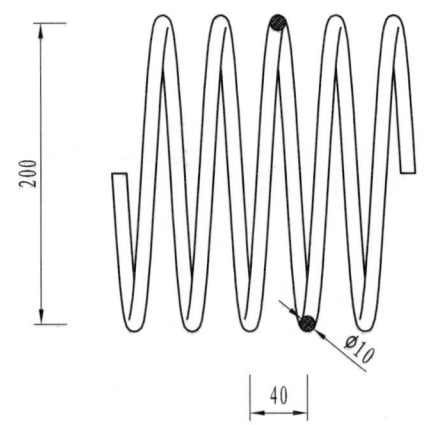

3×30m 双向六车道工字组合梁	汽车荷载等级：公路—I级
	桥梁宽度：2×16.5m
预制护栏连接构造	图号：SG-28

立 面

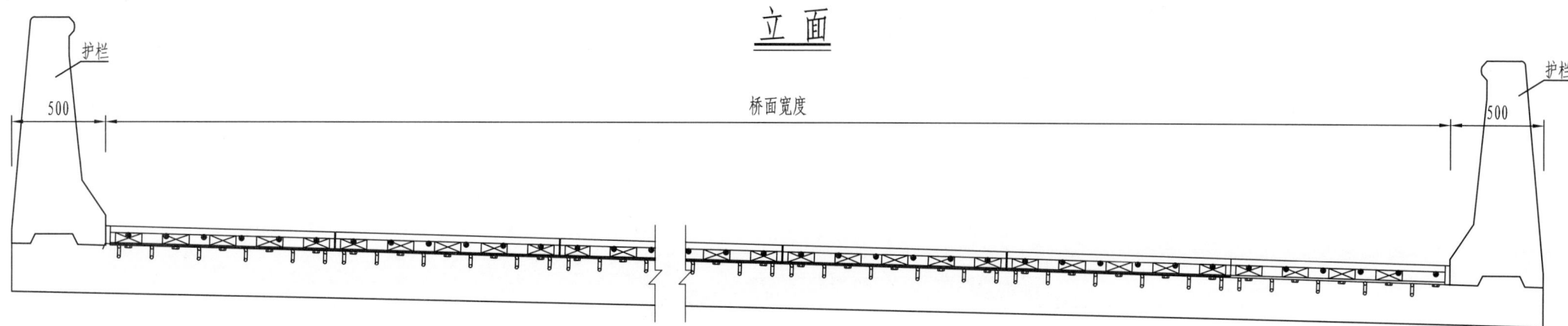

护栏　护栏

500　桥面宽度　500

平 面

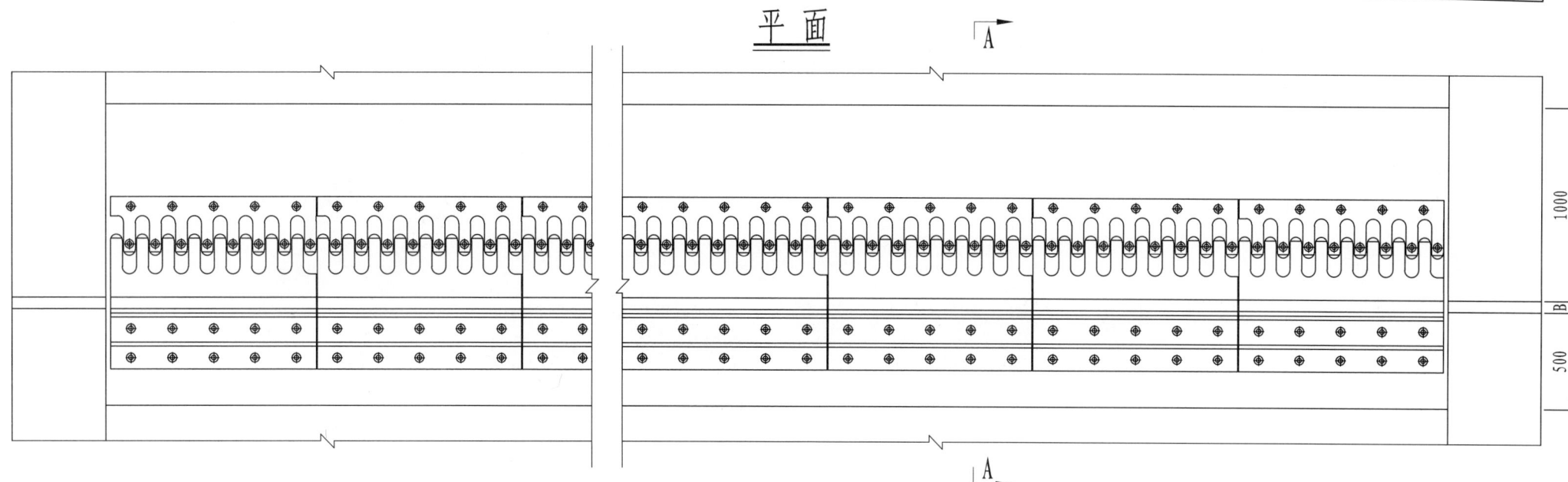

1000

500

B

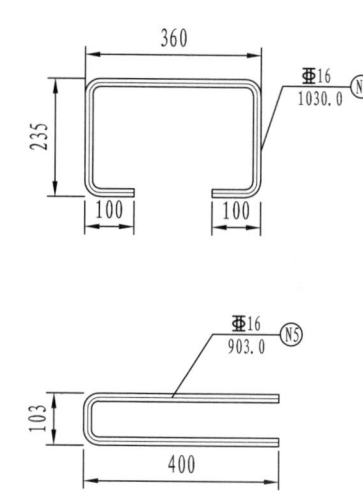

360
235
100　100
亚16
1030.0　N1

亚16
903.0　N5
103
400

A-A

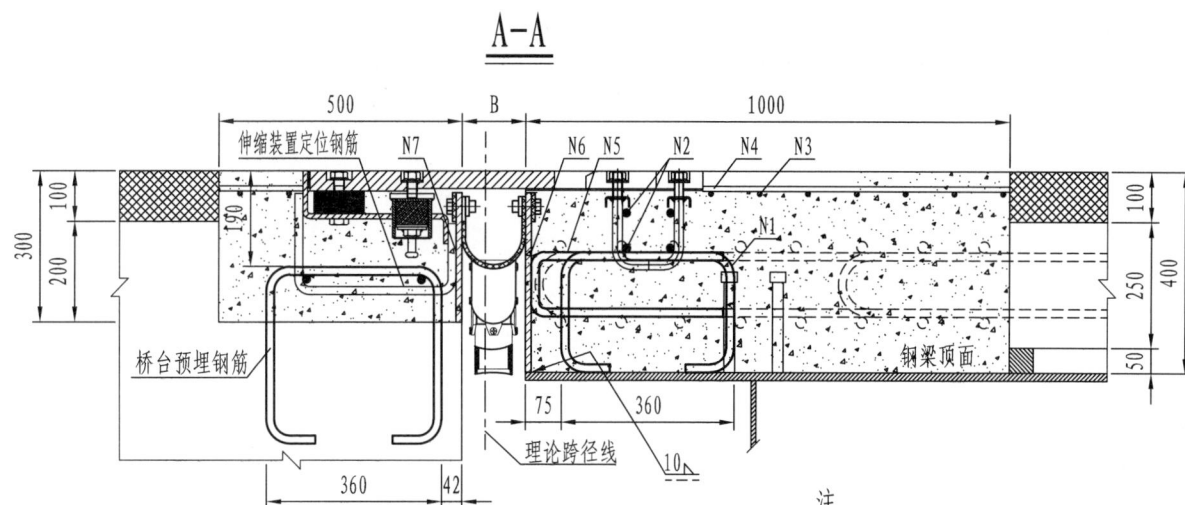

500　B　1000

伸缩装置定位钢筋　N7　N6 N5 N2　N4 N3

N1

300　100　170

桥台预埋钢筋

200

100　250　400　50

钢梁顶面

75　360

10

360　42

理论跨径线

N6/N7大样

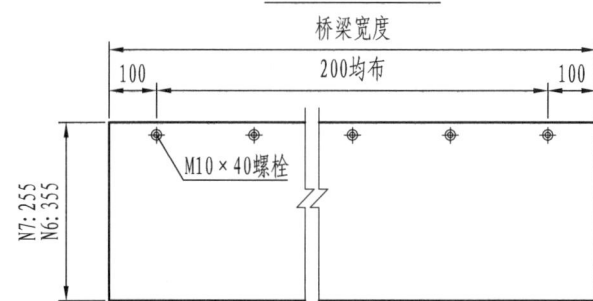

桥梁宽度

100　200均布　100

M10×40螺栓

N7: 255
N6: 355

A大样

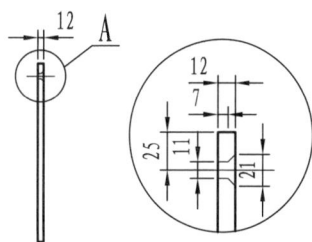

12　A

12
7
25　11
2|1

每延米材料数量表

编号	直径(mm)	根数	单根长(mm)	每延米总重(kg)	备 注
N1	亚16	5	1030	8.1	
N2	亚16	6	1000	9.5	HRB500
N3	亚16	9	1000	14.2	安装使用
N4	亚16	10	500	7.9	
N5	亚16	10	903	14.3	
N6	t=12	1	1000	33.4	与主梁同材质
N7	t=12	1	1000	24.0	
SCF-DX100型伸缩装置(m)				1.0	
C55钢纤维混凝土（m³）				0.54	
M10×40螺栓（套）				10	

注
1.本图尺寸均以毫米为单位,性能应符合《单元式多向变位梳形板桥梁伸缩装置》
(JT/T 723-2008)的要求,伸缩量为0～100mm。
2.伸缩装置的安装梁端间隙尺寸B根据施工时的有效温度进行调整,设计中间值
20℃时,设定为80mm。
3.N6钢板应在主梁加工时完成与主梁的焊接,并在浇筑伸缩装置槽口前完成与N5
钢筋的焊接。
4.N7钢板应在浇筑桥台伸缩装置槽口混凝土前完成与伸缩装置定位钢筋的焊接。
5.N1钢筋与钢梁顶部焊接。
6.伸缩装置的安装应严格按安装工艺进行,采用C55钢纤维混凝土浇筑。
7.本图适用于桥台处。

3×30m 双向六车道工字组合梁	汽车荷载等级: 公路—I级
	桥梁宽度: 2×16.5m
伸缩装置构造	图号: SG-29

立 面

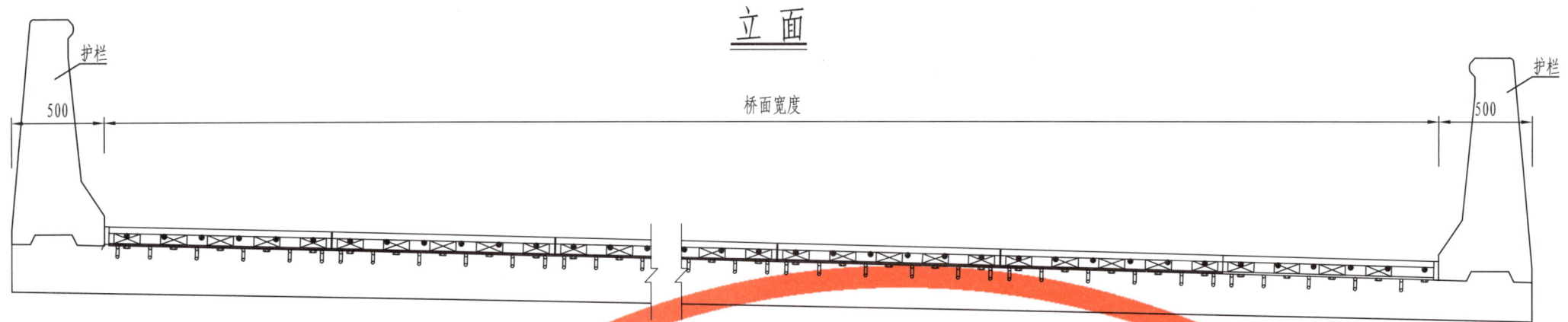

护栏
护栏
500
500
桥面宽度

平 面

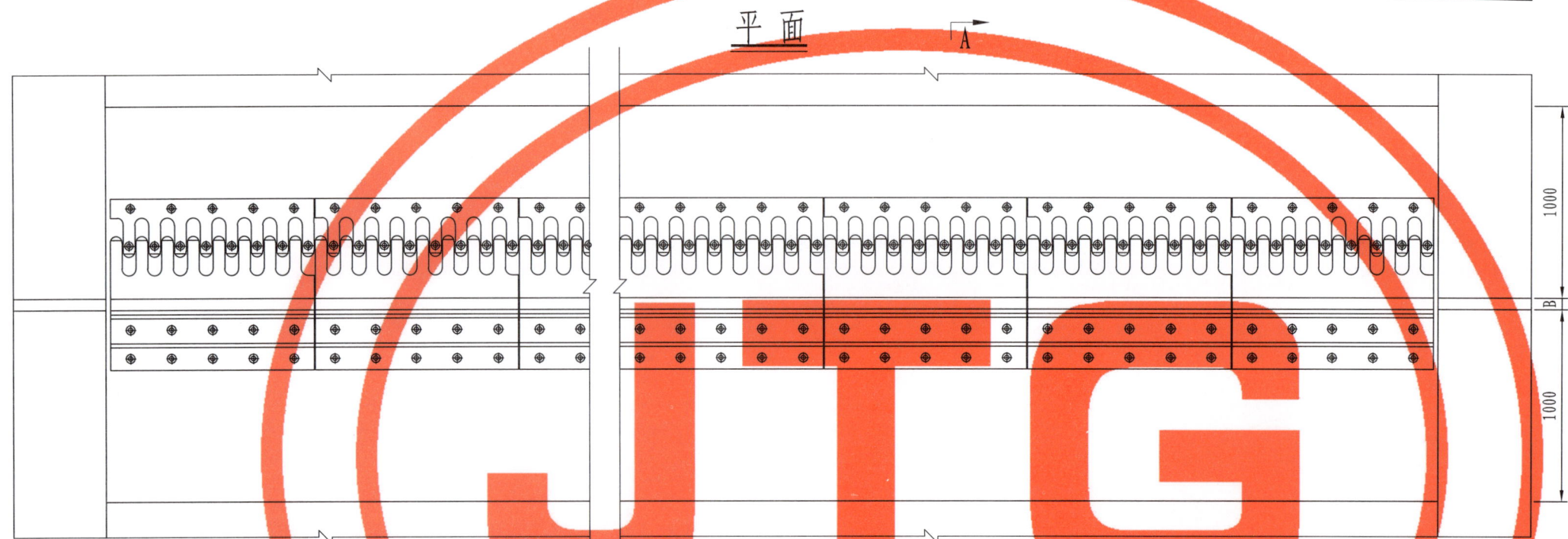

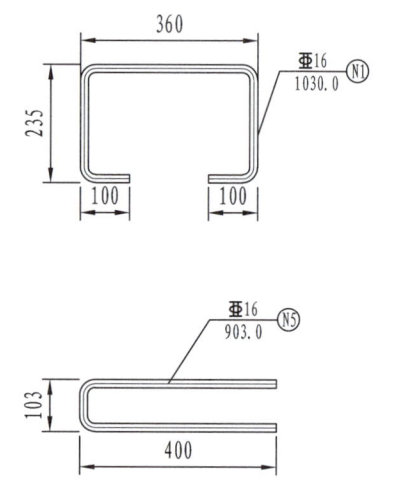

A

A

1000

1000

B

1000

360
235
100 100
$\Phi 16$
1030.0 N1

103
400
$\Phi 16$
903.0 N5

A—A

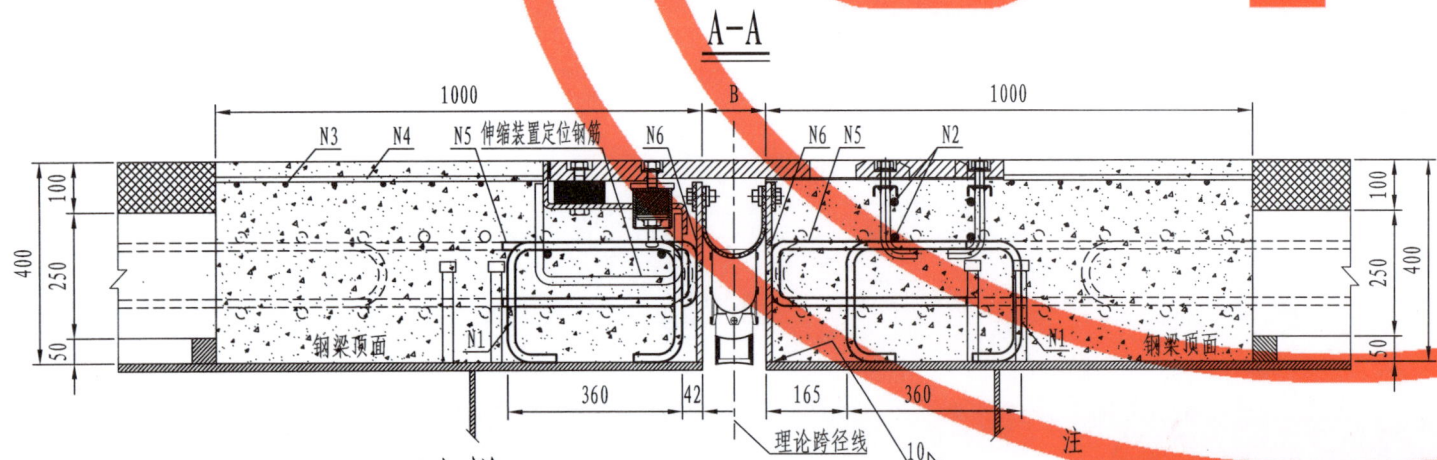

1000
1000

N3 N4   N5 伸缩装置定位钢筋   N6   N6 N5   N2

100
400 250 50
100
250 400 50

钢梁顶面
钢梁顶面
N1
N1

360 42
165
360

理论跨径线
10

每延米材料数量表

编号	直径(mm)	根数	单根长(mm)	每延米总重(kg)	备 注
N1	$\Phi 16$	10	1030	16.3	
N2	$\Phi 16$	6	1000	9.5	HRB500 安装使用
N3	$\Phi 16$	12	1000	19.0	
N4	$\Phi 16$	20	650	20.5	
N5	$\Phi 16$	20	903	28.5	
N6	t=12	2	1000	66.9	与主梁同材质
SCF-DX160型伸缩装置 (m)				1.0	
C55钢纤维混凝土 (m³)				0.8	
M10×40螺栓 (套)				10	

N6大样

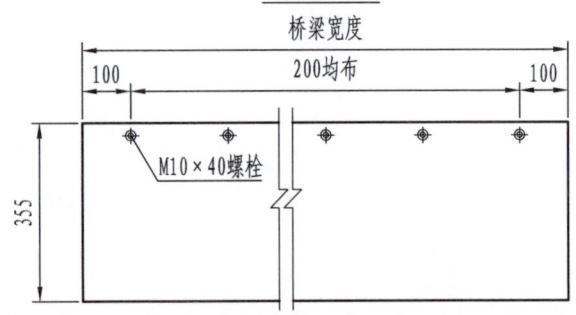

桥梁宽度
100   200均布   100
M10×40螺栓
355

A大样

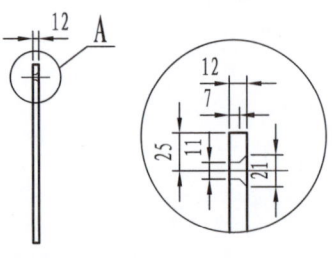

12 A

12
7
25 11
21

注

1. 本图尺寸均以毫米为单位,性能应符合《单元式多向变位梳形板桥梁伸缩装置》
   (JT/T 723-2008)的要求,伸缩量为0～160mm。
2. 伸缩装置的安装梁端间隙尺寸B根据施工时的有效温度进行调整,设计中间值
   20℃时,设定为110mm。
3. N6钢板应在主梁加工时完成与主梁的焊接,并在浇筑伸缩装置槽口前完成与N5
   钢筋的焊接。
4. N1钢筋与钢梁顶部焊接。
5. 伸缩装置的安装应严格按安装工艺进行,采用C55钢纤维混凝土浇筑。
6. 本图适用于过渡墩处。

3×30m 双向六车道工字组合梁	汽车荷载等级: 公路—Ⅰ级
	桥梁宽度: 2×16.5m
伸缩装置构造	图号: SG-29

主梁预拱度设置（顶推法架设）

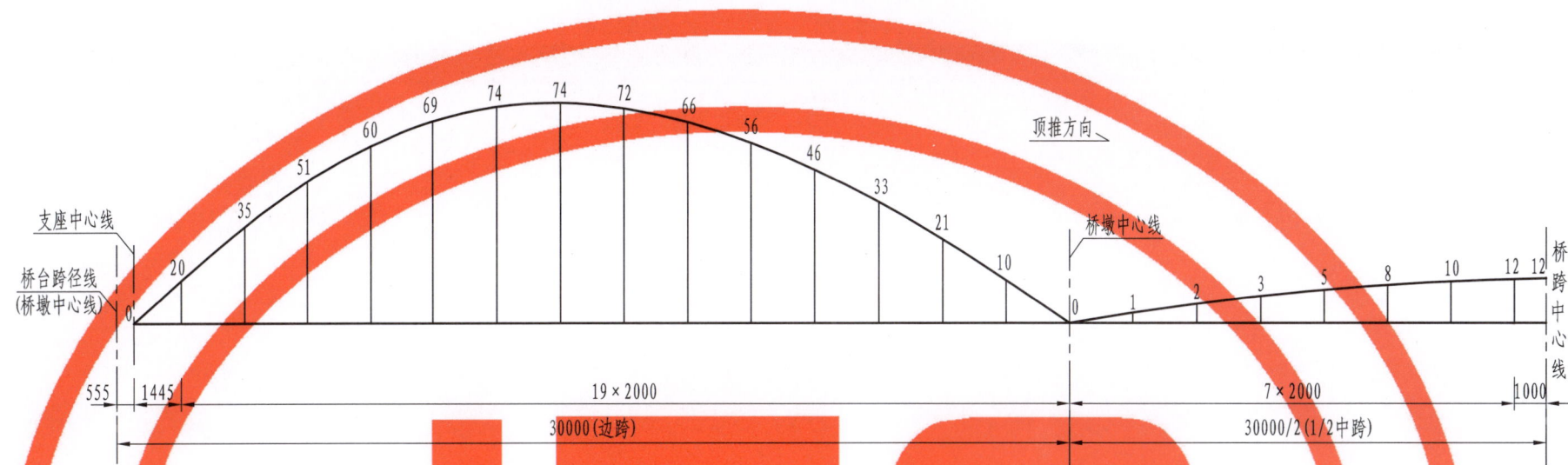

支座中心线

桥台跨径线
（桥墩中心线）

顶推方向

桥墩中心线

桥跨中心线

69　74　74　72
60　　　　　　　　66
51　　　　　　　　　　56
　　　　　　　　　　　　46
35　　　　　　　　　　　　33
　　　　　　　　　　　　　　21
20　　　　　　　　　　　　　　10

0　　　　　　　　　　　　　　　　0　1　2　3　5　8　10　12　12

555　1445　　　19×2000　　　　7×2000　　　1000

30000（边跨）　　　30000/2（1/2中跨）

主梁预拱度设置（吊装法架设）

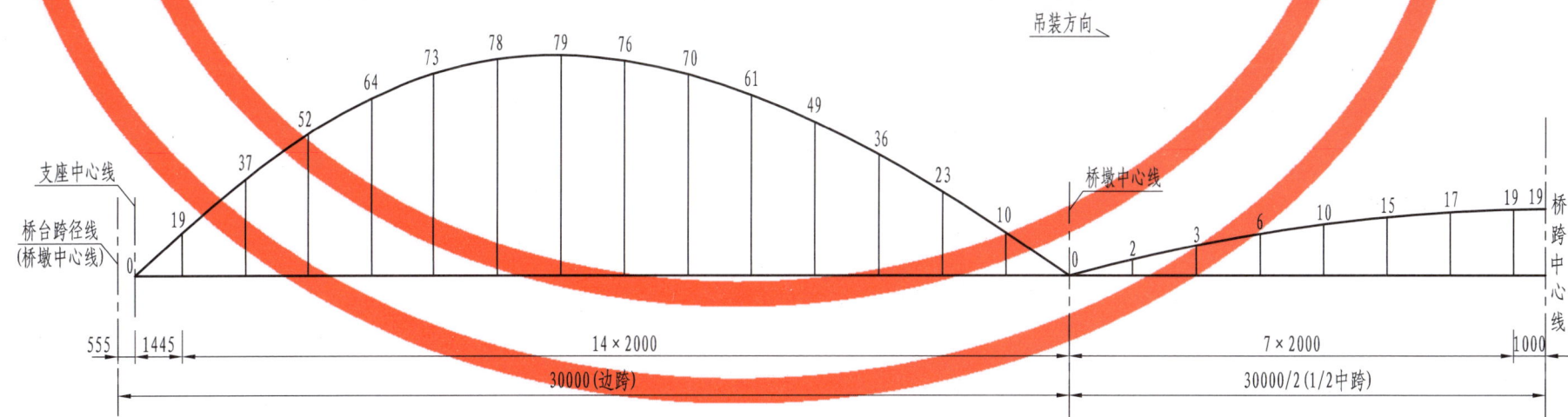

支座中心线

桥台跨径线
（桥墩中心线）

吊装方向

桥墩中心线

桥跨中心线

73　78　79　76
64　　　　　　　　70
　　　　　　　　　　　61
52　　　　　　　　　　　49
37　　　　　　　　　　　　36
　　　　　　　　　　　　　　23
19　　　　　　　　　　　　　　10

0　　　　　　　　　　　　　　　　0　2　3　6　10　15　17　19　19

555　1445　　　14×2000　　　　7×2000　　　1000

30000（边跨）　　　30000/2（1/2中跨）

注
1. 本图尺寸均以毫米为单位。
2. 主梁应严格按坐标放样制作，不得以直代曲。

3×30m 双向六车道工字组合梁	汽车荷载等级：公路—Ⅰ级
	桥梁宽度：2×16.5m
主梁预拱度设置	图号：SG-30

第一步:
1.完成下部结构施工。

第二步:
1.钢梁加工制造,运输到桥位。
2.采用高强螺栓将主梁1~4号节段连接成第一吊装段。
3.在4号节段端部设置临时支架,并将5~8号节段连接成第二吊装段,并在临时支架上完成与第一吊装段的拼接。
4.在8号节段端部设置临时支架,并将9~11号节段连接成第三吊装段,并在临时支架上完成与第二吊装段的拼接,至此完成钢主梁的架设。

第三步:
1.利用起重机完成桥面板吊装。

第四步:
1.浇筑正弯矩区后浇带湿接缝。
2.浇筑负弯矩区后浇带及槽口湿接缝,完成钢梁与混凝土桥面板的固结。

正弯矩区　负弯矩区(3块板)　正弯矩区　负弯矩区(3块板)　正弯矩区

第五步:
1.完成桥面铺装及其余附属设施。

注
1.本图施工方法为吊装法架设,适用于矮墩区域。
2.本图所示施工方法仅供参考使用,应结合现场具体情况进行结构复核验算。

3×30m 双向六车道工字组合梁

施工方案与流程示意

汽车荷载等级: 公路—I级

桥梁宽度: 2×16.5m

图号: SG-31

第一步：
1. 完成下部结构施工。

第二步：
1. 钢梁加工制造，运输到桥位。
2. 在一侧桥墩处进行拼装，并向另一侧桥墩方向顶推。
3. 在顶推的过程中采用拉杆和扣索控制梁端下挠。

第三步：
1. 钢梁顶推到位并落梁。
2. 利用起重机完成桥面板吊装。

正弯矩区　负弯矩区(3块板)　正弯矩区　负弯矩区(3块板)　正弯矩区

第四步：
1. 浇筑正弯矩区后浇带湿接缝。
2. 浇筑负弯矩区后浇带及槽口湿接缝，完成钢梁与混凝土桥面板的固结。

第五步：
1. 完成桥面铺装及其余附属设施。

注
1. 本图施工方法为顶推法架设，适用于高墩区域。
2. 本图所示施工方法仅供参考使用，应结合现场具体情况进行结构复核验算。

3×30m 双向六车道工字组合梁

汽车荷载等级：公路—I级

桥梁宽度：2×16.5m

施工方案与流程示意

图号：SG-31